高职高专新课程体系规划教材 ·

计算机系列

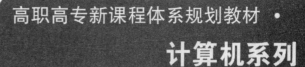

SQL Server 2016

数据库案例教程

（第2版）

李锡辉　王　樱　赵　莉◎编著

清华大学出版社

北　京

内 容 简 介

本书在设计上采用"大型案例,一案到底"的思路,以 SQL Server 2016 数据库管理系统为平台,选用"学生选课系统"为案例贯穿始终。全书以"学生选课系统"的数据库设计与管理为主线,详细介绍了 SQL Server 2016 中实现该系统数据库的应用与维护,主要内容包括数据库建模、数据库对象创建、数据查询、查询优化、面向数据库编程、模块化编程、数据库的高可靠性和安全性等。

本书可以作为计算机、电子商务和信息管理等相关专业的教学用书,也可以作为相关领域的培训教材,适合各个层次的数据库学习人员和广大程序员阅读。

图书在版编目(CIP)数据

SQL Server 2016 数据库案例教程 / 李锡辉,王樱,赵莉编著. —2 版.— 北京:清华大学出版社,2018(2024.1重印)

(高职高专新课程体系规划教材. 计算机系列)

ISBN 978-7-302-51039-0

Ⅰ. ①S… Ⅱ. ①李… ②王… ③赵… Ⅲ. ①关系数据库系统-高等职业教育-教材 Ⅳ. ①TP311. 132. 3

中国版本图书馆 CIP 数据核字(2018)第 191963 号

责任编辑:邓 艳
封面设计:刘 超
版式设计:雷鹏飞
责任校对:毛姗姗
责任印制:沈 露

出版发行:清华大学出版社
   网 址:https://www.tup.com.cn,https://www.wqxuetang.com
   地 址:北京清华大学学研大厦 A 座   邮 编:100084
   社 总 机:010-83470000   邮 购:010-62786544
   投稿与读者服务:010-62776969,c-service@tup.tsinghua.edu.cn
   质量反馈:010-62772015,zhiliang@tup.tsinghua.edu.cn
印 装 者:三河市少明印务有限公司
经 销:全国新华书店
开 本:185mm×260mm   印 张:20.5   字 数:469 千字
版 次:2011 年 12 月第 1 版 2018 年 9 月第 2 版   印 次:2024 年 1 月第 6 次印刷
定 价:59.80 元

产品编号:079442-01

前　言

数据库技术是计算机领域中应用最为广泛的技术之一，是现代信息系统的基础和核心。随着计算机应用技术在各领域的不断渗透，人们对管理信息系统中数据资源共享、数据的集中处理与分布式处理也提出了更高的要求。SQL Server 作为微软公司的旗舰产品，是一种面向企业应用级的关系型数据库管理系统，在各行业信息系统开发中都得到了广泛应用。SQL Server 2016 作为 Microsoft 发布的新一代数据库产品，延续了原数据库平台的强大功能，并在性能优化、安全性和简化数据分析方面进行了有效的改善，是当前企业级数据库产品开发的首选对象。

本书第 1 版《SQL Server 2008 数据库案例教程》，自出版以来受到广大读者及各用书学校的青睐，并多次重印。本书是对它的修订和升级，在编写过程中广泛收集了老师和学生的合理建议，并融入本书中。本书在设计上以"学生选课系统"数据库的设计与管理为主线串起全书知识点，围绕该系统数据库的管理与维护，将全书分为 9 个项目。其中项目 1 实现了"学生选课系统"的系统建模，详细阐述了关系型数据库的设计过程；项目 2 介绍了 SQL Server 2016 的安装、配置及管理工具的使用；项目 3 实现了系统数据库和数据表的创建、约束的建立与管理；项目 4 实现了系统数据的检索、维护及事务控制；项目 5 阐述了使用索引和视图优化数据查询；项目 6 介绍了使用函数和游标实现数据库中复杂的处理逻辑；项目 7 介绍了使用存储过程和触发器实现数据库模块化编程；项目 8 介绍了使用登录、权限、角色和加密实现系统安全管理；项目 9 介绍了使用备份、数据转移、快照等技术实现系统的高可用性。为了加强学习效果，在每个项目后都配备有相应思考题和项目实训，使读者能够运用所学知识完成实际的工作任务，达到学以致用的目的。

本书结构紧凑、形式新颖、示例丰富，注重理论联系实践，语言浅显易懂，具有较强的实用性和可操作性。

本书是全国高等院校计算机基础教育研究会课题（2018-AFCEC-017）的研究成果，由李锡辉、王樱和赵莉老师编著，参与编写的老师有黄睿、杨丽、朱清妍、石玉明等。在编写过程中，清华大学出版社邓艳老师提出了许多宝贵意见，在此表示感谢。

为方便读者学习，本书配有电子教案、PPT、任务书、示例数据库及习题参考答案等教学资源，请登录 http://www.tup.tsinghua.edu.cn 下载。

尽管编写过程中我们尽了最大努力，但书中难免存在不足和疏漏之处，敬请读者提出宝贵意见和建议，我们将不胜感激。您在阅读本书时，若发现任何问题或不妥之处，请发电子邮件至 lixihui@mail.hniu.cn 与我们联系。

编者

目　　录

项目 1 系统数据库建模

一个成功的应用管理系统由 50% 的业务加 50% 的软件所组成，而其中 50% 的软件又是由 25% 的数据库加 25% 的程序所组成。因此，一个应用管理系统的成功与否，系统数据库设计的好坏是关键，它将直接影响系统的功能性和可扩展性。

数据库设计（Database Design）是指对于给定的应用环境，构造最优的数据模式，建立数据库及其应用系统，使之能够有效地存储数据，满足各类用户的应用需求。数据库建模是指在数据库设计阶段，对现实世界进行分析和抽象，进而确定应用系统的数据库结构。

本项目通过分析学生选课系统的需求，结合数据库设计理论，使用系统建模工具 PowerDesigner 演绎学生选课系统的数据库设计过程。

【任务 1】理解系统需求

任务描述：学生选课系统是学校进行信息化建设的重要部分，主要完成教师开课、学生选择课程、学生选择教师、课程成绩填报、课程教学评价及学生、教师、课程和其他基本信息的维护等功能。本任务对学生选课系统需求进行简要分析，使读者对学生选课系统有一个初步了解。

1.1.1 学生选课系统介绍

1. 系统概述

随着信息技术的日益发展，教学管理的信息化已成为学校教学管理的必然趋势。学生选课系统是教务管理系统的一个子系统，是学校进行信息化建设的重要部分，是实现校内学生选课、成绩评定等工作的基础。

学生选课系统是一个信息管理平台，它在教务部门、各教学部门、教师与学生之间搭建了一个分布式的信息交互平台，主要作用是方便学校教务部门组织选课、统计和管理选课数据，提高学生的选课效率，统计和分析课程学习成绩及教学评价等信息，降低学校的管理成本。

通过该系统，教务管理人员可以实现对教师、院系和班级的管理工作；教师可以根据专业需要和自身专业能力开设相关课程，并查看选课情况，评定学生的学习成绩；学生可以完成选课规则所要求的选课、查询成绩，并对授课教师进行教学评价。

2. 系统面向的用户群体

系统面向学校的教务人员、教师和学生。

3. 系统功能需求

通过对教务部门相关工作人员的访谈，确定学生选课系统的主要功能包括如下内容。

- 教师可以根据自身业务能力申请开设课程。
- 学生可以根据需要选择课程学习，若一门课程有两位以上教师授课，学生可以自由选择教师。
- 能设置和管理院系基本信息。
- 能设置和管理教师基本信息。
- 能设置和管理班级基本信息。
- 能设置和管理学生基本信息。
- 能生成各类统计报表，如某门课程的学生明细表、学生选课情况、教师开课情况等。
- 能提供各类选课数据、成绩及教学评价的查询。

1.1.2　学生选课系统功能

从数据库设计角度来看，需求分析的主要任务是对系统所需处理现实世界中的相关对象（组织、部门、企业）进行详细的调查，充分了解原系统（手工系统或计算机系统）的工作概况，收集支持新系统的基础数据并对其进行分析，明确用户的各种需求，并在此基础上确定新系统的功能。

学生选课系统是高校教务部门面向师生进行课程信息发布及课程选修的应用型系统，教学部门根据专业情况开设相关课程，教师申请讲授相关课程，学生根据专业要求及个人兴趣进行课程选修，教师依据学生学习情况对学生进行成绩评定。系统的功能主要面向教务人员、教师和学生 3 类用户。

- 教务人员：负责学生选课系统中各类基本信息的维护，包括学生、教师、课程、院系等基本信息，并生成各类选课和教学统计报表。该类用户可以看成是系统管理人员。
- 教师：可以申报讲授课程，评定学生课程学习成绩，查看课程被选情况。
- 学生：可以查询课程信息、教师信息，选课，对教师进行教学评价。

学生选课系统的系统用例图如图 1-1 所示。学生选课系统的主要功能如表 1-1 所示。

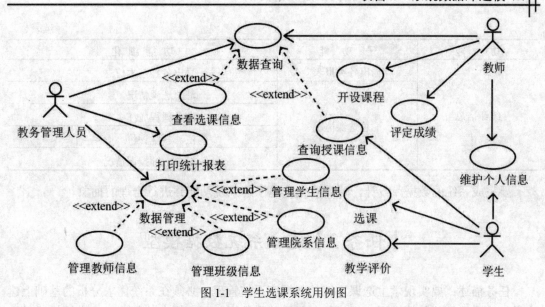

图 1-1 学生选课系统用例图

表 1-1 学生选课系统主要功能

功　能	子　功　能	功　能　细　化
院系管理	院系信息维护	设置和管理院系信息
		查询院系信息
专业管理	专业信息维护	设置和管理专业信息
		查询专业信息
教师管理	教师信息维护	设置和管理教师信息
		查询教师信息
班级管理	班级信息维护	设置和管理班级信息
		查询班级信息
学生管理	学生信息维护	设置和管理学生信息
		查询学生信息
课程管理	课程信息维护	设置和管理课程信息
		查询课程信息
学生选课	学生选择课程	选择课程
		退选课程
		查询已选课程
课程评价	课程评价维护	设置和管理课程评价
		查询课程评价
成绩评定	成绩评定	设置和管理成绩
		查询成绩

续表

功　　能	子　功　能	功能细化
统计信息	输出各类报表	导出各种基本信息
	汇总选课情况	汇总选课情况
		汇总课程成绩
		汇总教学评价
		汇总教师授课情况

要完成系统的数据库设计，还需要充分地了解系统功能并进行合理的抽象。

【任务 2】建立系统数据模型

任务描述： 要实现学生选课系统的数据库系统管理，必须在系统需求分析的基础上建立学生选课系统的数据模型。本任务在阐述关系数据库基本概念的基础上，详细描述学生选课系统实体关系模型的设计过程。

1.2.1　数据库的基本概念

数据存储是计算机的基本功能之一。随着计算机技术的不断普及，数据存储量越来越大，数据之间的关系也变得越来越复杂，怎样有效地管理计算机中的数据，成为计算机信息管理的一个重要课题。

1. 数据

数据（Data）是用来记录信息的可识别符号，是信息的具体表现形式。在计算机中，数据是对现实世界的事物采用计算机能够识别、存储和处理的方式进行描述，其具体表现形式可以是数字、文本、图像、音频、视频等。

2. 数据库

数据库（Database，DB）是用来存放数据的仓库。具体地说，就是按照一定的数据结构来组织、存储和管理数据的集合，具有较小的冗余度、较高的独立性和易扩展性、可供多用户共享等特点。

3. 数据库系统

数据库系统（Database System，DBS）由软件、数据库和数据管理员组成。其软件主要包括操作系统、各种宿主语言、数据库应用程序以及数据库管理系统。数据库由数据库管理系统统一管理，数据的插入、修改和检索均要通过数据库管理系统进行，数据库管理系统是数据库系统的核心。数据管理员负责创建、监控和维护整个数据库，使数据能被任何有权使用的人有效使用。

4. 数据库管理系统

数据库管理系统（Database Management System，DBMS）是操纵和管理数据库的软件，介于应用程序与操作系统之间，为应用程序提供访问数据库的方法。DBMS 对数据库进行统一的管理和控制，以保证数据库的安全性和完整性。其主要功能如下。

- 数据定义功能：DBMS 提供数据定义语言来定义数据库结构，刻画系统数据库的框架，并保存在数据字典中。
- 数据操纵功能：DBMS 提供数据操纵语言，实现对数据库中数据的存取操作，主要包括检索、插入、修改和删除数据。
- 数据库运行管理功能：DBMS 提供数据控制和管理功能，即数据的安全性、完整性和并发控制等，对数据库运行进行有效的控制和管理，以确保数据正确有效。
- 数据库建立和维护功能：包括初始数据的装入、数据库的转储、恢复系统性能监视等功能。
- 数据传输功能：DBMS 提供处理数据的传输功能，可以实现应用程序与 DBMS 之间的通信。

1.2.2　关系型数据库

1. 关系型数据库

在数据库设计发展的历史长河中，人们使用模型来反映现实世界中数据之间的联系。1970 年，IBM 的研究员 E.F.Codd 博士发表了名为《大型共享数据银行的关系模型》的论文，首次提出了关系模型的概念，为关系型数据库的设计与应用奠定了理论基础。

在关系模型中，实体和实体间的联系均由单一的关系来表示。在关系型数据库中，关系就是表，一个关系型数据库就是若干个二维表的集合。

2. 关系型数据库的存储结构

关系型数据库是指按关系模型组织数据的数据库，采用二维表来实现数据存储，其中二维表中的每一行（row）在关系中称为元组（记录，record），表中的每一列（column）在关系中称为属性（字段，field），每个属性都有属性名，属性值是各元组属性的值。

图 1-2 描述了 User 表的数据。在该表中有 uId、uName、uSex 等字段，分别代表 ID、用户名和性别等。表中的每一条记录代表了系统中一个具体的 User 对象，如用户李平、用户张诚等。

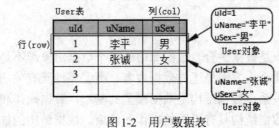

图 1-2　用户数据表

3．常见的关系型数据库产品

当前流行的关系型数据库管理系统产品众多，如 Microsoft SQL Server、Oracle、Sybase、MySQL、Microsoft Access、DB2 等，它们各以自己特有的功能，在数据库市场上占有一席之地。下面简要介绍 4 种常用的数据库管理系统。

1）Microsoft SQL Server

Microsoft SQL Server 是一种典型的关系型数据库管理系统，是目前应用广泛、功能强大的数据库管理系统，它使用 Transact-SQL 语言完成数据操作。随着 Microsoft SQL Server 版本的不断升级，该 DBMS 具有可靠性、可伸缩性、可用性、可管理性等特点，可为用户提供完整的数据库解决方案。本书以 Microsoft SQL Server 2016 为 DBMS，以学生选课系统数据库为操作对象，完整演绎数据库系统的管理与维护。

2）Oracle

Oracle 是商品化的关系型数据库管理系统中的典型代表，它作为一个通用的数据库管理系统，不仅具有完整的数据管理功能，还是一个分布式数据库系统，支持各种分布式功能。作为一个应用开发环境，Oracle 提供了一套界面友好、功能齐全的数据库开发工具。Oracle 使用 PL/SQL 语言执行各种操作，具有可开放性、可移植性、可伸缩性等特点。

3）MySQL

MySQL 是最流行的开放源码的数据库管理系统，具有快速、可靠和易于使用的特点。它由 MySQL AB 公司开发和发布，2008 年，MySQL AB 公司被 Sun 公司收购。2009 年，Sun 公司被甲骨文公司收购。

4）Microsoft Access

Microsoft Access 是 Microsoft Office 的组件之一，是当前在 Windows 环境下非常流行的桌面型数据库管理系统。使用 Microsoft Access 无须编写任何代码，只需通过直观的可视化操作就可以完成大部分的数据管理任务。

1.2.3 关系数据模型

模型是对现实世界的抽象，它反映客观事物及事物之间联系的数据组织结构和形式。在关系型数据库系统中数据模型用来描述数据库的结构和语义，反映实体与实体之间关系。

1．数据模型的组成要素

关系数据库之父 E.F.Codd 认为，一个数据模型是一组向用户提供的规则，这些规则定义了数据如何组织及允许进行何种操作。数据模型包括数据结构、数据操作和数据约束 3 个要素。

1）数据结构

数据结构研究的对象是数据集合。数据库中的每个数据对象都不是独立存在的，而是存在着某种联系，数据集合一方面描述与数据内容、类型和性质有关的对象，另一方面则描述数据与数据之间的关系。数据结构是数据模型的基础，数据操作和数据约束都建立在数据结构之上，不同的数据结构具有不同的操作和约束。数据结构的描述是数据库系统的静态特征，如数据库中表的结构、视图定义等。

2）数据操作

数据操作主要是对数据库中的每个数据对象是否允许执行的操作集合。数据操作描述了在相应的数据结构上的操作类型和操作方式。数据操作描述的是系统的动态特征，主要包括数据的更新和检索等。

3）数据约束

数据约束是用来描述数据结构内数据间完整性规则的集合。完整性规则是数据及其关系所具有的制约和存储规则，用来限定符合数据库的语法、关系和它们间的制约与依存及数据动态的规则，以保证数据的正确性、有效性和兼容性。

2．数据模型的分类

根据不同的用户视角，数据模型从面向用户到物理实现，可以分为概念数据模型、逻辑数据模型和物理数据模型，其中概念数据模型和逻辑数据模型与数据库管理系统没有关系，而物理数据模型则与数据库管理系统相关。

1）概念数据模型

概念数据模型是面向用户的数据模型，是用户容易理解的现实世界特征的数据抽象。概念数据模型能够方便、准确地表达现实世界中的常用概念，是数据库设计人员与用户之间进行交流的语言。最常用的概念模型是实体—关系模型（Entity-Relationship Model，E-R 模型）。主要包括如下几个部分。

- 实体（Entity）：是客观存在的可以相互区分的事物，如一名学生、一门课程、一个专业等。
- 实体集（Entity Set）：具有相同属性的实体集合，如所有学生、所有课程、所有专业等。
- 属性（Attribute）：每个实体都拥有一系列的特性，每个特性可以看作是实体的一个属性，如学生的学号、姓名、所学专业，课程的课程代码、课程名称、课时、学分等。
- 实体标识符（Identifier）：能够唯一标识实体的属性或属性集。例如，使用学号标识一名学生，使用课程代码标识一门课程。

2）逻辑数据模型

逻辑数据模型是用户在数据库中所看到的数据模型，它通常由概念数据模型转换得到。逻辑数据模型主要包括如下几个部分。

- 字段（Field）：用来表示概念模型中实体的属性，它是数据库中可以命名的最小信息单位。每个属性对应一个字段。
- 记录（Record）：用来表示概念模型中的一个实体。
- 关键字（Keyword）：能够唯一标识记录集中每个记录的字段或字段集，对应于概念模型中的实体标识符。
- 表（Table）：相同结构的记录集合构成一个数据表，每个数据表对应于概念模型中的实体集。

3）物理数据模型

物理数据模型描述数据在物理存储介质上的组织结构，它与具体的 DBMS 相关，也与操作系统和硬件相关，是物理层次上的数据模型。每种逻辑数据模型在实现时都有其对应的物理数据模型。

在数据库应用系统中，上述 3 种数据模型的关系如图 1-3 所示。

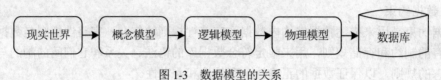

图 1-3   数据模型的关系

1.2.4   实体和关系

1. 实体集

实体是一个数据对象，是客观存在且相互区分的事物。具有相同属性的实体集合就组成了实体集。在学生选课系统中，学生、课程、教师、院系、班级等都是实体集，它们由若干具有相同属性的实体组成。

例如，"计软 1601 班"是班级实体集中的一个实例，通过对班级实体的班级名称、专业、人数、辅导员等信息属性的描述，可以清楚地了解这个班级，当属性值越多时，所描述的实体越清晰。在 E-R 关系模型中，实体用矩形表示，如图 1-4 所示。

实体名称

图 1-4   实体表示

一个实体集中通常有多个实例。例如，数据库中存储的每个学生都是学生实体集中的实例。表 1-2 描述了学生实体集的两个实例。

表 1-2   实体集和实例

学 生 实 体	实例 1	实例 2
学号	03080107	01090102
姓名	王深	林琴
性别	男	女
联系电话	13890760080	13567899123

实体通过一组属性来表示。属性是实体集中每个成员所拥有的特性，不同的实体其属性值不同。在 E-R 模型中，实体属性用椭圆表示。属性属于哪个实体，则与哪个实体用实线相连，如图 1-5 所示。

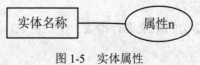

图 1-5   实体属性

例如，课程实体集的属性有课程号、课程名称、学时、学分等，表 1-3 描述了课程实体集的部分数据。

表 1-3　课程实体集

课　程　号	课　程　名　称	学　　时	学　　分
03040012	透视	48	3
03040021	广告设计	96	6
03040024	三维艺术表现	168	10
03010012	网页设计	100	6

其中，属性课程号是课程的唯一标识，用于指定唯一的一门课程，其实体属性如图 1-6 所示。

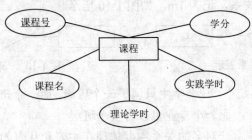

图 1-6　课程实体及属性

2. 关系集

关系是指多个实体间的相互关联。例如，学生"林琴"和班级"计软 1601"之间的联系，该联系指明"林琴"是"计软 1601"的学生。关系集（Relationship Set）是同类联系的集合，是 n（n≥2）个实体集上的数学关系。在 E-R 模型中，关系实体用菱形表示，描述两个实体间的一个关联，图 1-7 描述了学生实体和课程实体间的关系。

从图 1-7 中可以看出，学生实体通过选课与课程实体建立了关系，它们间的关系集称为"选修"。"选修"除了应标识出学生的学号和课程代码外，还可以包括选课时间和成绩等属性。因此，关系同实体一样也具有描述性的属性，"选修"关系及其属性如图 1-8 所示。

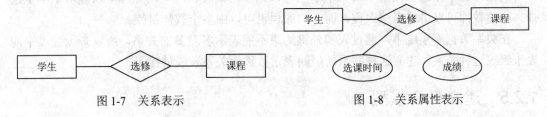

图 1-7　关系表示　　　　　　　　　　图 1-8　关系属性表示

3. 关系

现实世界中，事物内部及事物之间都存在一定的联系，这些联系在信息世界中反映为实体内部的联系和实体间的关系。实体内部的联系通常是指实体属性之间的关系；实体间的关系则是指不同实体集之间的关系。实体间的关系通常有一对一、一对多和多对多 3 种。

1）一对一关系

对于实体集 A 中的每个实体，如果实体集 B 中至多只有一个实体与之联系，反之亦然，则称实体集 A 和实体集 B 具有一对一的关系，记为 1:1，如图 1-9 所示。

例如，在学生选课系统中，存在着院系实体和教师实体，一个院系只有一个教师作为院系主任，而对于教师而言，最多只能担任一个院系的主任，这时，院系和教师间就可以看作是一对一的关系。

2）一对多关系

如果对于实体集 A 中的每个实体，实体集 B 中有 n（n≥1）个实体与之联系，反之，对于实体集 B 中的每个实体，实体集 A 中至多只有一个实体与之联系，则称实体集 A 与实体集 B 之间为一对多的关系，记为 1:n，如图 1-10 所示。

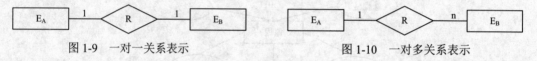

图 1-9　一对一关系表示　　　　　　　　图 1-10　一对多关系表示

例如，在学生选课系统中，一个学生只属于一个班级，而一个班级可以包含多个学生；一个班级属于某一个专业，而一个专业可以有多个班级。

在关系数据库系统中，一对多的关系主要体现在主表和从表的关联上，采用外键来约束实体间的关系。以专业和班级实体为例，每一个班级都应该有一个专业编号，也就是说如果专业信息不存在，那班级信息的存在就没有意义。

3）多对多关系

如果对于实体集 A 中的每个实体，实体集 B 中有 n（n≥1）个实体与之联系，反之，对于实体集 B 中的每个实体，实体集 A 中也有 m（m≥1）个实体与之联系，则称实体集 A 与实体集 B 之间为多对多的关系，记为 m:n，如图 1-11 所示。

图 1-11　多对多关系表示

例如，在学生选课系统中，一个学生可以选多门课程，而一门课程可以被多个学生选择；一位教师可以讲授多门课程，而一门课程也可以由多个教师讲授。

在关系数据库系统中，通过表和外键约束不能表示多对多的关系，所以必须通过中间表来组织这种关系。建立这种联系的中间表常被称为关系表或链接表。

1.2.5　建立 E-R 模型

数据模型中最基本的模型是概念模型，它是对客观世界的抽象。在进行数据库应用系统的开发过程中，数据库设计的第一步就是进行概念模型的设计，而概念模型最常用的表示方法为 E-R 模型。E-R 模型使用图形来表示应用系统中的实体与关系，是软件工程设计中的一个重要方法。由于 E-R 模型接近人类的思维方式，容易理解并且与计算机无关，所以用户容易接受。

在对学生选课管理系统需求理解的基础上，对该系统进行 E-R 模型的设计。具体步骤如下。

1. 标识实体

建立 E-R 模型的最好方法是先确定系统中的实体。实体通常由系统中的文档、报表或需求调研中的名词，如人物、地点、概念、事件或设备等表述。通过对学生选课管理系统的业务分析可以得到学生选课系统中的实体，如图 1-12 所示。

图 1-12　学生选课系统中抽象的实体

2. 标识实体间的关系

确定应用系统中存在的实体后，接着就是确定实体之间的关系。标识实体间的关系时，可以根据需求说明来完成。一般来说，实体间的关系由动词或动词短语来表示。例如，在学生选课管理系统中可以找出如下动词短语：学生选择课程、教师申请开课、院系有专业、专业有班级、班级有学生、院系有教师。

事实上，如果用户的需求说明中记录了这些关系，则说明这些关系对于用户而言是非常重要的，因此在模型中必须包含这些关系。在学生选课管理系统中，根据用户的需求说明或与用户沟通讨论可以得知：

- 一个院系可以有多个教师，而一个教师只能属于一个院系，则院系和教师间的关系就是一对多的联系，如图 1-13 所示。

图 1-13　教师和院系实体间的关系

- 一个院系可以有多个专业，一个专业只能属于一个院系，则院系和专业间的关系也是一对多的联系，如图 1-14 所示。

图 1-14　专业和院系实体间的关系

- 一个教师可以讲授多门课程，一门课程也可以被多个教师讲授，因此，教师和课程间是多对多的关系，记为 m:n，如图 1-15 所示。

图 1-15　教师和课程实体间的关系

● 一个学生可以选修多门课程，一门课程也可以被多名学生选修，因此，学生和课程间也是多对多的关系，如图 1-16 所示。

图 1-16　学生和课程实体间的关系

表 1-4 列举了学生选课管理系统中主要实体间的关系类型。

表 1-4　实体类的关系

实 体 类	关 系 类 型	实 体 类
学生	多对多（m:n）	课程
学生	一对多（1:n）	班级
学生	多对多（m:n）	教师
教师	一对多（1:n）	院系
教师	多对多（m:n）	课程
专业	一对多（1:n）	院系
专业	一对多（1:n）	班级

明确实体间的关系后，在数据库应用系统设计中还需进一步细化，找出关系中具有多重性的值及其约束。由于篇幅关系，本书不做进一步的阐述。

3. 标识实体的属性

属性是实体实例的特性或性质。标识完实体和实体间的关系后，就需标识实体的属性，也就是说，要明确需要对实体的哪些数据进行保存。与标识实体相似，标识实体属性时先要在用户需求说明中查找描述性的名词，当这个名词是表示特质或标志实体的特性时，即可被标识成为实体的属性。在学生选课管理系统中，根据用户的需求说明或与用户沟通讨论可知：

● 学生作为选课系统中的主体，需要存储的属性包括学号、姓名、性别、出生日期、身份证号、联系电话等信息。在进行概念模型设计时，这些信息就可以看成学生实体的属性，如图 1-17 所示。

● 教师实体的属性包括工号、姓名、性别、学历、学位、专业、职称等。

● 课程实体的属性包括课程代码、课程名、课程简介、课程类别、理论学时、实践学时、学分等。

4. 确定主关键字

每一个实体必须要有一个属性用来唯一地标识该实体以区分其他实体的特性，这种属性称为关键字。关键字的值在实体集中必须是唯一的，且不能为空，它唯一地标识了实体集中的一个实例。当实体集中没有关键字时，必须给该实体集添加一个属性，使其成为该项实体集的关键字。例如，给实体集添加一个 ID 属性，ID 属性就成为该实体的关键字。在实际数据库设计过程中，会为每个实体添加一个名称为 ID 的属性作为该实体的主属性，用来区分其他实体。

在实体的属性集中，可能有多个属性能够用来唯一地标识实体。例如，学生实体中，属性学号和身份证号都是唯一的，那么这些属性就称为候选关键字。任意一个选作实体关键字的关键字称为主关键字。主关键字也称为主键，候选关键字称为候选键。

在实体属性图中，在主关键字上加下画线。如图 1-18 所示，属性学号作为学生实体的主关键字。

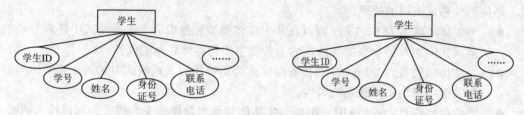

图 1-17　学生实体的属性　　　　　　　　图 1-18　属性学号作为主关键字

通过对以上知识的学习和理解，根据学生选课系统的需求说明，就可以画出该系统的 E-R 图，如图 1-19 所示。

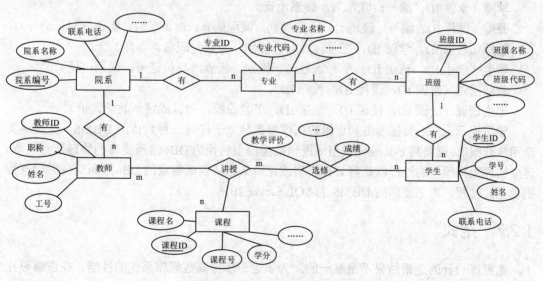

图 1-19　学生选课系统 E-R 图

学习提示： E-R 图是数据库设计中最早使用的，而且也是最为重要的表示工具。

1.2.6 逻辑结构设计

E-R 模型的建立仅完成了对系统实体和实体关系的抽象。在关系数据库设计过程中，为了创建用户所需的数据库，还需要将实体和实体关系转换成对应的关系模式，也就是建立系统逻辑数据模型。

逻辑数据模型是用户在数据库中所看到的数据模型，它由概念数据模型转换得到。转换原则如下。

1）实体转换原则

将 E-R 模型中的每一个实体转换成一个关系，即二维表；实体的属性转换为关系的字段，实体的标识符转换成关系模式中的主关键字。

2）关系转换原则

由于实体间存在一对一、一对多和多对多的关系，所以实体间关系在转换成逻辑模型时，不同的关系做不同的处理。

- 当实体间联系为 1∶1 时，可以在两个实体类型转换成两个关系模式中任意一个关系模式中加入另一个关系模式的主关键字作为实体联系的属性。
- 当实体间联系为 1∶n 时，则在 n 端实体类型转换的关系模式中加入 1 端实体类型的关键字作为实体联系的属性。
- 当实体间联系为 n∶m 时，则要将实体间联系也转换成关系模式，其属性为两端实体类型的关键字。

根据学生管理系统的 E-R 模型和转换原则，其中学院、课程、教师、学生等实体及教师授课和学生选课的关系模式设计如下。

学院（学院 ID，编号，院部名，联系电话）。

课程（课程 ID，编号，课程名，课程类别，课程简介，理论学时，实践学时，学分）。

教师（教师 ID，学院 ID，工号，姓名，性别，专业，职称，备注）。

学生（学生 ID，班级 ID，学号，姓名，性别，民族，身份证号，联系电话）。

教师授课（授课 ID，课程 ID，教师 ID）。

学生选课（选课 ID，授课 ID，学生 ID，平时成绩，考试成绩，教学评价）。

学习提示：E-R 数据模型和逻辑数据模型都独立于任何一种具体的 DBMS，要最终实现用户数据库，需要将 E-R 数据模型或逻辑数据模型转换为 DBMS 所支持的物理数据模型。建立物理数据模型的过程就是将 E-R 模型或逻辑数据转换成特定的 DBMS 所支持的物理数据模型的过程。本书使用的 DBMS 为 SQL Server 2016。

1.2.7 范式

数据库设计的逻辑结果不是唯一的。为了进一步提高数据库系统的性能，在逻辑设计阶段应根据应用需求调整模型结果，优化数据模型。关系模型的优化以规范化理论为指导，它的优劣直接影响数据库设计的成败。

在关系数据库中，规范化的理论称为范式。范式是符合某一级别的关系模式的集合。

关系数据库中的关系必须满足一定的要求，即满足不同的范式。在关系数据库原理中规定了以下几种范式：第一范式（1NF）、第二范式（2NF）、第三范式（3NF）、Boyee-Codd 范式（BCNF）、第四范式（4NF）、第五范式（5NF）和第六范式（6NF）。在进行关系数据库设计时，至少要符合 1NF 的要求，在 1NF 的基础上进一步满足更多要求的称为 2NF，其余范式依此类推。一般来说，设计数据库时，只需满足 3NF 即可。

1. 第一范式

在任何一个关系数据库中，第一范式是对关系模式的最低要求，不满足第一范式的数据库就不是关系型数据库。

第一范式是指数据库表的每一列都是不可分割的基本数据项，同一列中不能有多个值，即实体中的某个属性不能有多个值或者不能有重复的属性。如果出现重复的属性，就可能需要定义一个新的实体，新的实体由重复的属性构成，新实体与原实体之间为一对多关系。在第一范式中，表的每一行只包含一个实例的信息。简而言之，第一范式就是无重复的列。如表 1-5 所示的学生信息表，每一个学生都占学生信息表中的一行，且在该表中只出现一次。

表 1-5　符合 1NF 的学生信息表

学　号	姓　名	性　别	联系电话
04080105	许力	女	13876542134
04080106	吴秋生	男	13567099045
04080107	肖芬	男	13145678912
04080108	李非	男	13744321267

2. 第二范式

第二范式是在第一范式的基础上建立起来的，即满足第二范式必须先满足第一范式。第二范式要求数据库表中的每个实例或行必须能被唯一地区分。在第二范式中，要求实体的属性完全依赖于主关键字。所谓完全依赖，是指不能存在仅依赖主关键字一部分的属性，如果存在，那么这个属性和主关键字的这一部分应该分离出来形成一个新的实体，新实体与原实体之间是一对多的关系。为实现区分，通常需要为表加上一个列，以存储各个实例的唯一标识。简单地说，第二范式就是属性完全依赖于主关键字。

学生选课管理系统中，学生和课程间存在"选课"关系，假定选课关系为（学号、姓名、课程号、课程名称、成绩、总学时），如表 1-6 所示。

表 1-6　不符合 2NF 的学生选课表

学　号	姓　名	课　程　号	课　程　名　称	成　绩	总　学　时
04080105	许力	03040012	透视	80	48
04080106	吴秋生	03010011	数据库程序设计	90	96
04080108	李非	03010016	ASP.NET 程序设计	88	144
04080108	李非	03010011	数据库程序设计	98	96

从表 1-6 中可以看出，学号不能唯一地标识一行记录，且表中的属性值存在如下关系：

{学号，课程号}→{姓名，课程名称，成绩，理论学时}

这时需要将学号和课程号作为复合主关键字，决定非主关键字的情况。因此，该选课表不符合第二范式的要求，在实际操作中会出现如下问题。

- 数据冗余：如果同一门课程被 n 个学生选修，则课程名称、总学时、学分就要重复 n-1 次；当一个学生选修 m 门课程时，其姓名就要重复 m-1 次。
- 更新异常：若某门课程的总学时和学分进行了调整，则整个表中该门课程的总学时和学分都要进行修改，否则会出现同一门课程总学时和学分不同的情况。

对上述选课关系进行拆分后可形成如下 3 个关系。

- 学生：StudentInfo（学号，姓名）。
- 课程：CourseInfo（课程号，课程名称，总学时）。
- 选课：StudentCourse（学号，课程号，成绩）。

修改后符合第二范式的选课关系如表 1-7 所示。

表 1-7　符合 2NF 的学生选课表结构

学号	姓名	课程号	课程名称	理论学时	学号	课程号	成绩
04080105	许力	03040012	透视	48	04080105	03040012	80
04080106	吴秋生	03010011	数据库程序设计	96	04080106	03010011	90
04080107	肖芬	03010016	ASP.NET 程序设计	144	04080108	03010016	88
04080108	李非	03010011	数据库程序设计	96	04080108	03010011	98

修改后的关系模式有效消除了数据冗余，更新、插入和删除异常。

3. 第三范式

第三范式是在第二范式的基础上建立起来的，即满足第三范式必须满足第二范式。第三范式要求关系表中不存在非关键字对任一候选关键字的传递函数依赖。传递函数依赖，指的是如果存在“A→B→C”的决定关系，则 C 传递函数依赖于 A。也就是说，第三范式要求关系表不包含其他表中已包含的非主关键字段信息。

例如，在学生选课系统中，学生信息表中列出其所属班级编号后，就不能再将班级名称、辅导员、班级人数等与班级相关的信息加入学生信息表。如果不存在班级信息表，那么根据第三范式也应该建立相应的表，否则就会出现数据的冗余。如表 1-8 所示，它是不符合第三范式的学生信息表，此表中辅导员传递依赖于学生学号。

表 1-8　不符合 3NF 的学生信息表

学　号	姓　名	班 级 名 称	辅 导 员
04080105	许力	软件 1601	张小丽
04080106	吴秋生	软件 1601	张小丽
04080107	肖芬	软件 1602	王志娴
04080108	李非	软件 1601	张小丽

从表 1-8 中可以看出，在此关系模式中存在如下关系：

$$\{学号\}\rightarrow\{姓名，班级名称，辅导员\}$$

学号作为该关系中的唯一关键字，符合第二范式的要求，但不符合第三范式，因此还存在如下关系：

$$\{学号\}\rightarrow\{班级名称\}\rightarrow\{辅导员\}$$

即存在非关系字段"辅导员"对关键字"学号"的传递依赖，这种情况下也会存在数据冗余、更新异常、插入异常和删除异常。

- 数据冗余：一个班有多个学生，辅导员会重复 n-1 次。
- 更新异常：若要更改某班级辅导员，则表中所有该班级的辅导员的值都需要更改，否则就会出现一个班级对应多个辅导员。
- 插入异常：若新进了一位辅导员，如果还没有指定到班级，则该辅导员数据无法记录到数据库中。
- 删除异常：当一位辅导员离职时，应该删除其在数据库中的记录，而此时与之相关的学生信息也会被删除。

如要消除以上问题，就需要对关系进行拆分，去除非主关键字的传递依赖关系。

对上述选课关系进行拆分后可形成如下两个关系。

- 学生：StudentInfo（学号，姓名）。
- 班级：ClassInfo（班级名称，辅导员）。

拆分后的关系模式如表 1-9 所示。

表 1-9　符合 3NF 的学生、班级关系表

学　　号	姓　　名	班 级 名 称	辅 导 员
04080105	许力	软件 1601	张小丽
04080106	吴秋生	软件 1602	王志娴
04080107	肖芬		
04080108	李非		

范式具有可以有效避免数据冗余、减少数据库占用的空间、减轻维护数据完整性的工作量等优点，但是随着范式的级别升高，其操作难度越来越大，同时性能也随之降低。因此，在数据库设计中，寻求数据可操作性和可维护性之间的平衡，对数据库设计者而言比较困难。

【任务 3】使用 PowerDesigner 建立系统模型

任务描述： 在学生选课系统概念数据和逻辑模型设计完成后，需要将模型转换成相应的物理数据模型，并生成数据库。PowerDesigner 是现今数据库建模市场中较为流行的工具之一，通过它能够方便地实现概念模型、物理模型和数据库之间的转换。

1.3.1　PowerDesigner 简介

　　PowerDesigner 是 Sybase 公司的 CASE 工具集，使用它可以方便地对管理信息系统进行分析设计。PowerDesigner 具有强大的数据库建模能力，现已发展到需求建模、业务处理模型和面向对象模型等，是一款功能全面的软件全程建模工具，也是目前较为流行的软件分析设计工具之一。

　　利用 PowerDesigner 可以制作数据流程图、概念数据模型、物理数据模型，可以生成多种客户端开发工具的应用程序，还可以为数据仓库制作结构模型，也能对团队设计模型进行控制。PowerDesigner 系列产品提供了一个完整的建模解决方案，业务或系统分析人员、设计人员、数据库管理人员和开发人员可以对其裁剪以满足特定的需要。

1.3.2　PowerDesigner 支持的模型

　　PowerDesigner 支持多种模型的设计，主要模型如下。

1. 企业架构模型（EAM）

　　EAM（Enterprise Architecture Model）用于帮助设计人员分析并文档化组织结构、业务功能，包括对实现时的物理架构中应用程序和系统的支持，它以图形方式展现企业架构，以取代文字描述。

2. 需求模型（RQM）

　　RQM（Requirements Model）是一种文档模型，用来帮助相关人员分析任何一种文档，并能链接其他模型中的设计对象。一般使用 RQM 来表示任何结构化的文档，如需求规格说明书、功能说明书、测试计划和业务目标等。

3. 业务程序模型（BPM）

　　BPM（Bussiness Program Model）描述业务的各种不同内在任务和内在流程，及客户如何以这些任务和流程互相影响。BPM 是从业务合伙人的观点来看业务逻辑和规则的概念模型，使用一个图表描述程序、流程、信息和合作协议之间的交互作用。

4. 概念数据模型（CDM）

　　CDM（Conceptual Data Model）是面向数据库用户的现实世界模型，主要用来描述世界的概念化结构，它使数据库的设计人员在设计的初始阶段摆脱计算机系统及 DBMS 的具体技术问题，集中精力分析数据及数据之间的联系。

5. 逻辑数据模型（LDM）

　　LDM（Logic Data Model）是 CDM 的延伸，主要用于表示概念之间的逻辑次序。在 LDM 中，一方面显示了实体、实体的属性和实体之间的关系，另一方面又将继承、实体关系中的引用等在实体的属性中进行展示。

6. 物理数据模型（PDM）

PDM（Physical Data Model）是面向计算机物理表示的模型，描述了数据在存储介质上的组织结构，它不但与具体的 DBMS 有关，而且还与操作系统和硬件有关。

7. 面向对象模型（OOM）

OOM（Object Oriented Model）通过用例图、部署图、类图、时序图等结构和行为的相关分析图，利用统一建模语言（Unified Modeling Language，UML）来分析系统信息包含的一系列包、类、接口和它们之间的关系。这些对象一起形成一个软件系统所有（或部分）逻辑设计视图的类结构。一个 OOM 本质上是软件系统的一个静态的概念模型。

其中 CDM、PDM 和 OOM 之间的关系如图 1-20 所示。

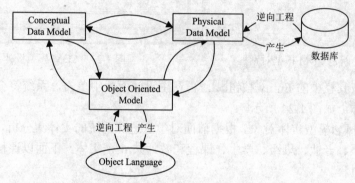

图 1-20　CDM、PDM 和 OOM 关系图

1.3.3　建立概念数据模型

建立概念数据模型的实质就是在 PowerDesigner 工具中绘制实体关系图。

【例 1.1】根据学生选课系统的分析结果，绘制该系统的概念数据模型。

操作步骤如下。

（1）启动 PowerDesigner，创建工作空间。右击工作空间 Workspace，选择 New→Folder 命令，创建一个名为"学生选课系统概念数据模型"的文件夹，如图 1-21 所示。

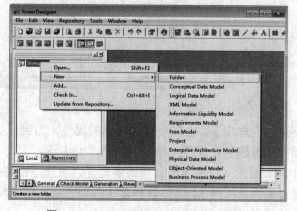

图 1-21　PowerDesigner 新建项目文件夹

（2）创建概念数据模型。右击"学生选课系统数据模型"文件夹，选择 New→Conceptual Data Model 命令，弹出如图 1-22 所示对话框，在 Model name 文本框中输入模型名 StudentMIS_CDM，然后单击 OK 按钮进入模型设计界面，如图 1-23 所示。

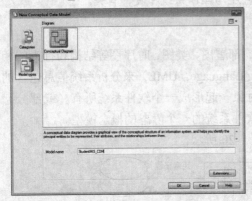
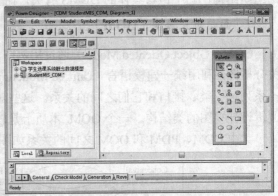

图 1-22 新建 CDM 模型对话框   图 1-23   CDM 模型设计界面

单击悬浮工具栏中的 Entity 按钮▦，再在主设计面板中单击，系统将会在主设计面板中增加一个实体，如图 1-24 所示。

（3）添加概念模型实体对象。根据前面对学生选课系统的实体集分析，在学生选课系统中抽象出院系、专业、班级、学生、课程和教师共 6 个实体。下面以课程实体为例，介绍实体的创建过程。

① 双击图 1-24 中的实体方框，打开如图 1-25 所示的窗口。设置概念模型中实体显示名称（Name）为"课程"，对应的实体代码（Code）名称为 Course，并设置注释（Comment）等相关信息。

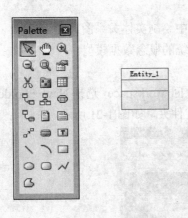

图 1-24   新建实体   图 1-25   实体属性编辑

② 选中 Attributes 属性选项卡，在其中设置实体的属性，为课程实体添加课程 ID、课程号、课程名、课程简介等属性及其数据类型，如图 1-26 所示。

③ 从图 1-26 中可以看出，每个实体属性还需设置该属性是否必须有值以及是否为主关键字。该设置可通过属性后面的 M 列和 P 列复选框来表示，其中，选中 M 表示不能为空，选中 P 表示该属性为唯一标识实体的主关键字。

图 1-26　实体属性设置

④ 单击"确定"按钮，完成课程属性设置。

⑤ 采用同样的方法，添加学生选课管理系统中的其他实体。

（4）创建实体间的关系。所有实体添加完毕后，接着要添加实体之间的关系。下面以教师和课程两个实体为例阐述实体间关系的创建过程。其中，教师和课程实体间的关系为多对多。

① 单击图 1-24 浮动工具栏中的 Relationship 按钮 ，然后选中主设计面板中的教师实体并将其拖动至课程实体上，这时，设计器将会为教师和课程实体建立关系，如图 1-27 所示。

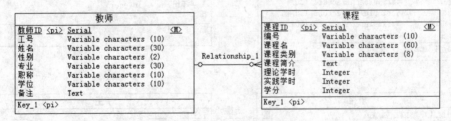

图 1-27　建立实体间的关系

② 双击 Relationship_1 关系名，打开关系属性对话框，如图 1-28 所示。根据 E-R 图，填写关系名为"讲授"。

③ 选择 Cardinalities 选项卡，切换到关系类型设置界面。由于教师和课程之间是多对多的关系，因此选中 Many-Many，如图 1-29 所示。除设置多对多的关系外，还可以设置实体是否必须，如教师实体可以对应 0…n 个课程，而课程对应的教师必须至少有 1 个。

④ 单击"确定"按钮回到设计界面。由于教师和课程实体间的关系是多对多的，当概念模型转换成物理模型时，就要先将这种关系转换成实体。选中教师和课程实体间的关系，右击弹出如图 1-30 所示的快捷菜单，选择 Change to Entity 命令，就可将两个实体间的关系转换成实体对象。

⑤ 根据学生选课系统的 E-R 图，用同样的方法可以为其他实体添加关系，完成系统概念数据模型的设计，如图 1-31 所示。

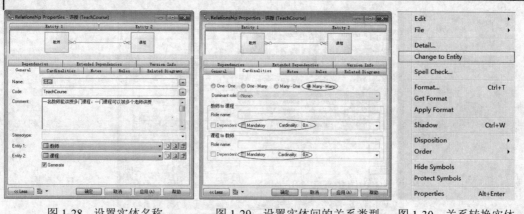

图 1-28 设置实体名称   图 1-29 设置实体间的关系类型   图 1-30 关系转换实体

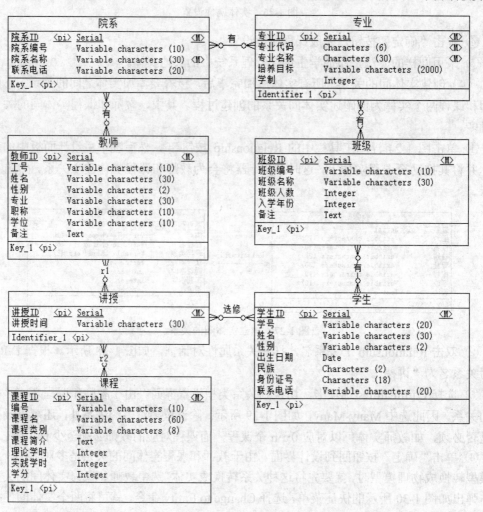

图 1-31 学生选课系统概念数据模型

1.3.4 建立物理数据模型

物理数据模型是针对具体数据库实现的一种模型，本书使用的 PowerDesigner 15.1 所支持的 SQL Server 版本最高只到 SQL Server 2008，因此，这里在建立物理模型时仍按 SQL Server 2008 导出，但这丝毫不会影响系统数据库的建模。

数据库系统的概念模型建立后，使用 PowerDesigner 15.1 就可以将其映射到对应的物理数据模型中。物理数据模型表现的是表与表之间的关系，将概念模型转换成物理模型的过程就是将实体转换成表、关系转换为中间表和外键约束的过程。

【例 1.2】将例 1.1 创建的概念数据模型转换成物理数据模型。

操作步骤如下。

（1）打开 StudentMIS_CDM 概念模型，选择 Tools→Generate Physical Data Model 命令，弹出生成物理模型选项窗口，如图 1-32 所示。

（2）选中 Generate new Physical Data Model 单选按钮，选择 DBMS 下拉列表框中的 Microsoft SQL Server 2008 选项，选中 Share the DBMS definition 单选按钮，并将其命名为 StudentMIS_PDM。

（3）选择 Detail 选项卡，其中有 Check Model、Save Generation Dependencies 等选项。如果选择了 Check Model，模型将会在生成之前被检查。Save Generation Dependencies 选项决定 PowerDesigner 是否为每个模型的对象保存对象识别标签，该选项主要用于合并由相同 CDM 生成的两个 PDM。

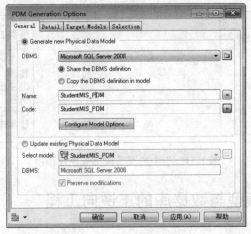

图 1-32 生成物理模型窗口

（4）选择 Selection 选项卡，列出所有的 CDM 中的对象，默认情况下，所有对象将会被选中。单击"确定"按钮，生成如图 1-33 所示的 PDM 图。

从生成的物理模型图中可以看出，概念模型中的实体均转换成了表；概念模型中的多对多的关系转换成了关系表，如教师和课程实体间的讲授关系转换成了教师授课表；一对多的关系转换成为 fk 约束，如教师表中增加了院部 ID 列。这时用户可以根据需求分析对物理模型进行修正，如为学生选课表添加选课 ID 字段。

按照上述方法，可以实现学生选课系统物理模型的设计。物理模型应能完整地表示 E-R 图中的所有信息。

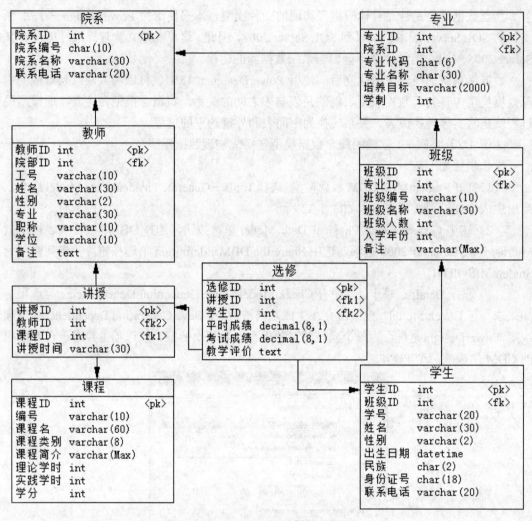

图 1-33 学生选课系统部分物理模型

1.3.5 物理数据模型与数据库的正逆向工程

PowerDesigner 支持从数据库物理数据模型转换到数据库表的建立，同样也可以根据现有数据库生成物理数据模型，其实是正向工程和逆向工程的关系。

1. 正向工程

正向工程是指能直接从 PDM 中产生一个数据库或产生一个能在用户 DBMS 环境中运行的数据库脚本。操作步骤如下。

（1）选择 Database→Generate Database 命令，弹出 PDM 生成选项对话框，如图 1-34 所示。

（2）设置 Generation type 类型，如果选中 Script generation，则采用脚本的方式生成数据库；如果选中 Direct generation，则将指定 ODBC 方式，可以直接连接到数据库，从而直接产生数据库表和其他数据库对象。

2. 逆向工程

数据库逆向工程是指从现有 DBMS 中的用户数据库或现有数据库 SQL 脚本中生成 PDM 物理模型的过程。

操作步骤如下。

（1）选择 Database→Reverse Engineer Database 命令，弹出逆向工程对话框，如图 1-35 所示。

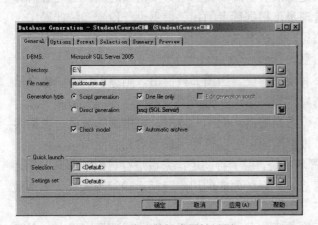

图 1-34　生成数据库属性设置

图 1-35　逆向工程生成 PDM 模型

（2）选中 Using script files 单选按钮，逆向工程将从指定的脚本程序中生成对应的 PDM 对象；选中 Using a data source 单选按钮，则可将指定的 ODBC 生成对应的 PDM 对象。

思　考　题

1．试述数据、数据库、数据库管理系统和数据库系统之间的关系。
2．试述文件系统和数据库系统的区别和联系。
3．试述系统设计的重要性及各阶段的设计策略。
4．试述数据库概念设计的重要性及设计步骤。

项 目 实 训

实训任务：

管理信息系统数据库需求分析与设计。

实训目的：

1. 掌握数据库设计与开发的基本步骤。
2. 能读懂概念数据模型和物理数据模型。
3. 能根据系统需求绘制概念数据模型和物理数据模型。

实训内容：

1. 某社区需要开发一个图书管理系统，用于为社区居民提供图书借阅服务。系统面向的用户包括读者、图书操作员和系统管理员。系统需求描述如下。

- 读者管理：维护系统中读者信息，包括读者证号、姓名、性别、身份证号、书证状态等信息；根据读者类别确定每次可借阅书籍的本数及借阅时间；当读者借阅逾期时自动记录逾期次数；管理员可根据读者的相关信息进行检索及统计操作。
- 图书管理：维护图书的基本信息，包括书名、条形码、ISBN、作者、出版社、页数、在馆状态及被借次数等信息。
- 借阅管理：借阅管理分为借书和还书模块。当图书被借出，则该书状态修改为借出；当成功还书后，该书状态修改为在馆，并将借阅数据保存为历史借阅信息。
- 数据统计：根据读者证号查询读者当前借阅的图书情况及可借阅的数量；根据读者证号查询读者的借阅历史；根据条码码可以查询出最受欢迎的图书。

2. 某物流公司需要开发一个物流管理系统，用于协助工作人员进行日常的车队及承运货物的管理，提高管理效率，降低运营成本。系统面向的用户包括运输管理人员、承运业务员和系统管理员。系统需求描述如下。

- 车辆管理：运输管理员可以查询车辆信息（包括车辆名称、耗油量、状态、车辆类型及动力等），并能对车辆信息进行维护等操作。
- 驾驶员管理：运输管理员可以查看驾驶员信息（包括驾驶员姓名、性别、身份证号、驾驶证号及联系电话等信息），并能对驾驶员信息进行维护等操作。
- 承运信息管理：承运业务员可以录入承运单内容，包括客户信息、货物信息、承运状态和描述信息等；承运业务员还可以查询承运信息，包括承运编号、发货客户、填单信息、状态等，对承运单进行跟踪查询。
- 线路及成本管理：系统管理员能进行城市信息的维护、线路信息及每条线路的运输成本的维护，并对系统中的运输管理人员和承运业务员进行管理。

请从以上两个任务中选取一个（或自拟题目），3~5 人为一组，完成如下内容。

（1）完成系统功能结构图和用例图的绘制。

（2）分析系统中的实体，标识实体间的关系，绘制 E-R 图或概念数据模型图。

（3）根据 DBMS 的要求，将概念数据模型转换成物理数据模型。

（4）撰写数据库设计说明书（设计说明书格式参见附录 B）。

项目 2　安装与配置 SQL Server 2016

SQL Server 是微软公司的旗舰产品，是一种面向企业应用级的关系型数据库管理系统，在各行业软件开发中都得到了广泛应用。SQL Server 2016 的发布不仅延续了现有数据库平台的强大能力，在性能优化、安全性和简化数据分析方面进行了有效的改善，且提供了全面自助分析、网络环境的数据交互及新的混合云场景支持等创新功能。

本项目介绍安装和配置 SQL Server 2016 的方法，读者可掌握 SQL Server 2016 数据库管理系统的基本使用方法。

【任务 1】安装 SQL Server 2016

任务描述： 要使用 SQL Server 2016 来存储和管理学生选课系统的数据库，首先要安装 SQL Server 2016。本任务主要介绍 SQL Server 2016 的体系结构和安装过程。

2.1.1　SQL Server 2016 简介

SQL Server 2016 是一种典型的关系型数据库管理系统，它可以将结构化、半结构化和非结构化文档的数据（如图像和音乐）直接存储到数据库中。SQL Server 2016 提供一系列丰富的集成服务，可以对数据进行查询、搜索、同步、报告和分析等操作。

1. SQL Server 的发展历史

SQL Server 是微软公司在数据库市场上的主打产品，发展至今，已经成为商业应用中最重要的组成部分。SQL Server 是在 1988 年由微软公司与 Sybase 公司共同开发的，且只能运行于 OS/2 上的联合应用程序。1993 年，发布了 SQL Server 4.2 版本，该版本是一种功能较少的桌面数据库，能够满足小部门数据存储和处理的需求。1995 年，发布了 SQL Server 6.0 版本，该版本对核心数据库引擎做了重大的改进。SQL Server 6.0 在性能和重要的特性上都得到了增强，具备了处理小型电子商务和内联网应用程序的能力。1996 年，发布了 SQL Server 6.5 版本，该版本具备了市场所需的速度快、功能强、易使用和价格低等优点。1998 年，推出了 SQL Server 7.0 版本，该版本再一次对核心数据库引擎进行了重大改写，在操作上更加简单、易用，因此获得了良好的声誉。

2000 年，微软发布了 SQL Server 2000 版本，该版本在可扩展性和可靠性上有了很大的改进，成为企业级数据库市场中重要的一员，其卓越的管理工具、开发工具和分析工具赢得了很多新的客户。2005 年，发布了 SQL Server 2005 版本，它扩展了 SQL Server 2000 的性能，在可靠性、可用性、可编程性和易用性等方面做了重大改进，引入了.NET Framework，允许构建.NET SQL Server 专有对象，从而使 SQL Server 数据库具有更加灵活的功能。2008 年，发布的 SQL Server 2008 以处理多种不同的数据形式为目的，通过提供新的数据类型和使用语言集成查询，使 SQL Server 数据库更实用、更安全。2012 年 3 月发布的 SQL Server 2012 以大数据和云技术为目标，定位帮助企业处理每年大量的数据（ZB 级别）增长。

2016 年 6 月，微软发布了 SQL Server 2016，该版本是 Microsoft 数据平台历史上最大的一次跨越性发展，提供了可提高性能、简化管理以及将数据转化为切实可行的各种功能，而且所有这些功能都在一个可在任何主流平台上运行的、漏洞最少的数据库上实现。

2. SQL Server 2016 的新增功能

SQL Server 2016 定位于高性能大规模联机事务处理、数据仓库和电子商务应用的数据库和数据分析平台，增强的混合云技术的支持。与以往的 SQL Server 版本相比，SQL Server 2016 有多项重要改进，并增加了许多新的特性。

1）实时业务分析与内存中联机事务处理

SQL Server 2016 利用实时内存业务分析计算技术（Real-time Operational Analytics & In-Memory OLTP）将内存中列存储和行存储功能结合起来，可以直接对事务性数据进行快速分析处理，OLTP 事务处理速度提升了 30 倍，并将查询性能从分钟级别提高到秒级别。

2）Temporal table

SQL Server 2016 引入了 Temporal table，常称之为历史表，因为它记录了表在历史上任何时间点所做的改动。有了这个功能，一旦发生误操作，就可以使用该表及时进行数据恢复。

3）原生 JSON 支持

SQL Server 2016 开始支持 JSON 数据类型，可以支持 JSON 导入、导出、分析和存储。对于需要使用 JSON 格式的应用程序来说，这无疑是一利器，因为不再需要使用 JSON.NET 等工具进行分析和处理 JSON 数据，直接利用 SQL Server 内置函数就可以处理，轻松将查询结果输出为 JSON 格式或者搜索 JSON 文件内容。

4）数据全程加密

数据全程加密（Always Encrypted）是 SQL Server 2016 引入的加密数据列的新方式，能够保护传输和存储后的数据安全性。该功能启用后，数据就可以通过 ADO.NET 在应用层进行加密，这意味着，在数据通过网络发送到 SQL Server 之前，可以通过.NET 应用程序来加密数据。这个过程中，网络传输的是密文，存储在数据库里的数据也是密文，以达到对数据的保护作用。

5）动态数据掩码（DDM）

DDM（Dynamic Data Masking）用于对非授权用户限制敏感数据的曝光，使用该功能会在查询结果集里隐藏指定栏位的敏感数据，而数据库中的实际数据并没有任何变化。其屏蔽规则应用在查询结果上，很多应用程序能够在不修改现有查询语句的情况下屏蔽敏感数据。当表定义中指定了动态数据掩码，只有拥有 UNMASK 权限的用户才能看到完整数据。

6）行级别安全控制（RLS）

RLS（Row-Level Security）能够根据用户执行查询的特性，来控制对数据库表中的数据行进行访问。RSL 能够简化应用程序中安全的设计与编写代码，实现对数据行的访问限制。访问限制的逻辑位于数据库层，而不是在应用程序层分离数据。

7）tempdb 增强

SQL Server 2016 支持一个 SQL Server 实例中配置多个 tempdb 数据库，可以有效改善应用中大量使用临时表引发的资源争夺、性能降低等情况。SQL Server 2016 安装的过程中，向导不会默认创建一个数据文件，而是根据其探测到的逻辑处理器的个数来创建默认数量的 tempdb 数据文件，最多可达 8 个。

8）延伸数据库

延伸数据库（Sketch Database）可以将数据动态延伸至云计算平台与服务 Azure，实现本地到云的一致体验，构建和部署用于管理数据的混合解决方案。

9）数据库内高级分析

SQL Server 2016 支持使用 R 语言，使用 R Services 构建智能应用程序。通过直接在数据库中执行高级分析，超越被动响应式分析，从而实现预测性和指导性分析。

10）高可用性和灾难恢复

SQL Server 2016 增强的 AlwaysOn 是一个用于实现高可用性和灾难恢复的统一解决方案，利用它可获得任务正常运行时间，快速故障转移，轻松设置和可读辅助数据库的负载均衡。此外，在 Azure 虚拟机中放置异步副本可以实现混合的高可用性。

3．SQL Server 2016 的体系结构

SQL Server 2016 的体系结构是对 SQL Server 2016 的组件及它们之间关系的描述。SQL Server 2016 功能模块众多，主要分为数据库模块和商务智能模块。

数据库模块包括数据库引擎、Service Broker、复制和全文搜索等功能组件。而商务智能模块则由 Integration Services（集成服务）、Analysis Services（分析服务）和 Reporting Services（报表服务）3 大组件组成，如图 2-1 所示。

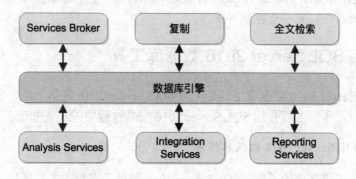

图 2-1　SQL Server 2016 的体系结构

从图 2-1 中可以看出，数据库引擎是 SQL Server 2016 的核心，它包括 Protocol（协议）、Relational Engine（关系引擎）、存储引擎（Storage Engine）和 SQLOS 四大组件，任何客户

端提交的 SQL 命令都要与这四个组件进行交互，以实现数据存储、数据处理和安全管理，如图 2-2 所示。

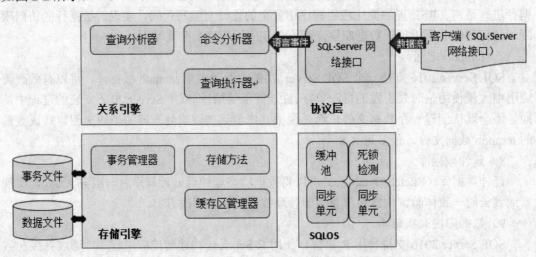

图 2-2　SQL Server 2016 数据库引擎架构

其中，协议层接受客户端发送的请求并将其转换为关系引擎能够识别的形式。此外，它也能将查询结果、状态信息和错误信息等从关系引擎中获取出来，然后将这些结果转换为客户端能够理解的形式返回给客户端。

关系引擎负责处理协议层传来的 SQL 命令，对 SQL 命令进行解析、编译和优化。如果关系引擎检测到 SQL 命令需要数据就会向存储引擎发送数据请求命令。

存储引擎在收到关系引擎的数据请求命令后负责数据的访问，包括事务、锁、文件和缓存的管理。

SQLOS 层则被认为是数据库内部的操作系统，它负责缓冲池和内存管理、线程管理、死锁检测、同步单元和计划调度等。

用户可以在数据库引擎之上创建数据库、创建数据表、查询数据及对数据进行安全管理等，本书就是在 SQL Server 2016 系统的数据库引擎上对学生选课管理系统的数据实现添加、删除、修改、查询和安全控制等操作。

2.1.2　安装 SQL Server 2016 数据库工具

安装 SQL Server 2016 数据库工具是学习 SQL Server 2016 的第一步，安装过程与微软的其他产品类似，本节主要介绍 SQL Server 2016 安装过程中的相关知识。

1. 了解 SQL Server 2016 的版本信息

根据数据库应用环境的不同，SQL Server 2016 提供了多种版本以适用于特定环境和任务。理解这些版本之间的差异至关重要，以便于根据需要选择最合适的版本。SQL Server 2016 的常用版本如表 2-1 所示。

表 2-1　SQL Server 2016 版本类型

SQL Server 2016 版本	描　　述
企业版（Enterprise）	提供了全面的高端数据中心功能，性能极为快捷，虚拟化不受限制，还具有端到端的商业智能，可为关键任务工作负荷提供较高服务级别，支持最终用户访问深层数据
标准版（Standard）	是一个完整的数据管理和商业智能数据库，使部门和小型组织能够顺利运行其应用程序并支持将常用开发工具用于内部部署和云部署，有助于以最少的 IT 资源获得高效的数据库管理
商业智能版（Business）	是一个综合性平台，可支持组织构建和部署安全、可扩展且易于管理的 BI 解决方案。它提供基于浏览器的数据浏览、可见性等卓越功能，拥有强大的数据集成功能及增强的集成管理
开发者版（Developer）	基于 SQL Server 构建任意类型的应用程序。它包括 Enterprise 版的所有功能，但有许可限制，只能用作开发和测试系统，而不能用作生产服务器。此版本是构建和测试应用程序的人员的理想之选
网页版（Web）	对于为从小规模至大规模 Web 资产提供可伸缩性、经济性和可管理性功能的 Web 宿主和 Web VAP 来说，Web 版本是一项成本较低的选择
精简版（Express）	是 SQL Server 入门级的免费数据库，是学习和构建桌面及小型服务器数据驱动应用程序的理想选择。它是独立软件供应商、开发人员和热衷于构建客户端应用程序的人员的最佳选择

2. 安装 SQL Server 2016 的环境要求

在安装 SQL Server 2016 时，用户计算机的硬件和软件配置需要满足以下要求。

（1）处理器：必须是 Intel Pentium IV 或更高性能的处理器，运行速度在 1.4GHz 以上。

（2）内存：最小为 512MB，建议用 1GB 或更大的内存。

（3）磁盘空间要求：在安装 SQL Server 2016 的过程中，Windows Installer 会在系统驱动器中创建临时文件。在运行安装程序来安装或升级 SQL Server 之前，需要检查系统驱动器中是否至少有 2GB 的可用磁盘空间用来存储安装文件。实际硬盘空间需求取决于系统配置和用户决定安装的功能。

（4）操作系统：不同的版本对操作系统有不同的要求，可以运行在 Windows Vista 和 Win7 操作系统之上；标准版和企业版则只能运行在 Server 版的操作系统之上。

上述安装 SQL Server 2016 的软、硬件需求仅供参考，实际上只要计算机的硬件系统高于或等同于上面的配置就可以安装 SQL Server 2016。

3. SQL Server 2016 安装过程

在获得 SQL Server 2016 安装光盘或安装文件（官方下载地址：https://www. microsoft. com/en-us/download/developer-tools.aspx），并确认计算机的软、硬件配置满足要求后，就可以开始安装 SQL Server 2016 了。由于安装过程与大多数软件类似，这里只列举安装过程中的关键步骤进行说明。

（1）确定是本地安装还是远程安装。对于本地安装，必须以管理员身份运行安装程序；如果从远程共享安装 SQL Server，则必须使用对远程共享具有读取和执行权限的域账户。

（2）进入安装中心。运行 SQL Server 2016 安装目录下 Setup.exe 文件，打开 SQL Server 安装中心窗口，如图 2-3 所示。在"计划"选项卡中，包含对硬件和软件的要求、安全文档、联机发行说明等内容。单击"安装"选项卡，出现"全新 SQL Server 独立安装或向现有安装添加功能""新的 SQL Server 故障转移群集安装"等 7 种安装方式，如图 2-4 所示。

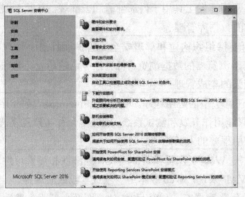

图 2-3 安装计划   图 2-4 安装界面

（3）选择版本。选中"全新 SQL Server 独立安装或向现有安装添加功能"后，需在安装程序向导中输入安装版本或正版产品密钥，如图 2-5 所示。

（4）功能选择。在功能选择页中可根据实际需求来选择安装对应的功能模块。如果只是为了学习，建议安装所有的功能模块；在功能选择页中还可以修改程序的安装目录，默认安装目录为 C:\Program Files\Microsoft SQL Server，如图 2-6 所示。

图 2-5 选择版本   图 2-6 功能选择

（5）实例配置。SQL Server 实例分默认实例和命名实例两种。使用 SQL Server 安装向导的"实例配置"页面可指定是创建 SQL Server 的默认实例还是命名实例。如果需要安装成默认实例，则选中"默认实例"单选按钮，否则选中"命名实例"单选按钮并在文本框中输入具体的实例名称。SQL Server 默认实例名称是 MSSQLSERVER；SQL Server Express 的默认实例名称为 SQLExpress，如图 2-7 所示。客户端在连接默认实例时可不用实例名称，直接用点号（.）代表。

学习提示： SQL Server 允许在同一台计算机上同时运行多个实例。

（6）服务器配置。服务器配置页用来配置服务的账户、启动类型、排序规则等，该页上配置的实际服务取决于选择安装的功能。可以为所有的 SQL Server 服务分配相同的登录账户，也可以单独配置各个服务账户。Microsoft 建议对各服务账户进行单独配置，以便为每项服务提供最低特权，如图 2-8 所示。

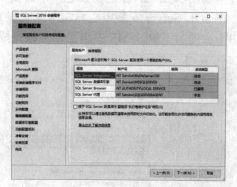

图 2-7　实例配置　　　　　　　　　　　　　图 2-8　服务器配置

（7）数据库引擎配置。数据库引擎配置页用来配置数据库的账户、数据目录和 FILESTREAM，如图 2-9 所示。

SQL Server 2016 中提供 Windows 身份验证和混合身份验证两种模式。Windows 身份验证模式只允许 Windows 中的账户或域账户访问数据库；混合身份验证模式除允许 Windows 账户或域账户访问数据库外，还可以使用创建用户及其安全凭据来访问数据库。如果选择混合模式身份验证，则必须为内置 SQL Server 系统管理员账户提供一个强密码。

在设备与 SQL Server 成功建立连接之后，用于 Windows 身份验证和混合模式身份验证的安全机制是相同的。

"数据目录"选项卡中可以设置数据库文件保存的默认目录。

（8）安装规则检查。配置完数据库引擎之后，系统将检查前面的配置是否满足 SQL Server 的安装规则，如果规则没有全部通过，则应根据提示修改数据库或服务器中的相应配置，直至全部通过。

上述过程完成后，就可以进行安装了，安装过程中"安装进度"页会提示相应的状态，供安装者监视安装进度，安装过程结束后，会出现安装完成界面，如图 2-10 所示。

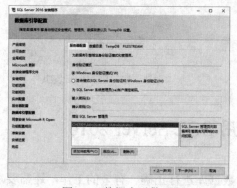

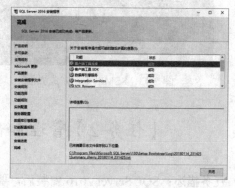

图 2-9　数据库引擎配置　　　　　　　　　　图 2-10　安装完成界面

2.1.3 安装 SQL Server 管理工具

SQL Server 2016 版本中，SQL Sever 管理工具（SQL Server Management Studio，SSMS）没有集成在 SQL Server 的安装包中，需要单独安装。

在 SQL Server 安装中心界面选择安装 SQL Server 管理工具，如图 2-11 所示。此时安装中心会提示下载 SSMS 安装包，下载完成后会出现 SSMS 安装界面，如图 2-12 所示。

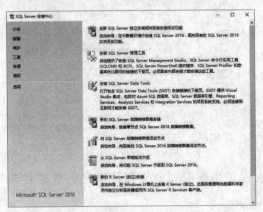
图 2-11　选择安装 SQL Server 管理工具

图 2-12　SSMS 安装界面

单击图 2-12 中的"安装"按钮，进入到 SSMS 安装界面直到完成。安装完成界面如图 2-13 所示。

根据安装提示重启计算机后，运行 SSMS，选择"帮助"菜单中的"关于"项，打开管理工具的安装组件对话框，如图 2-14 所示。

图 2-13　SSMS 安装完成界面

图 2-14　SSMS 安装组件

【任务 2】管理和使用 SQL Server 2016

任务描述：SQL Server 2016 安装后，要对数据库进行正确、有效的工作，还需要掌握 SSMS 等实用工具，实现对 SQL Server 2016 的配置和管理。

2.2.1　SQL Server 2016 常用工具

使用图形化实用工具和命令提示符可以配置和管理 SQL Server 2016。表 2-2 列举了管理 SQL Server 2016 实例的常用工具。

表 2-2　SQL Server 2016 常用工具

工具或实用工具	说　　明
SSMS（SQL Server Management Studio）	是用于访问、配置、管理和开发 SQL Server 组件的集成环境，提供 SQL Server 2016 最为常见的数据库管理任务
SQL Server 配置管理器	为 SQL Server 服务、服务器协议、客户端协议和客户端别名提供基本配置管理
SQL Server Profiler	提供了用于监视 SQL Server 数据库引擎实例或 Analysis Services 实例的图形用户界面
数据库引擎优化顾问	协助用户创建索引、索引视图和分区
数据质量客户端	提供了一个非常简单和直观的图形用户界面，用于连接到 DQS 数据库并执行数据清理操作。它还允许集中监视在数据清理操作过程中执行的各项活动
SQL Server 数据工具	SQL Server 数据工具（SSDT）提供 IDE 以便为以下商业智能组件生成解决方案：Analysis Services、Reporting Services 和 Integration Services
连接组件	安装用于客户端和服务器之间通信的组件，以及用于 DB-Library、ODBC 和 OLE DB 的网络库
SQL Server 安装程序	安装、升级或更改 SQL Server 实例中的组件
SQL Server 联机丛书	SQL Server 的核心文档

2.2.2　使用 SSMS

SSMS 是一个建立数据库解决方案的集成环境，用于访问、配置、控制、管理和开发 SQL Server 的所有组件。SSMS 将一组多样化的图形工具与多种功能齐全的脚本编辑器组合在一起，为各级开发人员和管理员提供数据的管理和维护、更改和查询。SQL Server 2016 继承了 SQL Server 2005 的操作风格，将 SQL Server 的早期版本中所包含的企业管理器、查询分析器和 Analysis Manager 功能整合到单一的环境中，通过 SSMS 操作和管理数据库。

1. 启动 SSMS

正确安装完成 SQL Server 2016 后，就可以启动 SSMS 来创建和管理数据库。下面通过一个具体的实例来说明 SSMS 的启动过程。

【例 2.1】使用 Windows 用户 CHERRY 启动 SSMS。

操作步骤如下。

（1）启动 SSMS。执行 Windows 桌面"开始"→"程序"→Microsoft SQL Server 2016→SQL Server Management Studio 命令，打开"连接到服务器"对话框，如图 2-15 所示，其服务器类型是数据库引擎。

（2）输入服务器名称。服务器名称是指安装并运行了数据库服务器的计算机名或 IP 地址，图 2-15 中显示的服务器名为 CHERRY。

（3）选择身份验证模式。在"身份验证"下拉列表框中选择身份验证模式，SQL Server 2016 提供"Windows 身份验证"和"SQL Server 身份验证"。如果选择"SQL Server 身份验证"模式，还需为服务器用户提供登录名和密码。本例中使用"Windows 身份验证"模式。

（4）单击"连接"按钮，进入 SSMS 的主界面。SSMS 界面中包括对象资源管理器、查询编辑器、模板资源管理器、属性等窗口对象，如图 2-16 所示。

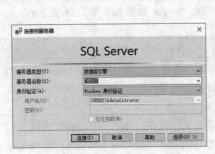
图 2-15　连接到服务器

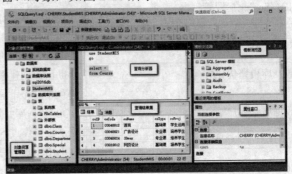
图 2-16　SSMS 的主界面

2. 对象资源管理器

"对象资源管理器"窗口以树状结构显示已连接的数据库服务器及其对象。在该窗口中，单击资源对象节点前的加号或减号，可以展开或折叠该资源的下级节点列表，层次化管理资源对象。

在如图 2-16 所示的对象资源管理器中，列出数据库引擎服务器对象 CHERRY 下的资源节点，这些节点所代表的对象说明如下。

- 数据库：显示连接到 SQL Server 服务器的系统数据库和用户数据库。
- 安全性：显示能连接到 SQL Server 服务器的登录名、服务器角色、凭据和审核。
- 服务器对象：显示连接到 SQL Server 服务器的备份设备、端点、链接服务器和触发器。用来实现远程数据库的连接、数据库镜像等。
- 复制：显示数据库复制的策略。数据可以从当前服务器的数据库复制到本地或远程的数据库。
- AlwaysOn 高可用性：配置服务器高可用性和灾难恢复解决方案。
- 管理：用来实现系统策略管理、数据收集、维护计划和 SQL Server 日志管理，控制是否启用策略管理，显示各类信息或错误，维护日志文件等。
- SQL Server 代理：通过作业、警报、操作员、错误日志对象的管理，实现在系统自动管理和运行 SQL Server 的任务，以提高数据库的管理效率。

3. 查询编辑器

SSMS 提供了选项卡式的查询编辑器，能够同时打开多个查询编辑器的视图。查询编辑器是一个文本编辑器，主要用来编辑、调试与运行 SQL 命令。

在 SSMS 界面中选择"文件"→"新建"→"数据库引擎查询"命令，或单击 SSMS 工具栏中的"新建查询"按钮来启动查询编辑器。启动查询编辑器后，SSMS 工具栏下将会呈现查询编辑器相关的"SQL 编辑器"工具栏，用户可以通过该工具栏进行连接、更改当前数据库，执行和调试 SQL 命令等操作。

SSMS 的查询编辑器可为 SQL 语句进行调试，其调试方法与 VS 调试程序基本相同。在编写完 T-SQL 语句后，可以单击查询编辑器外的某代码行的左侧，为其设置断点，并按 Alt+F5 键启动调试。使用 F10 键能逐过程执行程序，而使用 F11 键则是逐语句执行下一步。当程序运行到断点位置时暂停运行，可以实现跟踪变量的变化情况，帮助数据库程序员分析程序逻辑的正确性，如图 2-17 所示。

4. 模板资源管理器

SSMS 中模板资源管理器提供了大量与 SQL Server 和分析服务相关的脚本模板。使用模板创建脚本、自定义模板等功能可大大地提高脚本编写的效率。

在 SSMS 界面选择"视图"→"模板资源管理器"命令，打开模板资源管理器，单击展开"SQL Server 模板"，双击需要创建的对象模板，查询编辑器中将会打开操作该对象的相应代码模板，如图 2-18 所示。

图 2-17　调试 SQL 语句

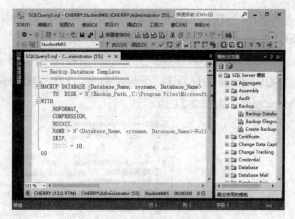
图 2-18　SSMS 模板资源管理器

5. 数据库对象生成 SQL 脚本

除提供模板资源管理器外，SSMS 还支持对大多数数据库对象生成 SQL 语句的操作，以简化开发人员反复编写 SQL 语句的工作，大大提高开发人员的工作效率。

例如，要生成查询 SELECT 数据库中表 class 的 SQL 语句，只需要在对象资源管理器中右击该表，选择"编写表脚本为"→"SELECT 到"→"新查询编辑器窗口"命令，如图 2-19 所示，生成的代码如下。

```
SELECT [cID],[spID],[cCode],[cName],[cNumber],[cYear],[cRemark]
FROM [dbo].[Class]
```

这时可以单击工具栏的执行按钮或直接使用快捷键 F5 运行该 SQL 语句，运行后的结果将在 SQL 语句下以表格形式显示出来，如图 2-20 所示。

SSMS 除了可以生成查询语句外，还可以生成插入、删除和修改等的 T-SQL 语句。本书后续的操作基本都是在 SSMS 中完成的，兹不赘述。

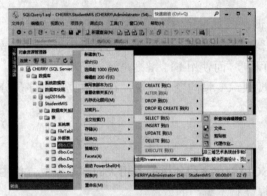 

图 2-19 为表生成查询 T-SQL 语句　　　　　图 2-20 执行 SQL 语句

2.2.3 使用配置管理器配置数据库

SQL Server 配置管理器是 SQL Server 2016 重要的系统配置工具之一，主要用于管理 SQL Server 的服务、网络配置和客户端配置。

执行 Windows 桌面"开始"→"程序"→Microsoft SQL Server 2016→"配置工具"→"SQL Server 2016 配置管理器"命令，打开 SQL Server 配置管理器（SQL Server Configuration Manager），如图 2-21 所示。

图 2-21 SQL Server 配置管理器界面

1. 管理 SQL Server 服务

在 SQL Server 配置管理器左侧窗口中单击"SQL Server 服务"，配置管理器将在右侧窗口中以列表的形式展开当前服务器中所有安装的 SQL Server 2016 服务及服务的状态，用户可以启动、暂停、恢复或停止服务，还可以查看或更改服务属性，如图 2-22 所示。

图 2-22　SQL Server 服务列表

从图 2-22 所示右侧窗口显示的列表中可以看出，当前服务器中提供了以下服务。

- SQL Server Browser：SQL Server 浏览器，主要用于多实例的网络支持。
- SQL Server Integration Services：主要用于数据收集转换和数据仓库的建立，是商务智能中的一部分。
- SQL Server：数据库服务提供基本的数据库运行支持。
- SQL Server 代理：主要用于定时运行数据库作业。
- SQL Full-text Filter Daemon Launcher：全文检索服务，主要用于大量文本的检索。

学习提示：使用 SQL Server 配置管理器可以更改 SQL Server 或 SQL Server 代理服务使用的账户，还可以执行其他配置。例如，在 Windows 注册表中设置权限，以使新的账户可以读取 SQL Server 设置。

2. SQL Server 网络配置

在 SQL Server 配置管理器左侧窗口中展开"SQL Server 网络配置"节点，配置管理器列出当前服务器的所有 SQL Server 实例，单击"MSSQLSERVER 的协议"，在右侧窗口中将列出该实例下的所有协议和协议状态，如图 2-23 所示。

- Shared Memory（共享内存）：该协议是 SQL Server 默认开启的协议，它通过客户端和服务端共享内存的方式进行通信。当客户端和服务端在同一台计算机上时，使用该协议是一个不错的选择。
- Named Pipes（命名管道）：该协议是为局域网而开发的协议。命名管道协议和 Linux 下的管道符号有点接近，一个进程使用一部分内存向另一个进程传递信息。客户端和服务端可以是一台机器，也可以是局域网中的两台机器。
- TCP/IP：该协议是 Internet 网上广为使用的协议，它可以用于不同硬件、不同操作系统、不同地域的计算机之间相互通信。

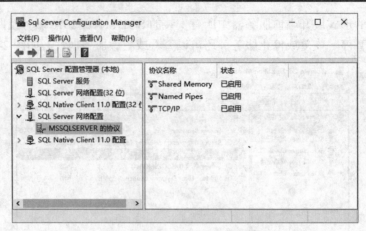

图 2-23　SQL Server 的协议列表

用户可以右击来选择打开或关闭选定的协议，一般情况下，只需要启用共享内存和 TCP/IP 协议即可。

2.2.4　配置 SQL Server 2016 服务器属性

为保证 SQL Server 2016 服务器安全、稳定和高效的运行，需对服务器进行必要的配置。配置主要从内存、连接数、安全性和数据库参数设置等方面考虑。

在 SSMS 中，在"对象资源管理器"中选择当前登录的服务器，右击，在弹出的快捷菜单中选择"属性"命令，打开"服务器属性"窗口，如图 2-24 所示，在"选择页"列表框中列出了"常规""内存""处理器""安全性""连接""数据库设置""高级"和"权限"。其中在"常规"选择页列出了该服务器的名称、产品信息、操作系统、平台等固有的属性信息，这些信息不能更改。而通过其他 7 个选择页选项则可以对服务器端的属性进行配置。

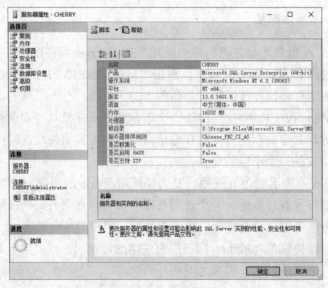

图 2-24　"服务器属性"窗口

1. 内存

在"服务器属性"窗口中选择"内存"选项，打开"内存"选择页，该选择页主要用来根据实际要求对服务器内存大小进行配置与更改，包括服务器内存选项、其他内存选项、配置值和运行值等，如图 2-25 所示。

其中最小服务器内存是指运行中 SQL Server 服务器至少占用的内存大小；最大服务器内存则指分配给 SQL Server 的最大内存数。

其他内存选项包括创建索引占用的内存，指在创建索引时排序过程占用的内存量，当该值为 0 时，由系统动态分配。每次查询占用的最小内存则是为执行查询操作分配的内存量，默认值为 1024KB。

2. 处理器

打开"处理器"选择页，该选择页可以查看和修改 CPU 选项，包括处理器关联、I/O 关联、自动设置处理器的关联掩码、最大工作线程数等，如图 2-26 所示。

- 处理器关联：指将每个处理器分配给特定的线程，消除处理器的重新加载和减小处理器之间的纯种迁移开销。
- I/O 关联：用来设置是否将 SQL Server 磁盘 I/O 绑定到指定的 CPU 子集。
- 自动设置所有处理器的处理器关联掩码：设置是否允许 SQL Server 设置处理器关联，如果选中该选项，操作系统会自动为 SQL Server 服务器分配 CPU。
- 自动设置所有处理器的 I/O 关联掩码：选中该选项，操作系统会自动为 SQL Server 服务器分配磁盘控制器。
- 最大工作线程数：允许 SQL Server 动态设置工作线程数，默认值为 0。
- 提升 SQL Server 的优先级：指定 SQL Server 是否比其他进程具有优先处理的级别。

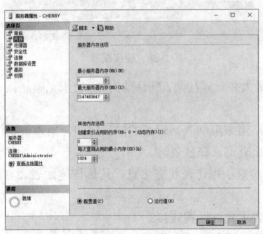

图 2-25　内存配置

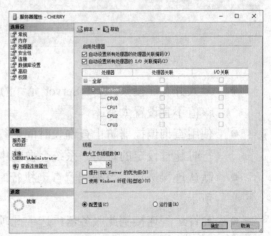

图 2-26　处理器配置

学习提示：只有安装了多个处理器的 SQL Server 服务器才需要操作处理器配置选项。

3. 安全性

打开"安全性"选择页，该选择页可以配置服务器身份验证、登录审核、服务器代理账户和选项等，如图 2-27 所示。

- 服务器身份验证：指客户端连接服务器时的验证方式，支持"Windows 身份验证模式"和"SQL Server 和 Windows 身份验证模式"两种验证模式，默认设置为"Windows 身份验证模式"。
- 登录审核：对用户登录服务器情况进行审核。审核结果可以在 Windows 操作系统中的事件查看器中查看。

学习提示：修改服务器安全性配置后，只有重启 SQL Server 服务后才能生效。

4. 连接

打开"连接"选择页，该选择页可以配置最大并发连接数、使用查询调控器防止查询长时间运行、默认连接选项、允许远程连接到此服务器和需要将分布式事务用于服务器到服务器的通信等，如图 2-28 所示。

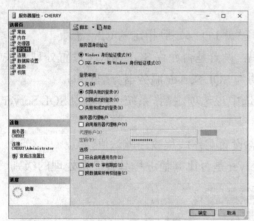
图 2-27　安全性配置

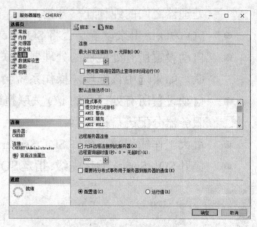
图 2-28　连接配置

- 最大并发连接数：SQL Server 允许的最大并发连接数，默认值为 0，表示无限制。该值不宜设置太小。
- 使用查询调控器防止查询长时间运行：用来限制查询运行的最长时间，当查询执行时超过设定的时间，系统会自动中止查询，释放资源。
- 默认连接选项：用来配置查询执行时的语法规定及状态信息，具体描述如表 2-3 所示。
- 允许远程连接到此服务器：选中此项表示允许远程连接。
- 需要将分布式事务用于服务器到服务器的通信：选中此项表示允许通过 Microsoft 分布式事务处理协调器，保护服务器到服务器过程的操作。

表 2-3 默认连接选项

配 置 选 项	说 明
implicit_transactions	控制在运行一条语句时，是否隐式启动一项事务
cursor_close_on_commit	在提交或回滚时关闭所有打开的游标
ansi_warnings	用于设置是否生成警告或错误提示。当设置为 ON 时，将生成警告或相应错误提示
ansi_padding	对存储长度小于列的定义大小的值用尾随空格或零的值进行填充
ansi_nulls	设置与 NULL 值比较的规则。设置为 ON 时，NULL 与任何值比较均返回 0
numeric_roundabort	在表达式中出现精度损失时将生成错误
quoted_identifier	表达式区别单引号和双引号
concat_null_yields_null	当该值为 ON 时，字符串与 NULL 连接会返回 NULL

5. 数据库设置

打开"数据库设置"选择页，该选择页可以设置默认索引填充因子、备份和还原、恢复、数据库默认位置、配置值和运行值等，如图 2-29 所示。

- 默认索引填充因子：是指向索引页填充数据时，插入索引数据最多可以占用的页面空间。默认值为 0，有效值为 0~100。
- 默认备份介质保持期（天）：指用于数据库备份或事务日志备份后每个备份媒体的保留时间。此选项可以防止在指定日期前覆盖备份。
- 恢复：设置每个数据库恢复时所需的最大分钟数，默认值为 0，表示时间由系统自动配置。
- 数据库默认位置：指定默认情况下数据文件和日志文件的存储位置。

6. 高级

打开"高级"选择页，该页可以实现对当前服务器实例的并行、网络、文件流等参数进行设置，如图 2-30 所示。以下仅对并行类属性进行阐述。

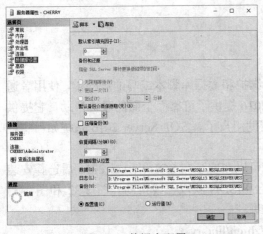

图 2-29 数据库配置

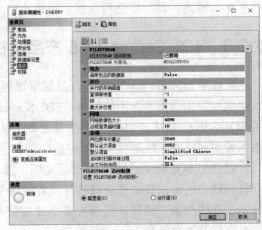

图 2-30 高级配置

- 并行的开销阈值：当 SQL 查询开销超过此值时，服务器会启用多个 CPU 并行执行高于此值的查询。单位为秒。
- 查询等待值：指定在超时前查询等待的秒数。默认值为-1。
- 锁：设置可用锁的最大数，以限制 SQL Server 为锁分配的内存量。默认值为 0，表示由系统动态分配和释放锁。
- 最大并行度：设置执行计划时能使用的 CPU 数量，默认值为 0，表示使用所有可用的处理器；值为 1 时不生成并行计划。

7. 权限

单击"权限"选择页，该选择页用于授予或撤销用户对服务器的操作权限，如图 2-31 所示。

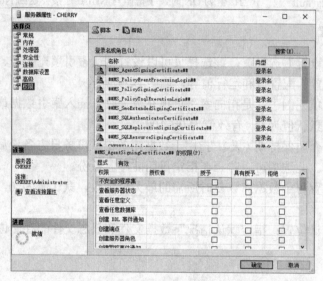

图 2-31 权限配置

- 登录名或角色：显示多个可以设置权限的对象。
- 显式：设定角色列表框里对象的权限。

2.2.5 SQL Server 2016 产品文档

在使用 SQL Server 2016 进行数据库管理、维护和数据库脚本编写的过程中，使用者通常会碰到操作及技术方面的问题。SQL Server 2016 提供了可靠而全面的联机帮助，它提供了 SQL Server 2016 产品文档和技术文章，以帮助用户了解 SQL Server 2016 系统如何实现数据管理和商业智能项目。

要使用 SQLServer 2016 的产品文档，读者可以在安装完 SQL Server 2016 后选择安装联机帮助，也可以直接登录微软开发者网络平台 MSDN 获取在线帮助。图 2-32 和图 2-33 显示了在线产品文档和计划 SQL Server 安装帮助。

在线帮助地址为 https://msdn.microsoft.com/zh-cn/library。

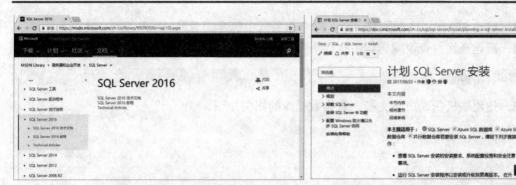

図 2-32　SQL Server 2016 在线产品文档　　　　图 2-33　计划 SQL Server 2016 安装帮助

学习提示:MSDN 是微软公司面向软件开发者的一种免费信息服务。它以 Visual Studio 和 Windows 平台为核心,提供技术文档、在线电子教程、网络虚拟实验室、微软产品下载、Blog、BBS、MSDN WebCast 等服务,是微软开发人员首选的技术支持中心,建议读者在学习过程中充分利用 MSDN 提供的技术和帮助服务。

思　考　题

1. 试述 SQL Server 2016 的体系结构。
2. SQL Server 2016 的常用工具有哪些? 作用分别是什么?
3. Windows 身份验证和混合模式身份验证有什么区别?

项 目 实 训

实训任务:

安装和配置 SQL Server 2016。

实训目的:

1. 能够正确执行 SQL Server 2016 的安装步骤。
2. 掌握 SSMS 操作对象的一般方法。
3. 会使用 SQL Server 配置管理器设置相关服务。
4. 会使用 SQL Server 的联机帮助。

实训内容:

1. 安装 SQL Server 2016,安装过程中将身份验证模式设置为混合模式,并为默认用户 sa 设置密码。

2. 利用 SQL Server 配置管理器配置 SQL Server 服务器,并对 SQL Server 服务器进行启动、暂停和关闭等操作。

3．启动 SSMS，连接到服务器，查看服务器中包含的对象。

4．新建查询，查询编辑器中执行下列代码，查看结果。

```
EXEC sp_helpdb
```

5．使用联机帮助产品文档，查询数据库的相关知识。

项目 3　创建数据库与数据表

　　数据库是存放数据的仓库，其核心对象是数据表。在实际应用中，无论是企业、政府还是学校，数据库是众多业务应用程序的关键部分。数据库开发人员需要根据业务需求规划、设计数据库和表结构，并根据数据特点确定相应的数据类型。

　　SQL Server 2016 提供了 SSMS 可视化方式和简单灵活的 T-SQL 语言实现数据库对象的创建和管理。

　　本项目介绍使用 SSMS 可视化方式和 T-SQL 语言实现数据库和数据表的创建、修改和删除等操作。

【任务 1】创建和管理数据库

　　任务描述：在了解了学生选课系统数据需求后，为了能有效地管理教师、学生、课程及选课信息等数据，需要在 SQL Server 2016 数据库服务器中创建数据库，并进行相关管理和配置。本任务在介绍 SQL Server 数据库及其对象组成的基础上，使用 SSMS 可视化方式创建、修改和删除数据库。

3.1.1　SQL Server 数据库的组成

　　SQL Server 数据库是存储数据的容器。从物理存储来看，SQL Server 数据库的物理表现形式是数据文件，即一个数据库由一个或多个磁盘文件组成；从数据管理来看，SQL Server 数据库是存放数据的表和对这些数据进行各种操作的逻辑对象的集合，这一集合称为数据库对象。

1. 数据库的文件组成

　　SQL Server 的数据库可由磁盘上的若干文件组成，每一个数据库在物理上由至少一个数据文件和至少一个日志文件组成，为了便于管理，可将数据文件分成不同的文件组。

1）主数据文件

　　主数据文件是数据库的起点，是数据库的关键文件，包含数据库的数据、启动信息、数据库对象及其他文件的位置信息等。每个数据库必须有且只能有一个主数据文件，主数据文件的文件扩展名是.mdf。

2）辅助数据文件

辅助数据文件是除主数据文件以外的所有其他数据文件，用于存储未包括在主文件内的其他数据和对象。一个数据库可以不含有任何辅助数据文件，也可以含有多个辅助数据文件。辅助数据文件的文件扩展名是.ndf。

3）日志文件

日志文件又称事务日志，用于记录对数据库的所有修改操作和执行每次修改的事务，保存用于恢复数据库所需的事务日志信息。随着对数据库操作的增加，日志文件连续增长。每个数据库必须至少有一个日志文件。日志文件的文件扩展名是.ldf。

4）文件组

文件组是文件的逻辑集合，用来管理和分配数据库的数据文件。文件组允许把多个文件组合在一起，形成一个组，并将它们作为一个整体来管理。文件组可以控制数据库中各个对象的物理布局，以提供大量数据的可管理性和性能方面的好处。

2. 数据库对象

SQL Server 数据库通过操作逻辑对象来实现数据的管理。表 3-1 描述了 SQL Server 2016 的主要数据库对象。

表 3-1　SQL Server 数据库对象及其描述

数据库对象	描　　述
表（Table）	是由行和列组成的二维表，作为存放和操作数据的一种逻辑结构，是数据库中最主要的对象
键（Key）	键（主键）是用来唯一标识某一行的列或一组列，键（外键）可以定义两表间的关系，键也可以用来创建索引
约束（Constraint）	定义列可取的值的规则，是标准的增量数据完整性的机制
默认值（Default）	定义当没有其他值出现时，存储在列里的值
规则（Rule）	定义存储在列里的有效值或数据类型的信息
索引（Index）	是一种存储结构，提供了对数据检索的快速访问，增强了数据完整性
视图（View）	提供了一种能在数据库中查看来自一个或多个表或视图里的数据的方法
存储过程（Procedure）	是一个被命名的、执行预编译交互 SQL 语句的集合
函数（Function）	能返回标量数据值或表，函数被用来封装经常执行的逻辑
触发器（Trigger）	是一种特殊的存储过程的形式，当用户在表或视图中修改数据时，它将自动执行
数据类型（Data Type）	用户定义的数据类型以 SQL Server 预定义的数据类型为基础，它使表结构更有意义，并保证相似数据类型的列举有相同的基本数据类型
用户（User）	指能够访问数据库的特定对象，需要有相关的登录名和密码及访问权限
角色（Role）	是一组数据库用户的集合，与 Windows 中的用户组类似，当用户加入到某个角色时，就具有该角色的所有权限

3. 数据库对象架构

架构是一种允许用户对数据库对象进行分组的容器，架构是数据库对象的命名空间，每一个数据库对象都存在一个特定的架构中，用户通过架构访问数据库对象。在 SQL Server 2016 中，一个数据库对象通常由 4 个命名部分组成的结构来引用。结构如下。

[[[servername.][databasename].][schemaname.]objectname

其中，servername 为服务器名，databasename 为数据库名，schemaname 为架构名，objectname 为对象名。

当应用程序引用一个无架构名对象时，SQL Server 将尝试在用户默认的架构（通常为 dbo）中查找该对象。

【例 3.1】写出服务器 Cherry 上的数据库 StudentMIS 中的 Student 表的完全引用名。

引用该对象的限定名如下。

Cherry.StudentMIS.dbo.Student

学习提示：实际应用中，在能区分对象的情况下，前 3 个部分可根据情况省略。

4. 系统数据库

SQL Server 的数据库包括用户数据库和系统数据库。用户数据库由用户自行创建，存储用户的重要数据；系统数据库是在安装 SQL Server 2016 时由安装程序自动创建的数据库。系统数据库存放着 SQL Server 运行和管理其他数据库的重要信息，是 SQL Server 2016 进行数据库管理的依据，当系统数据库遭到损坏时，SQL Server 将不能正常启动。

SQL Server 2016 共有 4 个可见的系统数据库，这 4 个数据库在数据库实例中担当不同的角色。

1）master 数据库

master 数据库负责跟踪整个数据库系统安装和创建其他的数据库。当 master 数据库遭到损坏时，SQL Server 将无法启动，因而对 master 数据库进行常规备份是十分必要的。

master 数据库包括系统登录、链接服务器、系统配置信息、SQL Server 的初始化信息，以及用于该实例的其他系统和用户数据库的信息。master 数据库还包含扩展存储过程，它能够访问外部进程，从而让用户能够与磁盘子系统和系统 API 调用等特性交互。

2）model 数据库

model 数据库创建用户数据库的模板。当用户创建一个数据库时，model 数据库的内容会自动复制到用户数据库中，对 model 数据库进行的某些修改，都将应用到以后创建的用户数据库中。

3）msdb 数据库

msdb 数据库用于存储作业、报警和操作员的相关信息，为 SQL Server 提供队列和可靠消息传递。SQL Server 代理服务通过这些信息调度作业、监视数据库系统的错误并触发报警，同时将作业和报警通知操作员。如果不使用 SQL Server 代理服务，就不会使用该数据库。SQL Server 代理服务是 SQL Server 2016 中的一项 Windows 服务，用于任何已创建的计划作业。

4）tempdb 数据库

tempdb 数据库主要用来提供临时表和其他临时工作存储量所需的存储区。tempdb 数据库在 SQL Server 每次重启时都会被重新创建，而其中包含的对象是依据 model 数据库里定义的对象创建的。tempdb 数据库中还存储有表格变量、来自表格值函数的结果集，以及临时表格变量等对象。由于 tempdb 会保留 SQL Server 实体上所有数据库的这些对象类型，所以它对数据库进行优化配置是非常重要的。

系统数据库文件的默认存储位置是<drive>:\Program Files\Microsoft SQL Server\MSSQLX.MSSQLSERVER\MSSQL\DATA\目录下，其中<drive>是安装驱动器号，X 是安装的实例号。本书使用的安装驱动器为 D 盘，实例号为13，表 3-2 列出了第一个安装实例关联的系统数据库文件的名称和默认位置。

表 3-2　系统数据库的数据库文件名和存储位置

数据库名	物理存储位置
master	D:\Program Files\Microsoft SQL Server\MSSQL13.MSSQLSERVER\MSSQL\DATA\master.mdf
	D:\Program Files\Microsoft SQL Server\MSSQL13.MSSQLSERVER\MSSQL\DATA\mastlog.ldf
model	D:\Program Files\Microsoft SQL Server\MSSQL13.MSSQLSERVER\MSSQL\DATA\model.mdf
	D:\Program Files\Microsoft SQL Server\MSSQL13.MSSQLSERVER\MSSQL\DATA\modellog.ldf
msdb	D:\Program Files\Microsoft SQL Server\MSSQL13.MSSQLSERVER\MSSQL\DATA\msdbdata.mdf
	D:\Program Files\Microsoft SQL Server\MSSQL13.MSSQLSERVER\MSSQL\DATA\msdblog.ldf
tempdb	D:\Program Files\Microsoft SQL Server\MSSQL13.MSSQLSERVER\MSSQL\DATA\tempdb.mdf
	D:\Program Files\Microsoft SQL Server\MSSQL13.MSSQLSERVER\MSSQL\DATA\templog.ldf

在 SQL Server 2016 中允许用户通过系统目录视图、T-SQL 系统存储过程或内置函数来获取系统数据库的相关信息。

学习提示：SQL Server 2016 版本中，用户对系统数据库的使用权限被极大地削弱。若应用涉及系统数据库，建议用户不要随意更改系统数据库，以免造成数据库实例不能正常使用。

5. 数据的存储方式

页是 SQL Server 中数据存储的基本单位。在 SQL Server 中，页的大小为 8KB，每页的开头是 96 字节的标头，用于存储相关的系统信息，包括页码、页类型、页的可用空间及拥有该页的对象的分配单元 ID。在 SQL Server 中存储 1MB 的数据需要 128 页。

SQL Server 以区作为管理页的基本单位，所有页都存储在区中。一个区包括 8 个物理上连续的页（即 64KB），1MB 存储空间有 16 个区。

SQL Server 有两种类型的区，即统一区和混合区。统一区指该区仅属于一个对象，混合区则是指该区由多个对象共享，但一个页只能属于一个对象所有。SQL Server 在分配数据页时，通常首先从混合区分配页给表或索引，当表和索引的数据容量增长到 8 页时，就改为统一区给表或索引的后续内容分配数据页。

3.1.2 创建数据库

创建数据库的实质就是定义数据库文件和设置数据库选项，包括确定数据库的逻辑文件名与物理文件名，规划数据库文件的容量，指定文件的增长方式，设定数据库文件的存放位置。在 SQL Server 2016 中，任何对象的创建都可以通过 SSMS 界面操作和 T-SQL 语言两种方式来创建。本节介绍使用 SSMS 创建数据库的方法。

【例 3.2】创建名为 StudentMIS 的数据库，该数据库包含相应的主数据文件、日志文件及名称为 StudentDB1 和 StudentDB2 的辅助数据文件；数据文件和日志文件均建立在 D:\DATA 目录下；数据文件的初始大小均为 8MB，且按照 64MB 的增长方式无限制增长；日志文件按 10%的百分比受限制增长，文件最大空间为 1GB。

操作步骤如下。

（1）启动 SSMS 2016 工具。在"对象资源管理器"中展开已链接的服务器节点；右击"数据库"节点，在弹出的快捷菜单中选择"新建数据库"命令，系统将弹出"新建数据库"窗口，如图 3-1 所示。

（2）在"选择页"列表框中选择"常规"选项，在右侧的窗口中分别为新建数据库所必须提供的信息。

（3）在"数据库名称"文本框中输入数据库逻辑名称 StudentMIS。系统根据用户输入的逻辑名称，自动生成数据库的主数据文件 StudentMIS.mdf 和事务日志文件 StudentMIS_log.ldf。

（4）在"所有者"文本框中保持"<默认>"值，即数据库的拥有者为当前登录 SQL Server 的用户。

（5）在"数据库文件"列表框中以表格形式列出了自动生成的主数据文件和事务日志文件的多项属性，根据本例要求进行相应设置。

（6）单击事务日志文件行中"自动增长"栏右侧按钮，打开如图 3-2 所示的"更改 StudentMIS_log 的自动增长设置"对话框，设定事务日志文件的增长方式和最大文件大小。

（7）单击"新建数据库"窗口下方的"添加"按钮，数据库文件列表自动增加一项文件类型为"行数据"的辅助数据文件，在逻辑名中输入 StudentDB1，修改该文件的存储路径为 D:\DATA。

图 3-1 "新建数据库"窗口

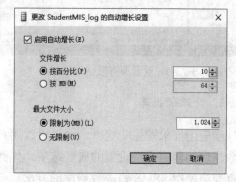

图 3-2 "更改 StudentMIS_log 的自动增长设置"
对话框

（8）重复第（7）步，创建辅助数据文件 StudentDB2。

（9）单击"添加"按钮，完成 StudentMIS 数据库的创建。

3.1.3 管理数据库

1. 查看数据库

可以调用系统存储过程 sp_helpdb 查看所有或特定数据库的相关信息，包括数据库的名称、大小、所有者、ID、创建日期及数据库文件的信息。

【例 3.3】使用系统存储过程 sp_helpdb 查看所有数据库信息。

要调用系统存储过程需要使用 EXEC 语句。查看语句如下。

```
EXEC sp_helpdb
```

执行结果如图 3-3 所示。从图中可以看出，该命令列出了当前数据库服务器下所有的数据库及其相关属性，包括名称、大小、所有者、DBID、创建时间及状态信息等。

【例 3.4】使用系统存储过程 sp_helpdb 查看 StudentMIS 数据库信息。

查看语句如下。

```
EXEC sp_helpdb 'StudentMIS'
```

执行结果如图 3-4 所示。从图中可以看出，该命令除列出了 StudentMIS 数据库的相关属性外，还显示了该数据库所包含的文件信息，包括文件的 ID、物理名称、所属文件组、占用空间大小等信息。

 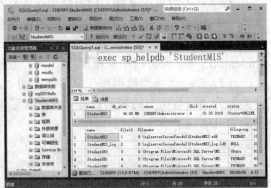

图 3-3　查看所有数据库信息　　　　图 3-4　查看 StudentMIS 数据库信息

2. 修改数据库

当应用需求发生变更时，可以更改用户数据库的相关属性，也可以通过修改数据库更改数据库创建时无法设置的属性选项，如数据库的恢复模式、兼容级别、访问限制等。本节仅介绍使用 SSMS 修改数据库的方法。

【例 3.5】修改 StudentMIS 数据库主数据文件的初始大小为 10MB。

操作步骤如下。

（1）启动 SSMS 2016 工具。在"对象资源管理器"中依次展开"服务器"→"数据库"节点；右击 StudentMIS 数据库，在弹出的快捷菜单中选择"属性"命令，打开"数据库属性"窗口，如图 3-5 所示。

（2）在"选择页"列表框中选择"文件"选项，右侧窗口将显示数据库文件的配置，在主数据文件行的"初始大小"栏，将大小改成 10MB。

（3）单击"确定"按钮，系统将把更改应用到数据库中。

图 3-5　"数据库属性"窗口

3．删除数据库

当数据库失去使用价值时，应及时删除数据库，以节省系统磁盘空间。数据库一旦被删除，与该数据库相关的数据文件和日志文件都将被删除，在删除数据库时应慎重考虑。正被用户使用的数据库不能被删除。本节仅介绍使用 SSMS 删除数据库的方法。

【例 3.6】删除 StudentMIS 数据库。

操作步骤如下。

（1）启动 SSMS 2016 工具。在"对象资源管理器"中展开已链接的服务器节点；单击展开"数据库"节点，右击 StudentMIS 数据库，在弹出的快捷菜单中选择"删除"命令或者直接按小键盘上的 Delete 键，系统将弹出"删除对象"窗口，如图 3-6 所示。

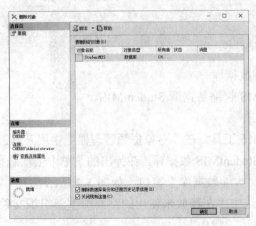

图 3-6　"删除对象"窗口

（2）在图 3-6 中下方位置有两个复选框，为了保证删除成功，一般需选中"关闭现有连接"复选框。单击"确定"按钮，系统将对数据库进行删除。

4. 收缩数据库

收缩数据库就是把数据库中不需要或者无用的空间进行资源回收，简单地说就是数据库压缩。当数据库分配的空间远大于实际占用空间时，收缩数据库就很有必要。数据库中的数据和日志文件都可以通过删除未使用的页的方法进行收缩。在 SQL Server 2016 中，常用的数据库收缩方法有 3 种，分别是自动收缩数据库、手动收缩数据库和使用 SSMS 收缩数据库。

1）自动收缩数据库

自动收缩数据库只需将数据库属性 AUTO_SHRINK 选项更改为 ON，可以使用 ALTER DATABASE 语句对该项进行设置。有关 ALTER DATABASE 命令的使用方法在 3.2 节中再讲解。

2）手动收缩数据库

手动收缩数据库只需运行 DBCC SHRINKDATABASE 语句即可。该语句语法如下。

```
DBCC SHRINKDATABASE(database_name|database_id|0[,target_percent][,option])
```

语法说明如下。

● database_name| database_id|0：表示待收缩数据库的名称或 ID，如指定为 0 表示使用当前数据库。

● target_percent：为可选项。是指数据库收缩后，数据库文件可用空间所占百分比。

● option：可选项，为状态信息，可取值为 NOTRUNCATE 或 TRUNCATEONLY。当取值为 NOTRUNCATE 时，表示在收缩时，通过数据移动来腾出自由空间；当取值为 TRUNCATEONLY 时，表示在收缩时，只是把文件尾部的空闲空间释放。

【例 3.7】收缩数据库 StudentMIS，使空闲空间占比为 10%。

实现语句如下。

```
USE StudentMIS
GO
DBCC SHRINKDATABASE(0,10)
```

3）使用 SSMS 收缩数据库

【例 3.8】使用 SSMS 收缩数据库 StudentMIS。

操作步骤如下。

（1）启动 SSMS 2016 工具。在"对象资源管理器"中展开已链接的服务器节点；单击展开数据库节点，右击 StudentMIS 数据库，在弹出的菜单中依次选择"任务"→"收缩"→"数据库"命令，打开"收缩数据库"窗口，如图 3-7 所示。

（2）在图 3-7 中，选中"在释放未使用的空间前重新组织文件"复选框，设置"收缩后文件中的最大可用空间"为 10。

（3）单击"确定"按钮，完成数据库收缩。

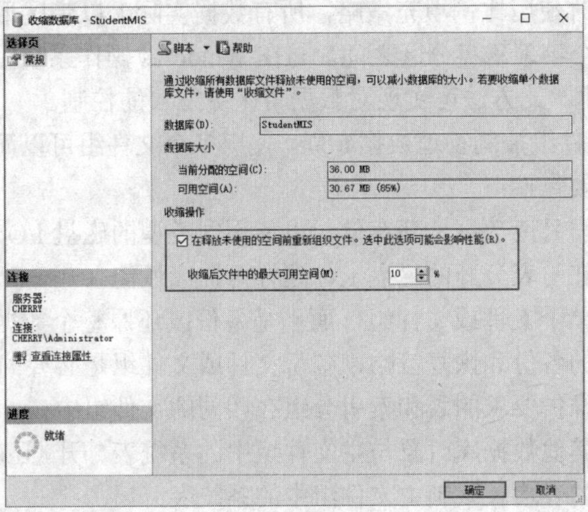

图 3-7　"收缩数据库"窗口

3.1.4　创建文件组

文件组是数据文件的逻辑集合，它使数据管理员能够将文件组中的所有文件单独进行管理。文件组可以控制数据库中各个对象的物理布局，以提供大量数据的可管理性和性能方面的好处。例如，可使用多个文件组对数据库中数据在存储设备中的物理存储方式进行控制，并将读写数据与只读数据进行分离管理，可以显著提高读写数据的性能。

1．文件组的类型

SQL Server 2016 有两种类型的文件组。

1）主文件组

主文件组，默认名称为 PRIMARY，在创建数据库时自动生成，包含主数据文件和任何未设置文件组的其他文件。系统表均存储在主文件组中。

2）用户自定义文件组

用户自定义文件组包含为便于分配和管理而分组的数据文件，这些数据文件也称为辅助数据文件，且使用.ndf 作为文件扩展名。

学习提示：一个文件只能属于一个文件组。日志文件不包括在文件组内，日志文件与数据文件分开管理。

2．创建文件组的场合

可在不同的磁盘上创建多个数据库文件，并创建用户定义的文件组以包含这些文件。使用文件组的两个主要原因是提高性能和控制数据的物理布局。

（1）出于性能考虑在单个文件组中使用多个文件。采用独立磁盘冗余阵列（RAID）是提高数据库性能的首选方法，另一种方法是将不同磁盘上的多个文件分配给单个文件组，以通过在 SQL Server 2016 中实现某种形式的数据带区而提高性能。因为 SQL Server 2016 在将数据写入文件组时使用比例填充策略，所有数据实际上以带区形式分布在各个文件之间，因而也分布在各个物理磁盘分区之间。与在 Windows 操作系统中创建卷带区集或使用 RAID 阵列控制器相比，此方法可实现对数据带区更细致的控制。

（2）使用多个文件组控制物理数据布局。使用多个文件组可以简化数据库的维护工作或实现设计目标，主要包括：

- 将读写数据与只读数据分开存储，以使不同类型的磁盘 I/O 活动分离。
- 将索引存储在与表分开的磁盘上，这样可提高性能。
- 备份或还原单个文件或文件组，而不是备份或还原整个数据库。为了使大型数据库具有有效的备份和恢复策略，备份文件或文件组是必要的。
- 将具有相似维护要求的表和索引分组在相同的文件组中。
- 将用户表和其他数据库对象与主文件组中的系统表分开，还应该更改默认文件组，以防止意外的表增长限制主文件组中的系统表。
- 在多个文件组中存储分区表的各个分区。这是一种从物理上将单个表中具有不同访问需要的数据进行分离的好方法，并且还能提高可管理性和性能。

3. 使用 SSMS 创建文件组

【例 3.9】在 StudentMIS 数据库中创建名为 GData 的文件组，为数据库添加辅助数据文件 StudentDB3，文件建立在 D:\DATA 目录下，将该文件添加至 GData 文件组中。

操作步骤如下。

（1）启动 SSMS 2016 工具。在"对象资源管理器"中展开已链接的服务器节点；右击"数据库"节点，在弹出的快捷菜单中选择"属性"命令，系统将弹出"数据库属性"窗口。

（2）在"选择页"列表框中选择"文件组"选项，右侧窗口将显示当前数据库的文件组列表，如图 3-8 所示。

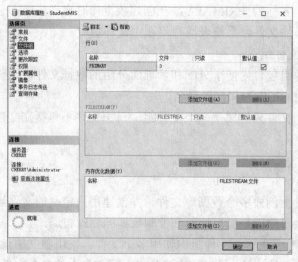

图 3-8　"文件组"选择页

（3）单击"添加文件组"按钮，在"名称"行里输入 GData。

（4）在"选择页"列表框中选择"文件"选项，切换到数据库属性设置页面，单击"添加"按钮，添加逻辑名为 StudentDB3 的辅助数据文件，并修改其所属文件组为 GData，如图 3-9 所示。

（5）在"选择页"列表框中选中"文件组"选项，切换至如图 3-10 所示页面，从图中可以看出在 PRIMARY 文件组下有 3 个数据文件，GData 文件组下有 1 个数据文件。

图 3-9　将辅助数据文件添加到文件组

图 3-10　文件组中查看文件

（6）单击"确定"按钮，完成文件组的创建和文件组中文件的添加。

如果在数据库中创建对象时没有指定对象所属的文件组，对象将被分配给默认文件组。不管何时，只能将一个文件组指定为默认文件组。默认文件组中的文件必须足够大，能够容纳未分配给其他文件组的所有新对象。

PRIMARY 文件组是默认文件组，除非使用 ALTER DATABASE 语句进行了更改。但系统对象和表仍然分配给 PRIMARY 文件组，而不是新的默认文件组。

任何非主文件组都可标记为只读。标记为只读的文件组不能以任何方式修改。要防止数据意外更改，可将相关表放置到文件组中，然后标记该文件组为只读。

SQL Server 2016 支持用户定义的只读文件组和只读数据库的 NTFS 压缩。如果磁盘空间有限并且有大量只读访问的静态数据，则需要考虑压缩只读数据。

3.1.5　数据库规划

在创建数据库之前，数据库管理员需要对数据库进行规划，以确定数据库将占用多大的磁盘空间，是否使用文件组，当大量用户并发使用数据库中的数据时，如何优化数据库以提高性能。

1. 规划数据库时的注意事项

规划数据库时应考虑多方面因素，其中包括如下注意事项。

（1）数据存储的用途。OLTP（联机事务处理）和 OLAP（联机分析处理）数据库的用途不同，它们的设计要求也不同。

（2）事务吞吐量。OLTP 数据库对于每天可处理的事务数量通常有着较高的要求。适当级别的规范化、索引和数据分区的有效设计，可达到极高程度的事务吞吐量。

（3）物理数据存储可能的增长。尽管可以配置数据库以使文件自动增长到指定的最大值，但是自动文件增长可能影响性能。通常，在数据库解决方案中，应该创建具有适合文件大小的数据库，然后监视空间的使用情况，并且只在必要时重新分配空间。

（4）文件位置。数据库文件的放置位置可能对性能有影响。如果能够使用多个磁盘驱动器，则可以将数据库文件分布在多个磁盘上。SQL Server 2016 能够利用多个连接和多个磁盘磁头进行高效的数据读写。

2. 文件类型和文件位置

在 SQL Server 2016 中，每个数据库至少包含一个数据文件和一个日志文件，有时可能含有一个或多个辅助文件。数据文件包含数据和数据库对象；日志文件包含恢复数据库中的所有事务所需的信息。为了便于分配和管理，可以将数据文件进行归类，置于文件组中。

对于较大数据库而言，应该尽可能地在多个物理驱动器上扩展数据，这样做可通过并行数据访问来提高吞吐量。总体而言，应当为每个物理磁盘创建一个文件，并将文件分组到一个或多个文件组中。在下列情况下，SQL Server 2016 可并行处理数据。

● 若计算机具有多处理器和多个磁盘，可并行处理数据。

● 若表的文件组包含多个文件，可执行单一表的多个并行处理。

如果要实现更好的性能，需注意如下两方面。

（1）在独立磁盘中创建事务日志。在独立的磁盘中创建事务日志或使用 RAID（磁盘阵列）。由于事务日志文件顺序写入，所以使用一个独立专用的磁盘可允许磁盘头停留在下一个写操作的位置上，同时使用 RAID 还可提供容错功能。例如，当一个服务器上具有多个数据库时，若能为每个事务日志使用独立磁盘，就可以优化该服务器的性能。

（2）合理放置 tempdb 数据库。tempdb 数据库是 SQL Server 用于临时操作的数据库，SQL Server 2016 的实例可以有多个 tempdb 数据库。将 tempdb 数据库放置在一个从用户数据库中分离出来的快速 I/O 子系统上，以确保最优性能。

3. 估算数据库的空间需求

在设计数据库时，数据库管理员的主要任务之一是估计填入数据后数据库的大小。估计数据库的大小可以更好地规划数据库布局，并确定执行下列操作所需的硬件配置。

● 获得应用程序所需的性能。

● 保证有足够的物理磁盘空间用于存储数据和索引。

若要估计数据库的大小，需要分别估计每个表的大小，然后将各个值累加起来即可。表的大小取决于表是否有索引，如果有索引，还取决于索引的类型。

【任务 2】使用 T-SQL 操作数据库

任务描述： 虽然 SSMS 提供的可视化方式很容易操纵数据库中的各种对象，然而当应用程序访问数据库时，就只能借助 T-SQL 语言。T-SQL 语言是 SQL 程序设计语言的增强版，它是应用程序与 SQL Server 沟通的主要语言。本任务将详细阐述 T-SQL 语言的相关语法，并使用 T-SQL 语言创建、修改和删除数据库。

3.2.1 T-SQL 语言基础

1. T-SQL 语言简介

SQL（Structured Query Language，结构化查询语言）是关系型数据库的标准。最早是由 IBM 公司开发的，1986 年由美国国家标准化组织和国际化标准组织共同发布 SQL 标准 SQL-86，随着时间的变迁，SQL 版本也经历了 SQL-89、SQL-92、SQL-99、SQL-2003 及 SQL-2006。为了达到增加功能的目的，各大数据库厂商以 SQL 标准为基础对其功能进行了延伸和扩展。Oracle 使用的 SQL 被称为 PL-SQL，而 SQL Server 使用的 SQL 则被称为 T-SQL（Transact-SQL）。

T-SQL 除提供标准 SQL 命令之外，还对标准 SQL 做了许多扩充，提供了高级语言所具有的一些功能，如声明和设置变量、分支、循环和错误检查等。T-SQL 具有编程结构简单、直观简洁、易学易用等特点，因而受到广大用户的喜爱。T-SQL 语言由于功能的不同被划分成数据定义语言、数据控制语言和数据操纵语言 3 种类型。

1）数据定义语言

数据定义语言（Data Definition Language，DDL）用于创建数据库和数据库对象，为数据库操作提供对象。例如，数据库、表、存储过程、视图等都是数据库中的对象，都需要通过定义才能使用。DDL 中主要的 T-SQL 语句包括 CREATE、ALTER、DROP，分别用来实现数据库及数据库对象的创建、更改和删除操作。

【例 3.10】使用 T-SQL 语言创建名为 Department 的表，该表包含 dID、dCode、dName、dPHone 列。

```
USE StudentMIS
CREATE TABLE Department
(    dID int NOT NULL,
     dCode varchar(10) NOT NULL,
     dName varchar(20) NOT NULL,
     dPhone varchar(20)
)
GO
```

T-SQL 脚本语句中的 USE 语句指定操作的数据库。如例 3.10 中的 USE StudentMIS，指定 StudentMIS 数据库作为当前数据库，后面所有示例没有特殊说明，其当前数据库均为 StudentMIS。在编写 T-SQL 脚本语句时，首先应指定当前访问的数据库；GO 语句表示批量执行 T-SQL 脚本。

2）数据控制语言

数据控制语言（Data Control Language，DCL）主要用来执行有关安全管理的操作，包括对表和视图的访问权限及对数据库操作事务的控制，DCL 主要包括 GRANT、REVOKE、DENY、COMMIT 和 ROLLBACK 语句。GRANT 语句将指定的安全对象的权限授予相应的主体；REVOKE 语句则删除授予的权限；DENY 语句拒绝授予主体权限，并且防止主体通过组或角色成员继承权限；COMMIT 语句用于提交事务；ROLLBACK 语句则用于回滚事务。

默认情况下，只有 sysadmin、dbcreator、db_owner 或 db_securityadmin 角色可以执行 DCL 语句。

【例 3.11】将 Department 表的查询权限授予 public 角色。

```
GRANT SELECT ON Department TO public
GO
```

3）数据操纵语言

数据操纵语言（Data Manipulation Language，DML）主要用于操纵表和视图中的数据。DML 语言包括 INSERT、SELECT、UPDATE、DELETE 等语句。其中，SELECT 语句用来从表、视图和函数中查询数据；INSERT 语句用于将数据插入到指定的表或视图中；UPDATE 语句用于修改表和视图的数据；DELETE 语句用于删除表和视图中的数据。

【例 3.12】查询 Department 表中 dCode 和 dName 两列数据。

```
SELECT dCode, dName FROM Department
GO
```

3.2.2 T-SQL 语法要素

T-SQL 作为编程语言与大多数高级语言一样，具有一定的语法规则，主要包括标识符、数据类型、常量和变量、运算符和表达式、批处理、注释及流程控制等。

1. 标识符

标识符用来标识数据库对象的名称。对象标识符通常在定义对象时创建，并用于引用该对象。SQL Server 2016 中的所有对象都可以有标识符，大多数对象必须有标识符，而有些对象（如约束）的标识符是可选的。

【例 3.13】标识符说明。

```
CREATE TABLE Test
(
    ID INT PRIMARY KEY,
    Comment nvarchar(80)
)
```

本例中创建了标识符为 Test 的表，表中包含标识符 ID 和 Comment，由于使用 PRIMARY KEY 约束，系统自动创建未命名约束标识符。

根据使用方式，SQL Server 2016 将标识符分为常规标识符和分隔标识符。

1）常规标识符

常规标识符是在使用时不能被分割的标识符，如变量名等。常规标识符必须符合如下格式规则。

- 第一个字符必须是下列字符之一：Unicode 标准中定义的字母，包括拉丁字符 a～z 和 A～Z，下画线（_），at 符号（@）或数字符号（#），以及来自其他语言的字母字符。
- 后续字符可以包括：Unicode 标准中所定义的字母；基本拉丁字符或其他国家/地区字符中的十进制数字；at 符号（@）、美元符号（$）、数字符号或下画线（_）。
- 标识符一定不能是 T-SQL 保留字（SQL Server 中不区分大小写）。
- 不允许嵌入空格或其他特殊字符。

2）分隔标识符

当标识符不符合常规标识符要求的规则时，就必须使用分隔标识符进行分隔。分隔标识符包含在双引号（"）或者方括号（[ ]）内。

【例 3.14】分隔标识符示例。

```
CREATE DEFAULT [Stu Sex] AS '男'
GO
```

本例中创建名为 Stu Sex 的默认值对象，由于该标识符中含有空格，因而需要使用分隔符来标识。

2. 数据类型

SQL Server 2016 提供了非常丰富的数据类型，数据类型决定了数据在计算机中的存储格式、存储长度、数据位数和小数精度等属性，在设计概念模型时对于实体属性的确定就必须充分考虑各属性的数据类型。表 3-3 列举了 SQL Server 2016 中定义的系统数据类型。

表 3-3　系统数据类型分类

数据类型分类		数 据 类 型
数值型	整型	tinyint，smallint，int，bigint
	定点型	numeric，decimal
	浮点型	float，real
	货币型	money，smallmoney
	位	bit
字符型	非 Unicode 字符	char，varchar，varchar(max)，text
	Unicode 字符	nchar，nvarchar，nvarchar(max)，ntext
	二进制类型	binary，varbinary，image
	日期时间型	date，time，datetime，smalldatetime，datetimeoffset，datetime2

数据类型分类	数 据 类 型
空间数据类型	geometry，geography
其他数据类型	cursor，sql_variant，uniqueidentifier，rowversion，xml，timestamp

1）数值类型

（1）整型。整型主要用来存储精确数值，根据数据的表示范围分为 tinyint、smallint、int、bigint 4 种数据类型，如表 3-4 所示，其中 int 是最为常用的整型数据类型。

表 3-4　整型数据类型

数 据 类 型	存 储 字 节	范　　围
tinyint	1	0～255
smallint	2	-2^{15}～2^{15}−1
int	4	-2^{31}～2^{31}−1
bigint	8	-2^{63}～2^{63}−1

（2）定点型。定点型用于表示指定精度和小数位的数据类型，包括 decimal 和 numeric 两种类型，这两种数据类型在功能上是等价的。它们的定义形式为 decimal[(p[,s])] 和 numeric[(p[,s])]。其中 p 表示最多可以存储的十进制数字的总位数，取值范围为 1～38，默认精度为 18；s 表示小数点右边可以存储的十进制数字的最大位数，小数位数必须介于 0～p，默认小数位数为 0，最大存储大小基于精度而变化。例如，decimal(10,2)表示共有 10 位，其中整数部分 8 位，小数 2 位。

（3）浮点型。浮点型用于表示近似数据，包括 float 和 real 两种类型，如表 3-5 所示。

表 3-5　浮点数据类型

数 据 类 型	存 储 字 节	范　　围
float[(n)]	取决于 n 值	−1.79E+308～−2.23E−308、0 2.23E−308～1.79E+308
real	4	−3.40E+38～−1.18E−38、0 1.18E−38～3.40E+38

表 3-4 中，float[(n)]的 n 值是 1～53 的整数，默认值为 53，当 n 小于等于 24 时，float 类型占用 4B 的存储空间；当 n 大于 24 时，float 类型占用 8B 的存储空间。

（4）货币型。货币型是存储货币值的数据类型，包括 money 和 smallmoney 类型，如表 3-6 所示。

表 3-6　货币数据类型

数 据 类 型	存 储 字 节	范　　围
money	8	−922,337,203,685,477.5808～922,337,203,685,477.5807
smallmoney	4	−214,748.3648～214,748.3647

（5）位。bit 类型类似高级语言中的布尔类型，只有 0 和 1 两种取值。SQL Server 2016
中不能将其作为布尔值进行逻辑判断。

2）字符型

（1）非 Unicode 字符。非 Unicode 字符包括 char 和 varchar，其中 char 表示固定长度
的字符类型；varchar 表示可变长度的字符类型；varchar(max)表示超长文本的数据类型，如
表 3-7 所示。

表 3-7　非 Unicode 数据类型

数 据 类 型	存 储 字 节	范　　围
char[(n)]	n	1～8000
varchar[(n|max)]	n+2	1～8000，max 表示最大存储大小为 $2^{31}-1$

SQL Server 2016 中使用单引号（'）来表示字符串，如'sql server'。

（2）Unicode 字符。SQL Server 2016 中使用 nchar、nvarchar 来存储 Unicode 字符，它
的使用与非 Unicode 字符基本相同，只是 Unicode 字符使用 2 个字节来表示 1 个字符，如
表 3-8 所示。

表 3-8　Unicode 数据类型

数 据 类 型	存 储 字 节	范　　围
nchar[(n)]	2n	1～4000
nvarchar[(n|max)]	2n+2	1～4000，max 表示最大存储大小为 $2^{31}-1$

Unicode 字符串在声明时需要在单引号（'）符号前加 N，如 N'sql server'。

3）二进制类型

二进制数据类型用来存储位串，包括 binary、varbinary 和 image 3 种，如表 3-9 所示。

表 3-9　二进制数据类型

数 据 类 型	存 储 字 节	范　　围
binary[(n)]	n	1～8000
varbinary[(n|max)]	n+2	1～8000，max 表示最大存储大小为 $2^{31}-1$
image	$0～2^{30}-1$	$0～2^{30}-1$

其中 image 类型存储的数据通常由应用程序来解释。例如，应用程序可以将 BMP、GIF、
JPEG 等图像格式的数据存储在 image 类型数据中。图像数据以位串的形式存储在数据库中，
这将会使数据库占用的空间增大很多，势必降低数据访问的效率，因此建议读者在进行图
像数据存储时，尽量存储图像的物理路径。

4）日期时间型

SQL Server 2016 中支持 date、time、datetime、smalldatetime、datetimeoffset 和 datetime2
共 6 种日期时间类型，如表 3-10 所示。

表 3-10　日期时间型数据类型

数 据 类 型	存 储 字 节	范　　　围
date	3	0001-01-01～9999-12-31
time	3～5	hh:mm:ss.nnnnnnn
datetime	8	1753-1-1～9999-12-31
smalldatetime	4	1900-1-1～2079-6-6
datetimeoffset	26～34	YYYY-MM-DDhh:mm:ss{+|-}hh:mm～YYYY-MM-DDhh:mm:ss.nnnnnnn{+|-}hh:mm
datetime2	6～8	YYYY-MM-DDhh:mm:ss～YYYY-MM-DDhh:mm:ss.nnnnnnn

其中 datetime2 类型是 SQL Server 2008 版本后支持的数据类型，是 datetime 类型的扩展，相比 datetime 类型，datetime2 所支持的日期范围更大，精度为 100ns。

5）空间数据类型

SQL Server 2016 支持 geometry 和 geography 两种空间数据类型，其中 geometry 类型数据用来表示欧几里得平面坐标系中的几何数据；geography 类型为空间数据提供了一个由经度和纬度联合定义的存储结构，表示地理坐标下的矢量数据或栅格数据。

6）其他数据类型

（1）rowversion。在 SQL Server 2016 中，每一次对数据表的更改都会更新一个内部的序列数，这个序列数就保存在 rowversion 字段中，所有 rowversion 列的值在数据表中是唯一的，并且每张表中只能有一个包含 rowversion 字段的列存在。

使用 rowversion 作为数据类型的列，其字段本身无含义，主要用作数据是否修改过的依据。

（2）timestamp。timestamp 表示时间戳数据类型，它和 rowversion 有一定的相似性，每次插入或更改包含 timestamp 的记录时，timestamp 的数据列的记录就会被更新，一张表只能有一个 timestamp 列，在创建表时只需提供数据类型，不需要提供列的名称。

（3）uniqueidentifier。是全局唯一标识符 GUID，一般用作主键的数据类型，是由硬件地址、CPU 标识、时钟频率所组成的随机数据，在理论上每次生成的 GUID 都是全球唯一的，常用于并发性较高的场合，其优点在于数据不重复，且可以任意修改，但需要的查询时间长，编码可读性差。

（4）sql_variant。用于存储 SQL Server 2016 支持的各种数据类型的值，不包含 text、ntext、image、timestamp 和 sql_variant 类型的值。

除以上提及的数据类型外，SQL Server 2016 还包含 table、cursor、xml 等数据类型，详细介绍请参考 SQL Server 2016 联机帮助。

3. 变量

变量是具有名称和数据类型的一组内存单元，用于暂时存放数据，其值在程序运行过程中可以随时改变。变量通常用于批处理或脚本代码中，主要作为计数器计算循环执行的次数或控制循环执行的次数，保存存储过程或函数的返回值等。SQL Server 2016 中变量分为局部变量和全局变量。

1）局部变量

SQL Server 2016 中局部变量的名称以@符号开头，使用 DECLARE 声明并初始化变量，其语法格式如下。

```
DECLARE {@local_variable data_type} [,…,n]
```

其中 local_variable 为需定义的变量名，data_type 表示该变量的数据类型。

SQL Server 2016 中使用 SET 或 SELECT 命令为变量赋值，也可在定义变量时为变量赋初值。

【例 3.15】变量使用示例。

```
DECLARE @id int=3                              --定义变量并赋初值
DECLARE @name varchar(30),@birth datetime      --定义多个变量
SET @name='刘立'                               --使用 SET 对变量赋值
SELECT @birth = '1998- 7-10'                   --使用 SELECT 对变量赋值
PRINT @id                                      --以消息形式打印出变量@id
SELECT @name AS '姓名' , @birth AS '出生日期'   --以结果形式输出变量@name 和@birth
```

学习提示：当定义局部变量时，默认情况下该变量的初始值为 NULL。

2）全局变量

全局变量是由系统提供并且预先声明的变量，主要用来记录 SQL Server 系统运行状态的数据值。全局变量不能由用户声明，且不能使用 SET 或 SELECT 来赋值。

全局变量以@@字符为前导符，以区别于局部变量。全局变量按其记录的内容可以分成系统变量、常用配置变量和统计变量，表 3-11～表 3-13 列举了 SQL Server 2016 中的全局变量。

表 3-11　系统变量

变　　量	值
@@IDENTITY	返回插入数据库中的标识列的最后一个值
@@ROWCOUNT	返回最后一条语句影响的行的数目
@@ERROR	返回最后执行的 SQL 语句的错误代码

表 3-12　SQL Server 常用配置变量

变　　量	值
@@CONNECTIONS	服务器上次启动后的连接或试图连接的数目
@@MAX_CONNECTIONs	返回服务器允许的最大连接数
@@DATEFIRST	返回一个数字，将一周中的某一天定义为一周的第一天（例如，Monday=1，则 Sunday=7）
@@DBTS	插入到数据的时间戳列的最后一个值
@@LANGID	当前所用语言的本地语言标识符

续表

变 量	值
@@LANGUAGE	当前所用语言的名称
@@OPTIONS	返回 SET 选项的当前值
@@SERVERNAME	本地服务器的名称
@@VERSION	服务器版本及处理器类型

表 3-13　SQL Server 常用统计变量

变 量	值
@@CPU_BUSY	服务器上次启动之后 CPU 的工作时间
@@IDLE	服务器上次启动之后 SQL Server 的空闲时间
@@IO_BUSY	服务器上次启动之后 SQL Server 处理输入和输出的时间
@@TOTAL_ERRORS	服务器上次启动之后磁盘读写操作遇到的错误数
@@TOTAL_READ	服务器上次启动之后执行磁盘读操作的次数
@@TOTAL_WRITE	服务器上次启动之后执行磁盘写操作的次数

【例 3.16】全局变量使用示例。

```
SELECT @@SERVERNAME AS '本地服务器的名称',
       @@LANGUAGE AS 'SQL Server 语言',
       @@VERSION AS '服务器版本及处理器类型'
```

在查询编辑器中按 F5 键执行上述代码，显示结果如图 3-11 所示。

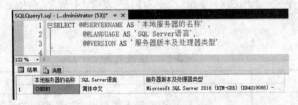

图 3-11　全局变量无源查询结果

4. 运算符和表达式

运算符是执行数学运算、字符串连接以及列、常量和变量之间进行比较的符号。运算符按照功能不同，分为以下几种。

- 算术运算符：+、-、*、/、%（取模）
- 赋值运算符：=、+=、-=、*=、/=
- 位运算符：&（与）、|（或）、^（异或）、~（求反）
- 比较运算符：<、>、=、>=（!<）、<=（!>）、<>（!=）
- 逻辑运算符：AND、OR、NOT
- 字符运算符：+（实现字符串之间的连接操作）

以上运算符的意义和优先级与高级语言中的运算符基本相同，这里不再赘述。

表达式是按照一定的原则，用运算符将常量、变量、标识符等对象连接而成的有意义的式子。

【例 3.17】运算符和表达式使用示例。

```
DECLARE @x int=5, @y int=3
SET @x+=@y
SET @y-=@x
SET @x+=@y
SET @y*=-1
PRINT @x
PRINT @y
```

读者可以在查询编辑器中执行以上代码，它实现了两个变量的数据交换。

5. 批处理和注释

1）批处理

批处理是由一条或多条 T-SQL 语句组成的语句集。SQL Server 2016 将批处理的语句编译为单个可执行单元，称为执行计划。执行计划中的语句每次执行一条。

每个不同的批处理之间使用 GO 进行分隔。GO 的作用是通知 SQL Server 实用工具将当前 GO 命令之前的所有 SQL 语句作为一个批处理发送到数据库服务器进行编译与运行。如果批处理中包含语法错误，则整个批处理就不能被成功编译；如果批处理中有一条语句产生执行错误，则该错误仅影响该条语句的执行，对批处理中的其他语句没有影响。

【例 3.18】批处理使用示例。

```
DECLARE @test varchar(20)= '数据库'
GO                          --批处理结束时，变量@test 的作用域也结束
PRINT @test                 --程序报错@test 未被定义
GO
```

2）注释

注释是程序代码中描述性文本字符串（也称为备注）。注释功能常用于对代码进行说明或暂时禁用正在进行诊断的部分 T-SQL 语句。注释在对代码进行说明时，主要是记录程序名、作者、常量、变量、语句功能、修订日期和算法描述等信息，便于将来对程序代码进行维护。SQL Server 2016 支持双连字符（--）和正斜杠-星号字符对（/*...*/）两种注释字符。

- --用来实现单行注释。从双连字符开始到行尾的内容均为注释信息，这种注释方法适合内容较少的情况。在前面的示例中多次使用本注释方式。
- /* ... */用来注释多行。当需要注释的内容较多时，适宜使用本注释方式。该注释方式以/*字符对作为注释信息的开始，以*/字符对作为注释信息的结束，它们之间的所有内容均视为注释。本注释方式与 C、C++等高级语言注释相同。

3）SQL Server 编码规范

SQL 关键字全部使用大写，一般情况下在每个关键字处要换行。注意使用表的别名，

使用缩进，在逻辑比较复杂的地方和程序的开始处进行注释。

【例 3.19】SQL Server 编码规范示例。

```
DECLARE @x int=5
IF(@x >3)                            --当 x 大于 3 时执行查询
BEGIN
    SELECT c.*                       --查询软件技术专业所有班级的信息
    FROM Special s
    INNER JION Class c
    ON s.spID=c. spID
    WHERE spName='软件技术'
END
```

3.2.3   使用 T-SQL 创建、修改和删除数据库

在 SQL Server 2016 中，除使用可视化方法操作数据库外，还提供了相应的 T-SQL 脚本来操作数据库。

1.   创建数据库

SQL Server 中提供 CREATE DATABASE 命令来创建数据库，其语法格式如下。

```
CREATE DATABASE database_name
    [ ON [PRIMARY]
        [ <filespec> [ ,...n ] ]
        [ , <filegroup> [ ,...n ] ]
    ]
    [ LOG ON { <filespec> [ ,...n ] } ]
    [ COLLATE collation_name ]
    [ FOR LOAD | FOR ATTACH]
```

其中：

```
<filespec> ::= (NAME = logical_file_name ,
               FILENAME = 'os_file_name'
               [ , SIZE = size]
               [ , MAXSIZE = { max_size | UNLIMITED } ]
               [ , FILEGROWTH = growth_increment]
               )
<filegroup> ::= FILEGROUP filegroup_name <filespec>
```

语法说明如下。

- database_name：新建数据库的名称。数据库名称在 SQL Server 2016 的实例中必须唯一，并且必须符合标识符规则。
- ON：显式定义用来存储数据库数据部分的磁盘文件（数据文件）。
- PRIMARY：用来标识数据库的主文件，如果没有指定 PRIMARY，系统自动将第一个文件指定为主文件，一个数据库只能有一个主文件。

- LOG ON：显式定义用来存储数据库日志的磁盘文件（日志文件）。如果没有指定 LOG ON，将自动创建一个日志文件。不能对数据库快照指定 LOG ON。
- COLLATE collation_name：指定数据库的默认排序规则。如果没有指定排序规则，则将 SQL Server 实例的默认排序规则分配为数据库的排序规则。
- NAME：指定文件的逻辑名称，即 logical_file_name。logical_file_name 在数据库中必须唯一，且必须符合标识符规则。如果未指定数据文件的逻辑名称，则 SQL Server 2016 使用 database_name 名作为逻辑文件名和物理文件名。
- FILENAME：指定物理文件名称，包括创建文件时操作系统使用的路径和文件名。
- SIZE：用来指定数据文件和日志文件的初始大小，默认单位为 KB。如果没有文件提供 SIZE，则数据库引擎将使用 model 数据库中的文件大小。
- MAXSIZE：用来指定数据文件和日志文件可以增长到的最大大小。当该属性设置为 UNLIMITED 时，文件大小将只受磁盘空间的限制。
- FILEGROWTH：用来指定文件的增长量，可以用字节或百分比表示。如未指定该值，系统默认数据文件为 1MB，日志文件为 10%。
- FILEGROUP：用来指定文件组的逻辑名称。filegroup_name 必须在数据库中唯一，且必须符合标识符规则。

【例 3.20】创建名为 TestDB 的数据库。

```
CREATE DATABASE TestDB
```

在查询编辑器中执行上述代码，SQL Server 会在默认的数据库文件下创建数据库文件 TestDB.mdf 和日志文件 TestDB_log.ldf；数据库文件的大小、数据对象、数据库及其他属性均从 model 数据库继承。当用户不需要对新建数据库的各种特性进行设置时，采用该方法既简单又快捷。

【例 3.21】创建指定参数的数据库。创建名为 StudentMIS 的数据库，该数据库包含主数据文件、辅助数据文件和日志文件各一个，均存放在 E:\DATA 目录下，各文件相应参数如表 3-14 所示。

表 3-14　StudentMIS 数据库文件的参数要求

文 件 类 别	逻 辑 名 称	初 始 大 小	文件最大值	文件增长方式
主数据文件	StudentMIS	10MB	200MB	1MB
辅助数据文件	StudentMIS1	8MB	UNLIMITED	1MB
日志文件	StudentMIS_log	1MB	20MB	10%

使用 T-SQL 创建该数据库代码如下。

```
CREATE DATABASE StudentMIS
ON PRIMARY                          --定义数据库主文件
( NAME = 'StudentMIS ',             --主文件逻辑名称
FILENAME ='E:\DATA\StudentMIS.mdf' , --物理文件名称
SIZE = 10MB ,                       --主文件初始大小
```

```
MAXSIZE =200MB,                                   --文件最大值
FILEGROWTH = 1MB ) ,                              --文件增长方式
--定义辅助数据文件
(NAME = 'StudentMIS1',
    FILENAME ='E:\DATA\StudentMIS1.ndf' ,
    SIZE =8MB ,
    MAXSIZE = UNLIMITED,
    FILEGROWTH = 1MB )
--定义数据库日志文件
LOG ON
( NAME = 'StudentMIS_log ',                        --日志文件逻辑名称
    FILENAME = 'E:\DATA\StudentMIS_log.ldf' ,      --物理文件名称
    SIZE = 1MB ,                                    --日志文件初始大小
    MAXSIZE = 20MB ,                               --日志文件最大值
    FILEGROWTH = 10%)                              --文件增长方式
GO
```

2. 修改数据库

SQL Server 中提供 ALTER DATABASE 命令来修改数据库，其语法格式如下。

```
ALTER DATABASE database_name
{ ADD FILE <filespec> [,...,n][TO FILEGROUP filegroup_name ]
  | ADD LOG FILE <filespec>[,...,N]
  | REMOVE FILE logical_file_name
  | MODIFY FILE<filespec>
  | MODIFY NAME=new_dbname
  | ADD FILEGROUP filegroup_name
  | REMOVE FILEGROUP filegroup_name
  | MODIFY FILEGROUP filegroup_name{filegroup_property
       |NAME=new_filegroup_name}
  | SET <optionspec>[,...,n] [WITH <TERMINATION>]
  | COLLATE<COLLATION_NAME>
}
```

语法说明如下。

- database_name：要更改的数据库的名称。

- ADD FILE：指定要添加的文件。文件的属性由 CREATE DATABASE 命令中的 <filespec>指定；TO FILEGROUP 保留字指定要将指定文件添加到的文件组，当该选项省略时，默认为添加到主文件组。

- ADD LOG FILE：指定要将日志文件添加到指定的数据库。

- REMOVE FILE：从数据库系统表中删除指定的数据文件或日志文件。

- MODIFY FILE：指定修改数据文件与日志文件的相关属性。必须在 <filespec>中指定 NAME，以标识要修改的文件；若要修改数据文件或日志文件的逻辑名称，请在 NAME 子句中指定要重命名的逻辑文件名称，并在 NEWNAME 子句中指定文件的新逻辑名称。

- ADD FILEGROUP：指定要添加的文件组。

- REMOVE FILEGROUP：从数据库中删除文件组并删除该文件组中的所有文件。只有文件组中没有文件时才能被删除。

【例 3.22】修改例 3.21 创建的 StudentMIS 数据库，改变主数据文件的 MAXSIZE 为 UNLIMITED；删除输助数据文件 StudentMIS1.ndf。

```
ALTER DATABASE StudentMIS
MODIFY FILE
    (NAME=StudentMIS,
     MAXSIZE=UNLIMITED
     )
GO
ALTER DATABASE StudentMIS
REMOVE FILE StudentMIS1
GO
```

【例 3.23】修改数据库逻辑文件名，将例 3.20 中数据库 TestDB 更名为 StudyDB。

```
ALTER DATABASE TestDB
MODIFY NAME=StudyDB
GO
```

学习提示：MODIFY NAME 子句只能修改数据库的逻辑名，不能改变数据库的物理名称。

3. 删除数据库

SQL Server 中提供 DROP DATABASE 命令来删除数据库，其语法格式如下。

```
DROP DATABASE database_name [ ,...n ]
```

其中 database_name 为待删除的数据库名称。

【例 3.24】删除 StudyDB 和 TestGroupDB 两个数据库。

```
DROP DATABASE StudyDB, TestGroupDB
GO
```

学习提示：删除数据库时，应确保该数据库处于非使用状态，否则无法删除。

【任务 3】操作数据表

任务描述：数据表是数据库的核心对象，系统的基本数据均采用关系表的形式存储在数据库中，因此数据库开发人员在数据库创建完成后的第一步就是创建数据表，定义表结构。实际应用中，不同的数据其存储格式不同，数据库开发人员需在系统需求分析的基础上，确定表中的各个字段列的数据类型和数据精度。本任务分别通过 T-SQL 和 SSMS 命令两种方法来创建、修改和删除数据表和用户自定义数据类型。

3.3.1 创建数据表

1. 数据表简介

数据表简称表，是关系型数据库中数据管理的基本单元，是数据库的核心对象。从管理员角度来看，管理数据库就是管理数据库中各个表、表间的关系和与表相关的操作对象。每个数据库包含若干个表。

表是以行和列的形式组织起来的，数据存于单元格中，一行数据表示一条唯一的记录；一列数据表示一个字段；唯一标识一行记录的属性为主键。

【例 3.25】表的结构示例。

本示例中院系信息表的结构如图 3-12 所示。

院系 ID	院系代号	院系名称	联系电话
1	1001	信息工程学院	0731-8278568
2	1002	机电工程学院	0731-8278439
3	1003	计算机工程学院	0731-8278058
4	1004	经济管理学院	0731-8278256

图 3-12   院系信息表的结构

2. 使用 T-SQL 创建表

SQL Server 中提供 CREATE TABLE 命令来创建表，其语法格式如下。

```
CREATE TABLE
   [ database_name . [ schema_name ] . | schema_name . ] table_name
      ( { <column_definition> | <computed_column_definition> }
         [ <table_constraint> ] [ ,...n ] )
      [ ON { partition_scheme_name ( partition_column_name ) | filegroup
         | "default" } ]
      [ { TEXTIMAGE_ON { filegroup | "default" } } ]
```

其中：

```
<column_definition> ::=
column_name <data_type>
   [ COLLATE collation_name ]
   [ NULL | NOT NULL ]
   [ DEFAULT constant_expression ]
      | [ IDENTITY [ ( seed ,increment ) ] ]
```

语法说明如下。

- database_name：指定创建表的数据库名。database_name 必须是已经存在的数据库，如果未指定，则 database_name 默认为当前数据库。
- schema_name：表所属架构的名称，默认为 dbo。
- table_name：待建表的名称。表名必须遵循标识符规则。

- column_ name：表中的列名。列名必须遵循标识符规则。data_type 可以是 T-SQL 中提供的基本数据类型，也可以是用户自定义的数据类型。
- COLLATE：指定列的排序规则。
- NULL | NOT NULL：设置列是否允许为空。当为 NOT NULL 时，必须为该列提供数据。
- DEFAULT：设置列的默认值。
- IDENTITY：自动编号标识。seed 表示自动编号的初始值，increment 表示自动编号的步长。

【例 3.26】在 StudentMIS 数据库中，创建一个院系信息表 Department，结构如表 3-15 所示。

表 3-15　Department 表结构

序号	列名	数据类型	长度	标识	主键	允许空	说明
1	dID	int	4	是	是	否	院系 ID
2	dCode	varchar	10			否	院系代号
3	dName	varchar	30			否	院系名称
4	dPhone	varchar	20			是	联系电话

使用 T-SQL 创建该表的代码如下。

```
CREATE TABLE Department
(    dID int PRIMARY KEY IDENTITY(1,1),        --主键，自动编号，基数为 1，步长为 1
    dCode varchar (10) NOT NULL,               --不为空
    dName varchar(30) NOT NULL,
    dPhone varchar(20)
)
GO
```

在查询编辑器中执行上述脚本，刷新对象资源管理器中的 StudentMIS 数据库，就可以看到该数据库下新建的表。CREATE TABLE 命令在创建表时还可以指定外键、约束、索引、计算列等高级设置，这些设置将在后续项目中使用时再介绍。

3. 使用 SSMS 创建表

SQL Server 2016 的 SSMS 提供了可视化方式创建表。

【例 3.27】使用 SSMS 创建表。在 StudentMIS 数据库中创建 Class（班级信息表），表结构如表 3-16 所示。

表 3-16　Class 表结构

序号	列名	数据类型	长度	标识	主键	外键	允许空	默认值	说明
1	cID	int	4	是	是		否		班级 ID
2	spID	int	4			是	否		专业 ID
3	cCode	varchar	10				否		班级代号

续表

序号	列名	数据类型	长度	标识	主键	外键	允许空	默认值	说明
4	cName	varchar	30				否		班级名称
5	cNumber	int	4				是	((0))	班级总人数
6	cYear	int	4				是		入学年份
7	cRemark	text	16				是		备注

操作步骤如下。

（1）启动 SSMS 2016 工具。在"对象资源管理器"中展开"数据库"节点，展开 StudentMIS 数据库对象。右击"表"节点，在弹出的快捷菜单中选择"新建表"命令，系统将在右侧窗口中打开 SSMS 表设计器，如图 3-13 所示。

（2）在"列名"中输入 cID；在"数据类型"中输入 int；取消选中"允许 Null 值"复选框；设置列的说明为"班级信息 ID"，如图 3-14 所示。

图 3-13　表设计器窗口

图 3-14　编辑字段

（3）使用同样的方法设置表 3-16 中的其他字段。

（4）设置 cID 列为主键。右击 cID 列，在弹出的快捷菜单中选择"设置主键"命令，将 cID 字段设置为主键，如图 3-15 所示。也可以在选中字段后，单击表设计器菜单中的钥匙按钮，当需要选择多个属性作为主键时，只需按住 Ctrl 键的同时选择多列。主键设置好后，cID 的左边方格中将显示一个钥匙图案。

（5）设置 cID 列的 IDENTITY 属性。cID 列在表中主要用于标识唯一记录，实际应用中这种列均设置为自动标识。当向表中添加记录时，不需要为其输入数据，系统自动实现编号。在表设计器中选中列名 cID，在其下方的"列属性"中选中"标识规范"的"（是标识）"属性，在下拉列表中选择"是"选项，完成 IDENTITY 列的设置，默认时标识种子和标识增量均为 1，用户可以根据需求进行更改，如图 3-16 所示。

（6）设置 cNumber 列默认值为 0。在表设计器中选中列名 cNumber，在列属性中选择"默认值或绑定"属性，在该属性中输入默认值为 0，完成设置，如图 3-17 所示。

（7）设置完成后，单击工具栏中的"保存"按钮，输入表名 Class，如图 3-18 所示。

（8）在 SSMS 的对象资源管理器中，刷新 StudentMIS 数据库，其表节点下便会出现新建的 Class 表。

表中 spID 是外键，有关外键的设置在后续章节再进行讲解。

读者可以根据附录 A 提供的学生选课系统表结构，完成 StudentMIS 数据库表的建立。

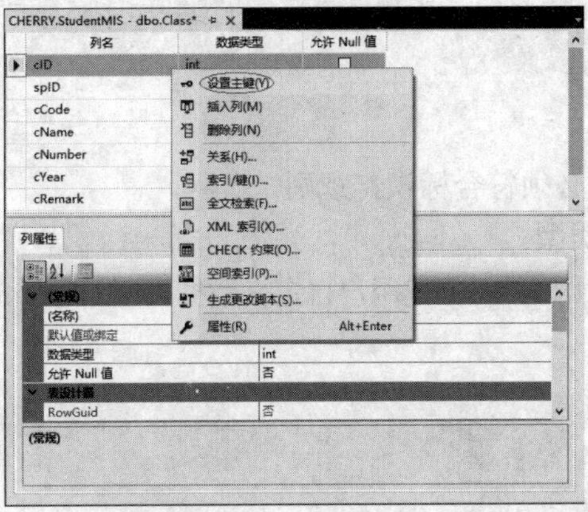

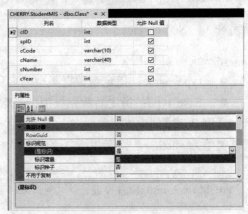

图 3-15　设置主键　　　　　　　　　　　　图 3-16　设置标识列

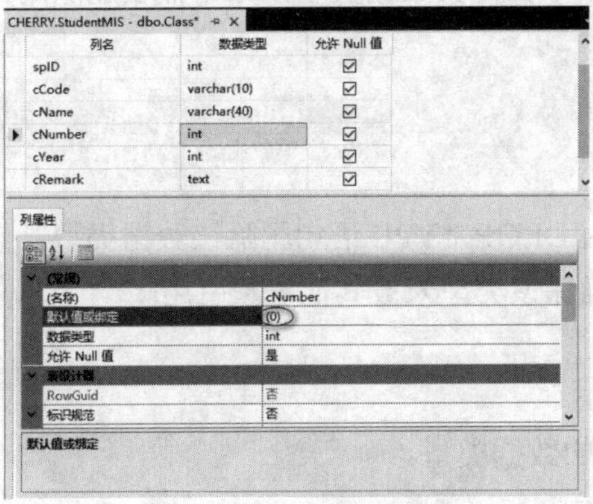

图 3-17　设置默认值 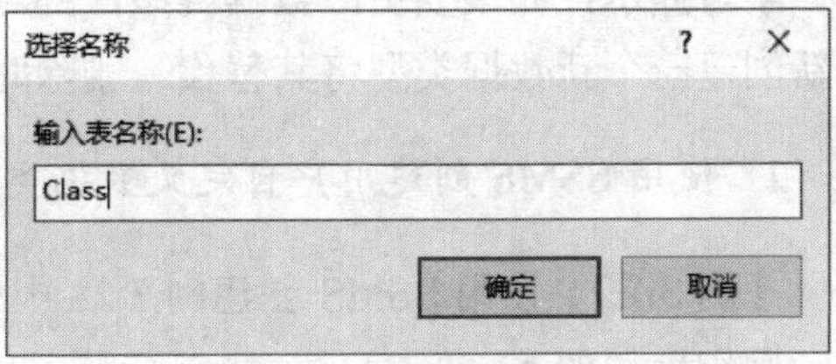　　　　　　　　　　图 3-18　"选择名称"对话框

3.3.2　创建用户自定义数据类型

SQL Server 2016 允许用户在系统数据类型的基础上建立自定义的数据类型。

当数据库中的多个表中必须存储相同数据类型的数据，且需确保这些列具有相同的数据类型、长度和为空性时，可以使用用户自定义数据类型。例如，在建立主外键约束关系时，使用用户自定义数据类型，就可以确保多个表中使用同一字段的一致性。从附录 A 学生选课系统的表中来看，用于标识名称的列属性均设置为 varchar(30)，且不为空，这时也可以考虑使用用户自定义数据类型。

学习提示： 用户自定义数据类型如果创建在 model 数据库中，它将能应用于所有用户定义的新数据库中；如果创建在用户定义的数据库中，则该数据类型只会作用在该数据库中的对象上。

1．使用 T-SQL 创建用户自定义数据类型

SQL Server 中提供 CREATE TYPE 命令来创建用户自定义数据类型，其语法格式如下。

```
CREATE TYPE [ schema_name. ] type_name
    FROM base_type
[ NULL | NOT NULL ]
```

语法说明如下。

● type_name：指定新数据类型的名称，必须符合标识符规则。

● base_type：指定新数据类型的基数据类型。

【例 3.28】创建数据类型。在 StudentMIS 数据库中，创建用户自定义数据类型 UTName，其基类型为 varchar，长度 30，不为空。

```
CREATE TYPE UTName
FROM varchar(30) NOT NULL
GO
```

SQL Server 中还提供 DROP TYPE 命令来删除自定义数据类型，如果需要删除用户自定义数据类型 UTName，其语法格式如下。

```
DROP TYPE UTName
GO
```

学习提示： 如果要更改数据类型，必须先用 DROP TYPE 语句删除该数据类型，然后重新创建一个新数据类型将其替代。删除时要确保该类型未被其他对象引用。

2. 使用 SSMS 创建用户自定义数据类型

【例 3.29】使用 SSMS 创建例 3.28 中创建的数据类型。

操作步骤如下。

（1）启动 SSMS 2016。在"对象资源管理器"中展开"数据库"→StudentMIS→"可编程性"，右击"类型"，在弹出的快捷菜单中选择"新建"→"用户定义的数据类型"命令，如图 3-19 所示。

（2）在打开的窗口中根据要求进行相应设置，如图 3-20 所示。

图 3-19　选择"用户定义的数据类型"命令

图 3-20　"新建用户定义数据类型"窗口

（3）单击"确定"按钮，完成 UTName 类型的创建。

使用 SSMS 可视方式删除用户自定义类型，只需要在图 3-19 中展开的"类型"→"用户定义的数据类型"列表中，右击待删除的类型对象就可以完成，兹不赘述。

3.3.3　修改表

当系统需求变更或设计之初的考虑不够周全等时，就需要对表的结构进行修改。SQL Server 2016 中也可使用 T-SQL 和 SSMS 两种方式实现表的修改。

1. 使用 T-SQL 修改表

SQL Server 中提供 ALTER TABLE 命令来修改表的结构，其简要语法格式如下。

```
ALTER TABLE table_name
{   ALTER COLUMN column_name
    {
        [type_name [ ( { precision [ , scale ] } ) ] ]
        [ COLLATE collation_name ] [ NULL | NOT NULL ]
    }   | [ WITH { CHECK | NOCHECK } ]
    | ADD     {<column_definition>} [ ,...n ]
    | DROP { COLUMN column_name | [ CONSTRAINT ] constraint_name } [ ,...n ]
    { CHECK | NOCHECK } CONSTRAINT { ALL | constraint_name [ ,...n ] }
}
```

语法说明如下。

- ALTER COLUMN：指定需修改的列。column_name 指定需修改列的名称；type_name 指定修改后列的数据类型。
- ADD：用来向表中添加一个或多个列、计算列或约束。
- DROP：用来从表中删除一个或多个列或约束。
- CHECK | NOCHECK：用来启用或禁用一个或多个约束。

【例 3.30】修改表中的列。修改 ClassInfo 表中的 cName 列，改变其数据类型为例 3.28 中定义的用户自定义类型 UTName。

```
ALTER TABLE Class
ALTER COLUMN cName UTName
GO
```

【例 3.31】向表中添加列。向 Class 表中添加名为 CTest 的列，数据类型为 int，不为空。

```
ALTER TABLE Class
ADD CTest int NOT NULL
```

【例 3.32】删除表中的列。删除 Class 表中名为 CTest 的列。

```
ALTER TABLE Class
DROP COLUMN CTest
```

```
GO
```

学习提示：使用 ALTER TABLE 删除列时，必须先确保该列之上没有约束或默认值限制，否则无法删除。

【例 3.33】删除表中的约束。删除 Class 表中 DF_Class_ClasscNumber_0FD3B001 的默认值约束。

```
ALTER TABLE Class
DROP CONSTRAINT DF_Class_ClasscNumber_0FD3B001          --删除约束
GO
```

2. 使用 SSMS 修改表

与 T-SQL 相比，使用 SSMS 可视化界面进行表的修改操作相对简单得多，其操作过程和创建表的过程类似。

【例 3.34】修改 Class 表中的 cCode 列，将数据类型改为 varchar(8)。

操作步骤如下。

（1）启动 SSMS 工具。展开 StudentMIS 数据库下的表节点，右击 Class 表，在弹出的快捷菜单中选择"设计"命令，打开表设计器。

（2）选中列 cCode，将数据类型单元改为 varchar(8)。

（3）单击工具栏中的"保存"按钮，完成表的修改。

3.3.4 删除表

当不需要再使用某个表时，就可以将该表从数据库中删除。

SQL Server 中提供 DROP TABLE 命令来删除表。语法格式如下。

```
DROP TABLE table_name [,..n]
```

【例 3.35】删除 StudentMIS 数据库中的 Class 表。

```
DROP TABLE dbo.Class
GO
```

若需要同时删除多张表，只需要将多表的名称用"，"隔开就可以实现。

【例 3.36】删除表 T1、T2、T3。

```
DROP TABLE T1,T2,T3
GO
```

使用 SSMS 可视方式删除表，跟删除数据库类似，只需要在数据库节点下找到待删除的表，右击选择"删除"命令即可以完成，兹不赘述。

【任务 4】实现数据的完整性

任务描述：数据质量对于使用效率和数据库程序运行效率起着决定性的作用。数据完整性是指数据的准确性和逻辑一致性，用来防止数据库中存在不符合语义规定的数据和因错误信息的输入/输出造成无效操作或错误信息。例如学生选课管理系统中，学生的学号、姓名不能为空，课程编号必须唯一，联系电话必须是数字等。数据完整性通常使用完整性约束来实现。本任务在介绍完整性分类的基础上，详细讲解 PRIMARY KEY 约束、NOT NULL 约束、DEFAULT 约束、UNIQUE 约束、CHECK 约束和 FOREIGN KEY 约束。

3.4.1　数据完整性概述

在数据库的使用过程中，数据库中的数据基本上都是从外界输入，当向数据库中添加、修改和删除数据时，不可避免地会发生输入无效或者错误的信息。因此在数据存储、修改、删除等操作过程中都需保证数据的准确性和一致性。

根据约束对象的不同，数据完整性可分为实体完整性（Entity Integrity）、域完整性（Domain Integrity）和引用完整性（Referential Integrity）3 种。

- 实体完整性：又称为行完整性。简单地说就是要求数据表中有一个主键（PRIMARY KEY，PK），其值不能为空且能唯一标识每一行记录。
- 域完整性：又称为列完整性，用户可以强制域完整性来限制列的数据输入。如可以使用 NOT NULL 来限制数据列必须输入；使用 CHECK 约束和规则限制输入格式；使用 UNIQUE 约束限制列的值不能重复等。
- 引用完整性：又称为参照完整性，它保证主表（被参照表）中数据与从表（参照表）中数据的一致性。在 SQL Server 2016 中，引用完整性通过 FOREIGN KEY（FK）约束（外键约束）建立了表与表之间的引用关系，它确保键值在所有表中的一致。

3.4.2　PRIMARY KEY 约束

PRIMARY KEY 约束又称为主键约束，定义表中构成主键的一列或多列。主键用于唯一标识表中的每一行记录，作为主键的字段值不能为空且必须唯一。每个数据表至多只有一个 PRIMARY KEY 约束，用于强制表的实体完整性。

1. 使用 T-SQL 创建主键约束

主键约束由关键字 PRIMARY KEY 标识，其语法格式如下。

```
<column_name> {<data_type>|<domain>} PRIMARY KEY
```

【例 3.37】使用 SQL 语句创建学生信息表，设置 sID 列为主键，并标识为标识列。

```
CREATE TABLE Student
(
    sID int PRIMARY KEY IDENTITY(1,1) ,
    sName varchar(30),
    sSex char(2)
)
```

执行上述 SQL 语句，创建 Student 表，表中包含 sID、sName 和 sSex 3 列，且 sID 列为主键，关键字 IDENTITY 标识该列为自动增长列，且以 1 为基数，步长为 1 增长。

此外，也可以通过创建表约束的方式创建主键约束，其定义格式如下。

```
CONSTRAINT constraint_name
PRIMARY KEY {( column [,.n]) ASC|DESC}
```

参数说明如下。

- CONSTRAINT：表约束的关键字，本节介绍的所有约束均可以由其进行定义。
- constraint_name：定义的约束名。

【例 3.38】将例 3.37 改成使用表约束方式创建主键约束。

```
CREATE TABLE Student
(
    sID int IDENTITY(1,1) ,
    sName varchar(30),
    sSex char(2)
    CONSTRAINT PK_Student PRIMARY KEY (sID ASC)
)
```

若要为已定义好的表添加 PRIMARY KEY 约束，可以使用修改表（ALTER TABLE）语句实现，其定义格式如下。

```
ALTER TABLE table_name
ADD CONSTRAINT constraint_name
                PRIMARY KEY (column_name1，column_name 2,…)
```

【例 3.39】为专业信息表中的专业 ID（spID）添加主键约束。

```
ALTER TABLE Special
ADD CONSTRAINT PK_special PRIMARY KEY(spID)
```

其中 PK_special 为约束名，spID 则是被添加约束的列。

当表中的主键由多个列组合构成时，主键的设置只能使用表约束进行定义，列名与列名之间用"，"分开。

【例 3.40】创建教师授课表 TeacherCourse，并设置课程 ID 和教师 ID 为复合主键。

```
CREATE TABLE TeacherCourse
(
```

```
    tID int NOT NULL,
    coID int NOT NULL,
    tcTime DATETIME,
    CONSTRAINT PK_TeacherCourse PRIMARY KEY(tID,coID)
)
```

学习提示： 在实际应用系统设计时，不建议使用复合主键，而建议使用一个自增长的整数列（IDENTITY 列）作为主键。

2. 使用 SSMS 创建主键约束

SSMS 提供了可视化方式对表的主键进行设置。

【例 3.41】 在 SSMS 中，创建课程表 Course，字段属性如表 3-17 所示。

表 3-17　Course 表结构

序　号	列　名	数据类型	长　度	主　键	允许空	说　明
1	coID	int	4	是	否	课程 ID
2	coCode	varchar	10		是	课程代码
3	coName	varchar	60		是	课程名称
4	coType	varchar	8		是	课程类别

操作步骤如下。

（1）在 SSMS 中 StudentMIS 数据库下执行新建表操作，打开表设计器。

（2）在"列名"中依次输入表 3-17 中定义的表结构。

（3）右击 coID 行，打开右键菜单，选择"设置主键"命令，如图 3-21 所示，这时在 coID 列的左侧将出现钥匙图标。设置主键的操作也可以通过选择菜单栏中的"设置主键"选项或单击工具栏中的"设置主键"按钮来实现。

（4）单击工具栏中的"保存"按钮，并关闭表设计器窗口。

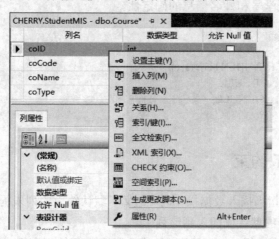

图 3-21　使用 SSMS 添加 PRIMARY KEY 约束

当主键约束在多列时，只需在步骤（3）中按住 Ctrl 键，选中多个，再单击工具栏中的"设置主键"按钮即可。

3. 删除主键约束

可以使用 SSMS 来删除主键约束，但如果已知一个约束名称，也可以通过 T-SQL 语句删除约束，其语法格式如下。

```
ALTER TABLE <table_name>
DROP CONSTRAINT <constraint_name>
```

其中 table_name 表示要删除约束的表，constraint_name 为要删除的约束名称。

【例 3.42】删除 TeacherCourse 表的主键约束 PK_TeacherCourse。

```
ALTER TABLE TeacherCourse
DROP CONSTRAINT PK_TeacherCourse
```

执行上述语句，读者可以查看表设计器，此时定义在该表上的主键被成功删除。

从例 3.42 可以看出，在 T-SQL 中删除约束时只需提供约束的名称，而无须指明约束类型。此外，约束创建后不能修改，若需要修改约束，只能删除后重建。

3.4.3　NOT NULL 约束

NOT NULL 约束强制列不接受 NULL 值。NULL 值表示未定义的值，它不等同于 0 或空白，也不能进行比较。NOT NULL 只能作为列约束来使用，该约束的实现相对比较简单，其定义格式如下。

```
<column_name> {<data_type>|<domain>} NOT NULL
```

当用户在创建和修改表时，将列名和数据类型后面加上关键字 NOT NULL 即可。

【例 3.43】在学生选课系统中创建学生信息表（Student），将学生的学号和姓名字段设置成不能为空，以保证学号和姓名信息的确定性。

```
CREATE TABLE Student
(
    sID int PRIMARY KEY IDENTITY(1,1),
    sNum varchar(20) NOT NULL,
    sName varchar(30) NOT NULL,
)
```

3.4.4　DEFAULT 约束

DEFAULT 约束是指当插入数据操作时，定义了默认约束的列未提供相应数据，系统就会将 DEFAULT 定义中的默认值插入到该列中。

和 NOT NULL 约束一样，DEFAULT 约束也是表定义的一个组成部分，也可以在每个列的定义中为该列定义 DEFAULT 约束，一个 DEFAULT 约束定义只能针对一个列，表中的每一个列都可以包含一个 DEFAULT 约束。

对于 DEFAULT 约束，要注意如下内容。

● 默认值只在插入数据时有效，在更新和删除语句中将被忽略。

● 如果在 INSERT 语句中提供了任意值，那么就不使用默认值。

● 如果没有提供值，那么总是使用默认值。

1. 在数据表中定义默认值约束

默认值约束的定义格式如下。

```
<column_name> {<data_type>|<domain>} NOT NULL|NULL
[DEFAULT constraint_expression]
```

当用户在创建和修改数据表定义时，在 NOT NULL 约束后，添加 DEFAULT 约束的相关内容，其中 constraint_expression 为需设置的默认值。

【例 3.44】学生选课系统中，当创建班级信息表 Class 时，定义班级人数的默认值为 0。

```
CREATE TABLE Class
(
    cID INT PRIMARY KEY    IDENTITY(1,1),
    cCode VARCHAR(10) NOT NULL,
    cName VARCHAR (40) NOT NULL,
    cSum INT NOT NULL DEFAULT(0)
)
```

下列程序实现的功能与例 3.44 相同，但在定义默认值约束的同时指定了约束名 DF_cSum。

```
CREATE TABLE Class
(
    cID INT PRIMARY KEY    IDENTITY(1,1),
    cCode VARCHAR(10) NOT NULL,
    cName VARCHAR (40) NOT NULL,
    cSum INT NOT NULL CONSTRAINT DF_cSum DEFAULT(0)
)
```

当用户修改数据表时，也可以定义字段的默认值约束。

【例 3.45】修改学生信息表中的民族列（sNation）的默认值为"汉族"，且约束名为 DF_sNation。

```
ALTER TABLE Student
ADD CONSTRAINT DF_sNation DEFAULT '汉族' FOR sNation
```

DEFAULT 约束的默认值定义除了指定常量外，还可以使用函数。例如可以设置默认值为 GetDate()函数，用来获取系统当前时间。

【例 3.46】为选课表（StudentCourse）增加新列"选课时间（scTime）"，并设其默认值为系统当前时间。

```
ALTER TABLE StudentCourse
```

```
ADD scTime DATETIME NULL
            CONSTRAINT DF_scTime              -- DF_scTime 为默认值约束名
            DEFAULT GetDate() WITH VALUES
```

上述代码用于对表添加新字段的情况。若使用了 WITH VALUES，则将为表中现有各行添加的新字段提供默认值；如果不使用 WITH VALUES，则现有表中各行新增列的值为 NULL。

学习提示：DEFAULT 定义不能用于数据类型为 ROWGUIDCOL、TIMESTAMP 和 IDENTITY 的数据列。

2. 使用 SSMS 创建 DEFAULT 约束

【例 3.47】 使用 SSMS 完成例 3.45 中设置学生信息表 Student 中 sNation 的默认值为"汉族"。

操作步骤如下。

（1）在 SSMS 中 StudentMIS 数据库下右击 Student 表，选择"设计"命令，打开表设计器。

（2）选中 sNation 行，在"列属性"中将"默认值或绑定"的值设为"汉族"，如图 3-22 所示。

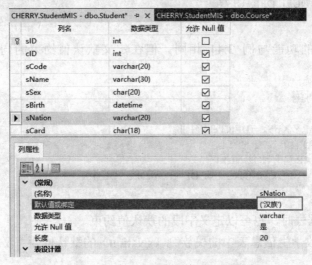

图 3-22　使用 SSMS 创建 DEFAULT 约束

3.4.5　UNIQUE 约束

UNIQUE 约束能够使数据表中一列或一组列中只包含唯一的值。例如，在学生信息表中的 sID 用于唯一地标识一名学生，而每个学生的学号 sCode 和身份证号 sCard 也应该唯一，如果将 UNIQUE 约束应用于这些列上，那么在增加或修改学生信息时，就能避免这两列数据出现重复值。

在 3.4.2 节中介绍的 PRIMARY KEY 约束也可以实现列数据的唯一性，两者的区别如下。

- 一个表只能有一个 PRIMARY KEY，但可以根据需要创建若干个 UNIQUE 约束。
- PRIMARY KEY 字段不允许为 NULL，UNIQUE 的值可以为 NULL。
- 在创建 PRIMARY KEY 约束时，系统自动产生聚集索引，而创建 UNIQUE 约束时，系统自动产生非聚集索引。有关索引的内容将在项目 5 中进行详细阐述。

1. 创建 UNIQUE 约束

在创建 UNIQUE 约束时，可以分为列约束和表约束两种形式。当创建列约束时，其定义格式如下。

```
<column_name> {<data_type>|<domain>} UNIQUE
```

【例 3.48】在创建学生信息表 Student 时，为学号（sCode）列添加唯一约束。

```
CREATE TABLE Student
(
    sID INT PRIMARY KEY IDENTITY(1,1) NOT NULL,
    sCode VARCHAR(20) NOT NULL UNIQUE,
    sCard VARCHAR (18),
    …
)
```

如果创建的是表约束，则其定义格式如下。

```
CONSTRAINT <constraint_name>
UNIQUE (<column_name> [{,<column_name>}…])
```

【例 3.49】为例 3.48 中创建的身份证号（sCard）列创建唯一性约束。

```
ALTER TABLE Student
ADD CONSTRAINT IX_sCard UNIQUE (sCard)          --创建唯一性约束
```

其中 IX_sCard 为约束名，sCard 则是被添加约束的列，如果要对多列进行约束，则在列表后添加多个列名，列名与列名之间用"，"分开。

2. 使用 SSMS 创建 UNIQUE 约束

【例 3.50】使用 SSMS 完成例 3.49 的约束修改。
操作步骤如下。

（1）在 SSMS 中 StudentMIS 数据库下右击 Student 表，选择"设计"命令，打开表设计器。

（2）选中表设计器菜单中的"索引/键"选项，系统将出现如图 3-23 所示的"索引/键"对话框。

（3）在"索引/键"对话框中单击"添加"按钮，在左边列表中将会新建一行数据 IX_Student_1*。

（4）选中 IX_Student_1*，在右边的属性窗口中将类型修改为"唯一键"，列修改为 sCard，名称修改为 IX_ sCard，如图 3-24 所示。

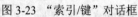

图 3-23　"索引/键"对话框

图 3-24　添加 UNIQUE 约束

（5）单击"关闭"按钮，保存表设计，完成 UNIQUE 约束的创建。在 SSMS 对象资源管理器中展开 Student 表的"键"和"索引"节点，可以看到创建的 UNIQUE 约束。

3.4.6　CHECK 约束

CHECK 约束是对表中某列的值进行限制，是列输入内容的验证规则，列中输入数据必须满足 CHECK 约束的条件，否则无法写入数据库中。例如，学生选课表中成绩列的取值范围必须为 0～100，这时就可以为成绩列添加 CHECK 约束。

1. 创建 CHECK 约束

CHECK 约束也可以定义为列约束和表约束，用来指定包含在列中的值，可以是定义范围、枚举或其他允许的条件。创建 CHECK 列约束时，定义格式如下。

```
<column_name> {<data_type>|<domain>} CHECK (<search condition>)
```

【例 3.51】在创建学生选课表（StudentCourse）时，为考试成绩（scTestGrade）列添加 CHECK 约束，取值范围均为 0～100。

```
CREATE TABLE StudentCourse
(
    scID INT PRIMARY KEY IDENTITY(1,1) NOT NULL,
    tcID INT NOT NULL ,
    sID INT NOT NULL,
    scRegGrade DECIMAL(8,2),
    scTestGrade DECIMAL(8,2) CHECK (scTestGrade >=0 AND scTestGrade <=100)
)
```

添加 CHECK 约束后，在学生选课表中插入或更改数据时，考试成绩的值必须在 0～100，否则插入或更新数据都将失败。

若要创建表约束，定义格式如下。

```
CONSTRAINT <constraint_name> CHECK (<search condition>)
```

【例 3.52】创建教师信息表（Teacher），设置教师学位（tDegree）列的取值只能是"博士""硕士""学士"或"其他"。

```
CREATE TABLE Teacher
(
    tID INT PRIMARY KEY IDENTIT(1,1),
    tCode VARCHAR(10)
    tName VARCHAR(30),
    tDegree VARCHAR(10),
    CONSTRAINT CK_tDegree CHECK(tDegree in ('博士', '硕士', '学士', '其他') )
)
```

上述代码使用 CHECK 约束规定了教师信息表中 tDegree 的取值只能是"博士""硕士""学士"或"其他" 4 种情况中的一种。

CHECK 约束不仅可以对单列的输入进行约束，还可以对多列数据进行约束。例如，在课程信息表（Course）中，很明显理论学时和实践学时之和要等于总学时，这时就可以用 CHECK 约束来实现。

【例 3.53】在创建课程信息表（Course）时，设置课程的理论学时和实践学时均小于总学时。

```
CREATE TABLE CourseInfo
(
    coID INT IDENTITY(1,1) NOT NULL,
    coName VARCHAR(30) NOT NULL,
    coTheory INT,
    coPratice INT,
    coTotal INT,
    CONSTRAINT CK_coTotal                    --创建多列之间的 CHECK 约束
             CHECK (coTheory <= coTotal AND coPratice <= coTotal )
)
```

使用 ALTER TABLE 可以为已定义好的列添加 CHECK 约束，其定义格式如下。

```
ALTER TABLE table_name
ADD CONSTRAINT constraint_name CHECK (<search condition>)
```

【例 3.54】在已经创建好的学生信息表中对出生日期（sBirth）添加 CHECK 约束，要求学生必须是在 1995 年 1 月 1 日之后出生。

```
ALTER TABLE Student
ADD CONSTRAINT CK_sBirth CHECK(sBirth >'1995/1/1')
```

2. 使用 SSMS 创建 CHECK 约束

【例 3.55】使用 SSMS 完成例 3.54 中的 CHECK 约束，设置学生信息表中出生日期（sBirth）必须大于等于 1995 年 1 月 1 日。

操作步骤如下。

（1）在 SSMS 中 StudentMIS 数据库下右击 Student 表，选择"设计"命令，打开表设计器。

（2）选中表设计器菜单中的"CHECK 约束"选项，打开"CHECK 约束"对话框。

（3）单击"添加"按钮，系统将在左边新建一行数据 CK_Student*。

（4）选择 CK_Student*项，在右边属性窗口的"表达式"文本框中输入 CHECK 表达式（sBirth>='1995-1-1'），约束名改为 CK_sBirth，如图 3-25 所示。

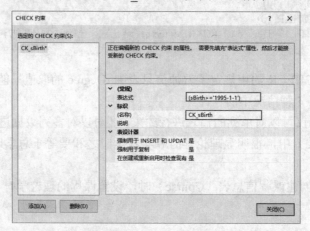

图 3-25　添加 CHECK 约束

（5）单击"关闭"按钮，保存表设计，完成 CHECK 约束的创建。

3.4.7　FOREIGN KEY 约束

FOREIGN KEY 约束又称外键约束，它与其他约束的不同在于，约束的实现不只在单表中进行，而是两表中数据之间的关联。

1. 表间关系

外键约束强制实施表与表之间的引用完整性。外键是表中的特殊字段，表示相关联两个表的联系。从学生选课系统数据库的分析可以知道，班级实体和学生实体间存在一对多的关系，其物理模型如图 3-26 所示。

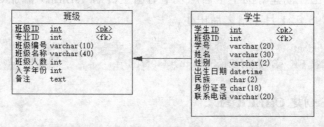

图 3-26　班级和学生对象的物理模型

从两表的物理模型可以看出，学生表中的班级 ID 列要依赖班级表中的班级 ID，在这一关系中班级表被称为主表,学生表被称为从表。学生表中通过班级 ID 列与班级表进行连接,实现两个表的数据关联。在使用这种主从表的关系模式时,需要遵循以下原则。

（1）从表不能引用主表中对应列不存在的键值。

（2）如果主表中的键值发生更改,则数据库中对从表中该键值的所有引用要进行一致的更改。

（3）如果主表中没有关系记录,则不能将记录添加到从表。

（4）如果要删除主表中的一条记录,则应先删除从表中与该记录匹配的相关记录。

2. 创建外键约束

外键约束定义对同一个表或另一个表中具有 PRIMARY KEY 或 UNIQUE 约束列的引用。外键约束的定义也分为列约束和表约束。列约束定义格式如下。

```
<column_name> {<data_type>|<domain>} [NOT NULL]
FOREIGN KEY REFERENCES <referenced table>[(referenced column)]
```

其中,REFERENCES 子句定义所引用主表的主键列,使用时需遵循如下原则。

● 在 FOREIGN KEY 语句中指定的列数和数据类型必须与在 REFERENCES 子句中的列数和数据类型匹配。

● 必须对使用 FOREIGN KEY 约束参照的表具有 SELECT 或 REFERENCE 的权限。

【例 3.56】从学生与班级实体的关系来看,每一个学生都应该是从属于某一个班级的。因此创建学生表 Student 时,需定义班级表 Class 中的 cID 为学生表的外键。

```
--创建班级表的结构
CREATE TABLE Class
(
    cID INT PRIMARY KEY IDENTITY(1,1),          --班级 ID
    cName VARCHAR(20) NOT NULL,
)
GO
CREATE TABLE Student
(
    sID INT PRIMARY KEY IDENTITY(1,1) ,
    --定义外键约束
    cID INT NOT NULL FOREIGN KEY REFERENCES Class(cID),
    sCode VARCHAR (20) NOT NULL UNIQUE,
    sName VARCHAR (30) NOT NULL
)
```

定义外键约束后,Student 表中的 cID 列就不能取任意值了,其取值必须在班级表中 cID 列值的集合中。

如果将外键约束定义为表约束,其定义格式如下。

```
CONTRAINT contraint_name FOREIGN KEY(column)
                    REFERENCES ref_table (ref_column)
```

【例 3.57】使用表约束为表 Student 中的 cID 字段创建外键约束，参考字段为班级表 Class 中的主键字段 cID。

```
CREATE TABLE Student
(
    sID INT PRIMARY KEY IDENTITY(1,1) ,
    cID INT NOT NULL,
    sCode VARCHAR(20) NOT NULL UNIQUE,
    CONSTRAINT FK_cID                          --以表约束的方式定义外键约束
        FOREIGN KEY(cID) REFERENCES Class (cID)
)
```

如果对已存在的列添加外键约束，同样也需要使用 ALTER TABLE 命令修改表的定义。

【例 3.58】对已经存在的学生信息表中的班级 ID（cID）列添加外键约束，约束表为班级表 Class，参照列为 Class 表中的主键列 cID。

```
ALTER TABLE Student
ADD CONSTRAINT FK_cID
        FOREIGN KEY(cID) REFERENCES Class (cID)
```

在外键约束中还有一种比较特殊的情况，就是参照表和引用表是同一张表，这种表称为自参照表，这种方式在实际应用中普遍用于具有层次关系的数据。例如，在学生选课系统中有院系信息表 Department，包含院系 ID（dID,PK），院系代码（dCode），院系名称（dName）。由于在综合性大学里，院系又是分级管理的，因此为院系表添加名为 parentID 的字段，用来表示该院系的上级部门。为了保证数据的完整性，需要为该 parentID 列添加外键约束，其参照表就是自身表，而参照列就是本表中的院系 ID。

【例 3.59】为院系表 Department 添加字段 parentID，并为其创建外键约束，参照表为院系表，参照列为院系 ID（dID）。

```
ALTER TABLE Department
ADD parentID INT NULL FOREIGN KEY REFERENCES Department (dID)
```

学习提示： 不管采用哪种形式创建外键约束，创建前被参照表必须已经存在，参照列必须在参照表中具有 PRIMARY KEY 约束或 UNIQUE 约束。与 PRIMARY KEY 或 UNIQUE 约束不同的是 FOREIGN KEY 约束不能自动创建索引。如果在数据库中使用了多个连接，必须为 FOREIGN KEY 创建索引，以改进连接的性能。

3. 外键约束的级联更新和删除

外键约束实现了表间的引用完整性，当主表中被参照列的值发生变化时，从表中与该值相关的所有信息都需要进行相应的更新，这就是外键约束的级联更新和删除。级联更新和删除是 FOREIGN KEY 约束语法中的一部分，其 REFERENCES 子句的语法格式如下。

```
REFERENCES <reference_table>(reference column)
[ON UPDATE {NO ACTION | CASCADE | SET NULL | SET DEFAULT}]
[ON DELETE {NO ACTION | CASCADE | SET NULL | SET DEFAULT}]
```

参数说明如下。

- NO ACTION: 是 SQL Server 的默认情况,指定在更新和删除某行数据时,如果该值被其他表中的现有行引用,则引发错误,操作回滚。
- CASCADE: 指定在更新和删除表中某行数据时,如果该值被其他表中的现有行引用,则级联自动更新或删除数据相应行的数据。
- SET NULL: 指定在更新和删除某行数据时,如果该值被其他表中的现有行引用,则将所有引用该行数据的外键所在的值设为 NULL。
- SET DEFAULT: 指定在更新和删除某行数据时,如果该值被其他表中的现有行引用,则将所有引用该行数据的值更改为其默认值;如果该列未指定默认值,则该选项无效。

【例 3.60】为表 Student 中的 cID 字段创建外键约束,参考字段为班级表 Class 中的主键字段 cID,且实现数据的级联更新和删除。

```
CREATE TABLE Student
(
    sID INT PRIMARY KEY IDENTITY(1,1) ,
    cID INT NOT NULL,
    sCode VARCHAR(20) NOT NULL UNIQUE,
    CONSTRAINT FK_cID                          --以表约束的方式定义外键约束
        FOREIGN KEY(cID) REFERENCES Class (cID)
        ON UPDATE CASCADE                      --级联更新
        ON DELETE CASCADE                      --级联删除
)
```

上述代码在创建学生信息表时定义了级联更新和删除,如果班级信息表中 cID 信息发生更新或删除,学生信息表相关的数据就会相应地更新和删除。如果其他的表也引用了班级信息表的 cID,那与之相关的数据也会得到相应的操作,级联后影响的深度是无限的。这样一来,数据库操作员不容易意识到更新和删除在数据库中的操作,所以建议在数据库中不要建立太多的级联操作,以防止不必要的数据丢失。

4. 使用 SSMS 创建外键约束

【例 3.61】在 SSMS 中为表 Student 中的 cID 字段创建外键约束,参考字段为班级表 Class 中的主键字段 cID,且实现数据的级联更新和删除。

操作步骤如下。

(1)在 SSMS 中 StudentMIS 数据库下右击 Student 表,选择"设计"命令,打开表设计器。

(2)选中表设计器菜单中的"关系"选项,打开"外键关系"对话框。

(3)单击"添加"按钮,系统将在左边新建一行数据 FK_Student_Student*。

(4)选中 FK_Student_Class*项,在右侧窗口中选择"表和列规范"选项,系统将打开"表和列"对话框,选择主键表为 Class,设置被参照列为 cID;选择外键表为 Student,设置引用列为 cID,如图 3-27 所示。

（5）单击"确定"按钮，返回"外键关系"对话框。

（6）展开"INSERT 和 UPDATE 规范"，将"更新规则"和"删除规则"均设置为"级联"，如图 3-28 所示。

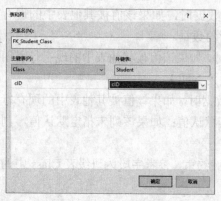

图 3-27　表和列对话框

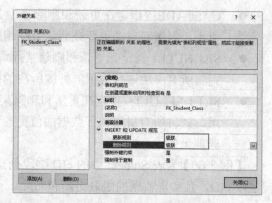

图 3-28　设置表间的级联规则

（7）单击"关闭"按钮，返回表设计器，保存所做的设置。

从以上分析可以看到，通过 UNIQUE 约束、CHECK 约束、DEFAULT 约束及外键约束的使用，可以有效地避免无效数据的输入。但从软件系统的开发者角度来看，数据库中过多的约束将会给实际的软件系统开发造成诸多不便，数据的合法性检查一般在应用系统的业务逻辑中实现。

3.4.8　禁用约束

在很多情况下使用约束是为了使数据库中的各种关系及数据更加严谨，但是同时也限制了对数据库添加数据的灵活性。在向表添加数据时，如果不希望对当前添加的数据实施强制约束，则可以使用禁用约束的方式来实现，定义格式如下。

```
ALTER TABLE table_name NOCHECK
CONSTRAINT (constraint_name|ALL)
```

参数说明如下。
- table_name 指存在约束的表。
- contraint_name 指约束名。
- ALL 指表中所有约束，即禁用所有约束。

【例 3.62】禁用教师信息表（Teacher）中的 CHECK 约束 CK_Degree。

```
ALTER TABLE Teacher
NOCHECK
CONSTRAINT  CK_Degree
GO
```

学习提示：只能禁用 CHECK 和 FOREIGN KEY 约束，而其他约束必须删除后重建。

思　考　题

1．创建数据库前需要进行合理规划，规划数据库应从哪些方面考虑？

2．创建数据库时，能否把数据文件和日志文件分开存放？

3．数据类型 char 和 varchar 有什么区别？

4．NULL 是什么？NULL 可以跟哪些数据比较？

5．应用系统中数据完整性的意义是什么？SQLSERVER 2016 提供哪些种类的数据完整性？分别怎样实现？

6．主键和外键有什么区别？

项 目 实 训

实训任务：

数据库和数据表的创建和管理。

实训目的：

1．会使用 SSMS 和 T-SQL 语句创建和管理数据库。

2．掌握 T-SQL 语言中数据类型和变量的使用。

3．会使用 SSMS 和 T-SQL 语句创建和管理数据表。

4．能使用 SSMS 和 T-SQL 语句创建和管理各种约束。

实训内容：

1．编写 T-SQL 程序，设定圆的半径，输出该圆的面积。

2．分别使用 SSMS 和 T-SQL 语句创建如下数据库。

创建名为 StudentMIS 的数据库，该数据库包含主数据文件、辅助数据文件和日志文件各一个，均存放在 D:\StdDB 目录下，辅助数据文件属于文件组 SCDBGroup，各文件相应参数如表 3-18 所示。

表 3-18　StudentMIS 数据库文件的参数要求

文 件 类 别	逻 辑 名 称	初 始 大 小	文件最大值	文件增长方式
主数据文件	StudentMIS	8MB	100MB	1MB
辅助数据文件	StdDATA1	8MB	UNLIMITED	10%
日志文件	StudentMIS_log	5MB	100MB	10%

3．分别使用 SSMS 和 T-SQL 语句为 StudentMIS 数据库添加一个辅助数据文件，逻辑

名称为 StdDATA2，初始大小为 8MB，文件增长方式为 10MB，不限制文件的最大值，并将该文件置于 SCDBGroup 文件组中。

4. 使用 T-SQL 语句为 StudentMIS 数据库添加院系信息表（Department）、专业信息表（Special）、班级信息表（Class）、学生信息表（Student）、课程信息表（Course）、教师信息表（Teacher）、教师授课信息表（TeachCourse）、学生选课表（StudentCourse）和管理员表（AdminUser），具体定义见附录 A。

5. 使用 T-SQL 语句为附录 A 中的 Student 信息表添加"通信地址"列，列名为 sAddress，数据类型为 varchar，长度为 100，允许为空。

6. 使用 T-SQL 语句操作附录 A 中的 StudentCourse 表，删除该表中标识（scFlag）列。

7. 根据学生选课系统的数据库设计，为 StudentMIS 数据库中的数据表添加如下约束。

● 为每张表添加主键约束。

● 根据表间关系，为表中的相关列添加外键约束。

● 为学生信息表中的学号、身份证号，班级表中的班级编号，教师信息表中的教师编号及课程编号添加唯一性约束。

● 为班级信息表中的班级人数添加默认值约束为 0，入学年份默认值为系统当前年份。

● 为学生信息表和教师信息表中的性别列添加 CHECK 约束，只能输入男或女。为教师信息表中的学位列添加 CHECK 约束，学位值只能是学士、硕士或博士。

项目 4 查 询 数 据

数据查询是数据库中最重要、最基本的操作之一。数据库是在需要分析的基础上将实体和实体关系演变成若干个数据表，数据表用来存放系统的基本数据，为了满足用户对数据的查看、计算、汇总、统计及分析等要求，应用程序需要从数据表中提取有效的数据。

T-SQL 语言中提供了 SELECT 命令用来查询数据，该命令不仅功能强大，而且还具有使用灵活的特点。本项目从简单到复杂，通过查询单表数据、查询多表数据和修改系统数据等 4 个任务，详细介绍使用 SELECT、INSERT、UPDATE 和 DELETE 命令检索数据的方法。

【任务 1】查询单表数据

任务描述：单表数据查询是最简单也是最基本的查询操作，本任务将通过 30 多个案例，阐述 SELECT 命令的基本语法，实现单表数据查询中选择列、筛选行、数据排序和数据分组等操作。

4.1.1 选择列

查询又称为检索，是数据库系统中最基本、最重要的操作。查询操作用于从数据表或视图中检索符合指定需求的数据。查询得到的结果集也是关系模式，按照表的形式组织并显示。查询数据集通常不被存储，每次查询都会重新从数据表中提取，也可以进一步进行计算、统计、分析等操作，以满足用户的需要。

SQL 使用 SELECT 命令能够对表的数据按行、列及连接等方式进行检索操作，SELECT 的基本语法格式如下。

```
SELECT select_list
[ INTO new_table_name ]
FROM table_list
[ WHERE search_conditions ]
[ GROUP BY group_by_list ]
[ HAVING search_conditions ]
[ ORDER BY order_list [ ASC | DESC ] ]
```

语法说明如下。

- select_list：描述结果集的列。
- INTO new_table_name：指定使用结果集来创建新表。new_table_name 指定新表的名称。
- FROM table_list：指明需检索数据的来源，这些来源包括数据表、视图等。
- WHERE search_conditions：WHERE 子句是一个筛选，它定义了源表中的行要满足 SELECT 语句的要求所必须达到的条件。
- GROUP BY group_by_list：GROUP BY 子句根据 group_by_list 列中的值将结果集分成组。
- HAVING search_conditions：HAVING 子句是应用于结果集的附加筛选。
- ORDER BY order_list[ASC | DESC]：ORDER BY 子句定义了结果集中行的排列顺序。其中 ASC 表示升序，DESC 表示降序，默认选项为升序。

学习提示：SELECT 命令中的子句必须以适当顺序指定。

选择列是指从表中选出指定的属性值组成的结果集。通过 SELECT 命令的<select_list>项组成结果表的列。其中 select_list 的语法如下。

```
<select_list>::=
SELECT [ALL|DISTINCT][TOP    n [ PERCENT ]]
{   *
    |{ table_name | view_name | table_alias }.*
    |{column_name | expression | IDENTITYCOL | ROWGUIDCOL}
    [ [ AS ] column_alias ]
    |column_alias=expression
}[,...n]
```

语法说明如下。

- ALL：指定在查询返回的结果集中显示所有的行。
- DISTINCT：指定在查询返回的结果集中删除重复的行。
- TOP n [PERCENT]：指定只返回查询结果集中的前 n 行。如果选用 PERCENT 关键字，则 n 只能为 0～100 的整数，表示只返回查询结果集中的前 n%行。
- *：表示返回在 FROM 子句内指定的所有表和视图内的所有行，并按它们在表或视图中的顺序排列。
- { table_name | view_name | table_alias }.*：将*的作用域限制为指定的表或视图。
- column_name：需要返回的列名。
- expression：返回表达式的计算结果。
- IDENTITYCOL：返回标识列。如果 FROM 子句中有多个表包含 IDENTITYCOL 属性的列，则必须用 table. IDENTITYCOL 形式限定 IDENTITYCOL。
- ROWGUIDCOL：返回行全局唯一标识列。
- column_alias：查询结果集内替换列名的别名。该参数还可用于为表达式结果指定名称。

1. 查询所有的列

在 SELECT 命令中，关键字*表示选择指定表或视图中所有列。查询结果集中各列的排列顺序和所查询的表中列的顺序相同。

【例 4.1】查询 StudentMIS 数据库中 Department（院系信息）表中所有的院系信息。

```
USE StudentMIS                          --打开 StudentMIS 数据库为当前数据库
GO
SELECT *
FROM Department
```

执行上述代码，结果集列出了 Department 表中的所有数据，如图 4-1 所示。

学习提示： 以下所有示例如无特殊说明，均在 StudentMIS 数据库中进行。

2. 选择指定的列

可以使用 SELECT 命令选择一个表中的指定列，各列名之间以逗号分隔。

【例 4.2】查询 Teacher（教师信息）表中所有教师的姓名、专业和职称。

```
SELECT tName,tSpecial,tTitle
FROM dbo.Teacher
```

执行上述代码，结果如图 4-2 所示。

	dID	dCode	dName	dPhone
1	1	001	信息工程学院	073182782011
2	2	002	机械工程学院	073182782022
3	3	003	计算机工程学院	073182782033
4	4	004	经济管理系	073182782044
5	5	005	思政部	073182782055

图 4-1　查询 Department 表中的数据记录

	tName	tSpecial	tTitle
1	李竞	计算机应用	副教授
2	朱志奇	通信工程	副教授
3	石磊	电气自动化技术	讲师
4	彭欢	计算机软件	讲师
5	周峰	通信工程	高级工程师
6	王正	应用电子技术	讲师
7	戴什平	汽车运用技术	讲师

图 4-2　查询 Teacher 表中指定列

3. 计算列值

使用 SELECT 对列进行查询时，可使用表达式作为查询的结果列。

【例 4.3】查询 Course（课程信息）表中每门课程的总学时（课程的总学时等于理论学时加上实践学时）。

```
SELECT coName,coTheory+coPratice
FROM Course
```

执行上述代码，结果如图 4-3 所示。

除能使用表中的列进行表达式计算外，还可以通过函数、常量、变量等表达式来计算。

【例 4.4】查询 Student（学生信息）表中学生的姓名和年龄。

```
SELECT sName, YEAR(GETDATE())-YEAR(sBirth)
FROM Student
```

其中，YEAR()函数的功能是返回指定日期的年份；GETDATE()函数的功能是返回系统当前的日期时间。执行上述代码，结果如图 4-4 所示。

	coName	（无列名）
1	透视	48
2	广告设计	96
3	3Dmax	168
4	网页设计	100
5	Web应用程序设计	168
6	财务会计	84
7	会计基础	64
8	计算机应用基础	72

	sname	（无列名）
1	刘立	18
2	张林	18
3	王巧	17
4	张涛	18
5	李禅	18
6	赵兴	20
7	李纨	18
8	王深	19

图 4-3　计算总学时　　　　　　　　图 4-4　计算学生的年龄

4. 修改查询结果中的列标题

默认情况下，结果集显示的列名就是所查询列的名称，当希望查询结果中所显示列使用自己的列标题时，可以使用 AS 子句更改查询结果集的列标题名。

【例 4.5】查询 StudentMIS 数据库的 Teacher 表中所有教师的姓名、专业和职称，结果集中各列的标题分别指定为姓名、专业和职称。

```
SELECT tName AS 姓名, tSpecial AS 专业, tTitle AS 职称
FROM dbo.Teacher
```

执行上述代码，结果如图 4-5 所示。

另外从图 4-3 和图 4-4 中可以看出，当显示列为计算列时，列标题显示为"（无列名）"，这使得查询结果集的可读性较好。

【例 4.6】修改例 4.3，为计算出的总学时列加上 TotalHours 的列标题。

```
SELECT coName,coTheory+coPratice AS TotalHours
FROM dbo.Course
```

执行上述代码，结果如图 4-6 所示。

	姓名	专业	职称
1	李竟	计算机应用	副教授
2	朱志奇	通信工程	副教授
3	石磊	电气自动化技术	讲师
4	彭欢	计算机软件	讲师
5	周峰	通信工程	高级工程师
6	王正	应用电子技术	讲师
7	戴仕平	汽车运用技术	讲师

	coName	TotalHours
1	透视	48
2	广告设计	96
3	3Dmax	168
4	网页设计	100
5	Web应用程序设计	168
6	财务会计	84
7	会计基础	64
8	计算机应用基础	72

图 4-5　更改查询结果的列标题　　　　　图 4-6　为总学时列指定标题

更改查询结果中的列标题也可以使用"="的形式。

【例 4.7】修改例 4.4，为计算出的年龄列加上 Age 的列标题。

```
SELECT sName, Age=YEAR(GETDATE())-YEAR(sBirth)
FROM Student
```

执行上述代码，结果如图 4-7 所示。

	sName	Age
1	刘立	18
2	张林	18
3	王巧	17
4	张涛	18
5	李禅	18
6	赵兴	20
7	李纨	18

图 4-7　为年龄列指定标题

学习提示：在为列指定的标题中包含空格时，需要使用单引号将标题括起来。

4.1.2　过滤查询结果集

1. 消除结果集中的重复行

对表只选择某些列时，可能会出现重复行。

【例 4.8】查询 Teacher 表中所有教师所学的专业名称。

```
SELECT ALL tSpecial
FROM dbo.Teacher
```

执行上述代码，结果如图 4-8 所示。

从图 4-8 中的结果集中可以看出，教师所学的专业名称有重复的记录信息，若要删除结果集中重复行，可以使用关键字 DISTINCT。

【例 4.9】消除例 4.8 执行结果集中的重复行。

```
SELECT DISTINCT tSpecial
FROM dbo.Teacher
```

执行上述代码，结果如图 4-9 所示。

	tSpecial
1	计算机应用
2	通信工程
3	电气自动化
4	计算机软件
5	通信工程
6	应用电子技术
7	汽车运用技术
8	电气自动化

	tSpecial
1	电气自动化
2	会计
3	计算机科学与技术
4	计算机软件
5	计算机应用
6	两课
7	汽车运用技术

图 4-8　查询 Teacher 表中指定列　　　　　图 4-9　消除重复的行

学习提示： 若想保留所有行，可以使用关键字 ALL，ALL 为 SELECT 命令默认选项。

2. 限制结果集返回的行数

当只需要返回查询结果集的一部分行时，SELECT 命令使用 TOP 选项来限制返回结果集的行数。语法格式如下。

```
TOP ( expression) [PERCENT][WITH TIES]
```

语法说明如下。

● expression：指定返回结果集的前 expression 行记录。
● PERCENT：指定返回结果集的前 expression%行记录。
● WITH TIES：与 ORDER BY 子句结合使用，返回结果集中额外行。这些额外行的列值与 TOP n 行中的最后一行的该列值相同（列由 ORDER BY 语句指定）。

【例 4.10】查询 Course 表中前 5 条记录的课程名称、理论学时、实践学时。

```
SELECT TOP 5 coName AS  课程名称, coTheory AS  理论学时,
              coPratice AS  实践学时
FROM dbo.Course
```

执行上述代码，结果如图 4-10 所示。

当需要返回的记录数不确定时，可以在 TOP 选项中使用 PERCENT 关键字，来指明需要返回结果集记录的百分比。

【例 4.11】查询 Course 表中前 15%的记录的课程名称、理论学时、实践学时。

```
SELECT TOP 15 PERCENT coName AS  课程名称,
              coTheory AS  理论学时,
              coPratice AS  实践学时
FROM dbo.Course
```

执行上述代码，结果如图 4-11 所示。

	课程名称	理论学时	实践学时
1	透视	12	36
2	广告设计	42	54
3	3Dmax	56	112
4	网页设计	40	60
5	Web应用程序设计	70	98

图 4-10　返回 Course 表中前 5 条记录

	课程名称	理论学时	实践学时
1	透视	12	36
2	广告设计	42	54
3	3Dmax	56	112
4	网页设计	40	60

图 4-11　返回 Course 表中前 15%的记录

4.1.3　选择行

实际应用中，应用程序只需要查询满足用户一定条件的数据行。SELECT 命令的

WHERE 子句可以实现从表中选出满足条件的数据行，这种查询方法称为选择行，也称为条件查询。WHERE 子句必须紧跟 FROM 子句之后，语法格式如下。

```
WHERE <search_condition>
```

其中，search_condition 为查询条件。

```
< search_condition > ::=
    { [ NOT ] <predicate> | (<search_condition> ) }
    [ { AND | OR } [ NOT ] { <predicate> | ( <search_condition> ) } ]
[ ,...n ]
```

其中，predicate 为判定运算，结果为 TRUE、FALSE 或 UNKNOWN。

```
<predicate> ::=
{ expression { = | < > | ! = | > | > = | ! > | < | < = | ! < } expression
| string_expression [ NOT ] LIKE string_expression [ ESCAPE 'escape_character' ]
  | expression [ NOT ] BETWEEN expression AND expression
  | expression IS [ NOT ] NULL
  | CONTAINS ( { column | * } , '< contains_search_condition >' )
  | FREETEXT ( { column | * } , 'freetext_string' )
  | expression [ NOT ] IN ( subquery | expression [ ,...n ] )
}
```

语法说明如下。

- expression：列名、常量、函数、变量、标量子查询，或者是通过运算符或子查询连接的列名、常量和函数的任意组合。
- {= | < > | ! = | > | > = | ! > | < | < = | ! <}：比较运算符。
- NOT、AND、OR：逻辑运算符。
- [NOT] LIKE：字符串模式匹配。
- [NOT] BETWEEN AND：范围比较运算符。
- IS [NOT] NULL：是否空值判断。
- [NOT] IN：集合运算符。

1. 使用比较运算符

比较运算符是检索条件中常用的运算符。使用比较运算符可以比较两个表达式的大小，常用的比较运算符如表 4-1 所示。

表 4-1 比较运算符

运 算 符	含 义	运 算 符	含 义
=	等于	<>、!=	不等于
>	大于	<	小于
>=	大于等于	<=	小于等于
!>	不大于	!<	不小于

SQL Server 2016 支持除 text、ntext 和 image 外数据类型的表达式运算比较，表达式可以是常量、变量和字段列名。

【例 4.12】 查询 Teacher 表中所有硕士学位教师的姓名、专业和职称。

```
SELECT tName, tSpecial, tTitle
FROM dbo.Teacher
WHERE tDegree='硕士'
```

执行上述代码，结果如图 4-12 所示。

【例 4.13】 查询总课时数在 100 以上的课程信息，显示课程代码、课程名、课程类别及总课时数。

```
SELECT coCode,coName,coType,coTheory+coPratice as Total
FROM dbo.Course
WHERE coTheory+coPratice > 100
```

执行上述代码，结果如图 4-13 所示。

	tName	tSpecial	tTitle
1	李竞	计算机应用	副教授
2	周峰	通信工程	高级工程师
3	王正	应用电子技术	讲师
4	戴仕平	汽车运用技术	讲师
5	张安平	会计	副教授
6	邓槿	会计	副教授
7	史亮	两课	副教授

图 4-12　查询所有硕士学位的教师信息

	coCode	coName	coType	Total
1	03040024	3Dmax	专业课	168
2	03010024	Web应用程序设计	专业课	168
3	00000009	大学英语	公共课	148
4	03010011	数据库程序设计	专业课	108

图 4-13　查询课时数在 100 以上的课程信息

学习提示： 当两个表达值均不为空（NULL）时，比较运算返回逻辑值 TRUE 或 FALSE；而当两个表达式值中至少有一个为空值时，比较运算返回 UNKNOWN。

2. 使用逻辑运算符

逻辑运算符可以将两个或两个以上的条件表达式组合起来形成逻辑表达式。

逻辑运算符包括 AND、OR 和 NOT，其中 AND 表示逻辑与运算，当两个表达式都为 TRUE 时取值为 TRUE；OR 表示逻辑或运算，两个表达式中至少有一个为 TRUE 时取值为 TRUE；NOT 表示逻辑非运算，对指定表达式的逻辑值取反。

【例 4.14】 查询 Teacher 表中"硕士"学位且职称为"讲师"的教师姓名和专业。

```
SELECT tName, tSpecial
FROM dbo.Teacher
WHERE tDegree='硕士' AND tTitle='讲师'
```

执行上述代码，结果如图 4-14 所示。

3. 使用 LIKE 运算符

当需要查询的条件只能提供不完全确定的部分信息时，在 WHERE 子句中使用 LIKE 运算符可以实现数据的模糊查询。

当使用 LIKE 构造搜索条件时，只能检索或匹配字符或日期时间型数据，即 LIKE 只适用数据类型为 char、nchar、varchar、nvarchar、binary、varbinary、smalldatetime、datetime 或 date 等的数据。与 LIKE 运算符一同使用的是通配符，SQL Server 2016 使用 4 种通配符来形成字符串搜索条件，如表 4-2 所示。

表 4-2 通配符

通 配 符	说 明
%	包含 0 个或更多字符的任意字符串
_	任何单个字符
[]	指定的范围或集合内的任何单个字符
[^]	不在指定的范围或集合内的任何单个字符

【例 4.15】查询 Teacher 表中所有教授的姓名、专业和职称。

```
SELECT tName, tSpecial, tTitle
FROM dbo.Teacher
WHERE tTitle LIKE '%教授%'
```

执行上述代码，结果如图 4-15 所示。

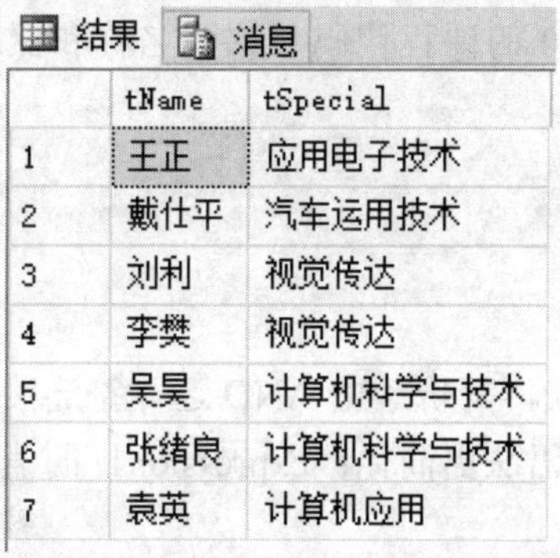

	tName	tSpecial
1	王正	应用电子技术
2	戴仕平	汽车运用技术
3	刘利	视觉传达
4	李樊	视觉传达
5	吴昊	计算机科学与技术
6	张绪良	计算机科学与技术
7	袁英	计算机应用

图 4-14 逻辑运算符组合查询

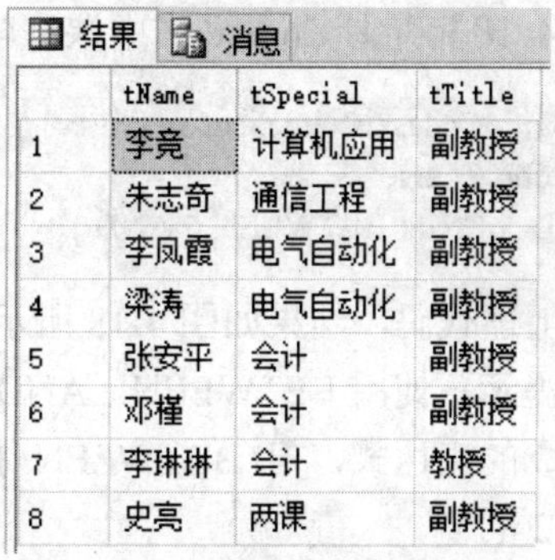

	tName	tSpecial	tTitle
1	李竞	计算机应用	副教授
2	朱志奇	通信工程	副教授
3	李凤霞	电气自动化	副教授
4	梁涛	电气自动化	副教授
5	张安平	会计	副教授
6	邓槿	会计	副教授
7	李琳琳	会计	教授
8	史亮	两课	副教授

图 4-15 通配符 LIKE 使用示例

【例 4.16】查询 Student 表中所有姓李且单名的学生姓名、性别和联系电话。

```
SELECT sName, sSex, sPhone
FROM dbo.Student
WHERE sName LIKE '李_'
```

执行上述代码，结果如图 4-16 所示。

【例 4.17】查询 Student 表中联系电话以 135～139 开头的学生姓名、性别和联系电话。

```
SELECT sName, sSex, sPhone
FROM dbo.Student
WHERE sPhone LIKE '13[5-9]%'
```

执行上述代码，结果如图 4-17 所示。

	sName	sSex	sPhone
1	李禅	男	
2	李纨	男	
3	李飞	男	15012631258
4	李林	男	13514630658
5	李丽	女	
6	李娇	女	13512630666
7	李非	男	

图 4-16　通配符"_"使用示例

	sName	sSex	sPhone
1	张林	男	13512630258
2	王巧	女	13612630658
3	艾尔	男	13514630658
4	王布	男	13514680658
5	李林	男	13514630658
6	李晓阳	男	13514684558
7	李娇	女	13512630666
8	胡灵	女	13516984558

图 4-17　通配符"[]"使用示例

4. 使用 BETWEEN AND 运算符

在 WHERE 子句中，可使用 BETWEEN AND 来限制查询数据的范围，语法格式如下。

```
expression [NOT] BETWEEN expression1 AND expression2
```

当未使用 NOT 时，若表达式 expression 的值在 expression1 和 expression2 之间（包含两端数据），返回 TRUE，否则返回 FALSE；使用 NOT 时，返回值刚好相反。

【例 4.18】查询 Course 表中课程学分为 5～10 的课程代码、课程名称和课程学分。

```
SELECT coCode, coName, coCredit
FROM dbo.Course
WHERE coCredit BETWEEN 5 AND 10
```

执行上述代码，结果如图 4-18 所示。

学习提示：使用 BETWEEN…AND 的范围比较，等价于由 AND 运算符连接两个比较运算符组成的表达式，但 BETWEEN 搜索条件的语法更简化；expression1 的值不能大于 expression2 的值。

5. 使用 IS NULL 运算符

当未给表中的列提供数据值时，系统自动将其设置为空值。IS NULL 运算符实现表达式跟空值的比较。空值不等同于 0 或空字符；空值与任何值比较都为 FALSE。

【例 4.19】查询 Student 表中未填写联系电话的学生姓名、性别和联系电话。

```
SELECT sName, sSex, sPhone
FROM dbo.Student
WHERE sPhone IS NULL or sPhone = ''
```

执行上述代码，结果如图 4-19 所示。

	coCode	coName	coCredit
1	03040021	广告设计	6
2	03040024	3Dmax	10
3	03010012	网页设计	6
4	03010024	Web应用程序设计	10
5	04010022	财务会计	5
6	00000009	大学英语	9
7	03010011	数据库程序设计	6

图 4-18 范围比较使用示例

图 4-19 空值比较使用示例

学习提示：空值不等同于数值 0 或空字符。由于空值间不能匹配，不能使用比较运算符或者 LIKE 运算符对空值进行判断。

6. 使用 IN 运算符

IN 运算符同 BETWEEN…AND 运算符类似，用来限制查询数据的范围，语法格式如下。

```
expression [NOT]IN (expression1,expression2…expressionN)
```

当未使用 NOT 时，若表达式 expression 的值与圆括号中 expression1～expressionN 之中的任一个值相等，返回 TRUE，否则返回 FALSE；使用 NOT 时，返回值刚好相反。

【例 4.20】 查询 Student 表中来自苗族、土家族和傣族的学生姓名、性别和民族。

```
SELECT sName, sSex, sNation
FROM dbo.Student
WHERE sNation IN ('苗族','土家族','傣族')
```

执行上述代码，结果如图 4-20 所示。

	sName	sSex	sNation
1	张涛	男	苗族
2	王深	男	苗族
3	孙力	男	苗族
4	唐蒂芬	女	傣族
5	胡灵	女	土家族
6	肖芬	男	土家族

图 4-20 IN 运算符使用示例

4.1.4 数据排序

默认情况下，SELECT 命令查询的结果集的记录顺序按表中记录的物理顺序排列。而实际应用中，需要对查询的结果集按一定的结果排序输出。例如，按学生的年龄从小到大，按考试的成绩从高到低排序等。

1．简单数据排序

在 SELECT 命令中，使用 ORDER BY 子句能够对查询结果集进行排序，语法格式如下。

```
[ ORDER BY {order_by_expression [ ASC | DESC ] } [ ,...n ]]
```

语法说明如下。

- order_by_expression：指定要排序的列，又称为排序关键字，可以是列名、表达式或排序列在选择列表中所处位置的序号。
- ASC：指定按升序，从低到高对指定列中的值进行排序。ASC 为系统默认值。
- DESC：指定按降序，从高到低对指定列中的值进行排序。

当指定的排序关键列不止一个时，列名间用逗号分隔。

【例 4.21】查询 2000 年以后出生的学生的姓名、性别和出生日期，结果按年龄从小到大排序。

```
SELECT sName, sSex, sBirth
FROM dbo.Student
WHERE year(sBirth)>=2000
ORDER BY sBirth DESC              --出生日期的值越大时，年龄越小，适用降序
```

执行上述代码，结果如图 4-21 所示。

当需要指定的排序关键列不止一个时，列名间用逗号分隔。

【例 4.22】查询 2000 年以后出生的学生的姓名、性别和出生日期，结果按年龄从小到大排序，当出生日期相同时，按先女后男排序。

```
SELECT sName, sSex, sBirth
FROM dbo.Student
WHERE year(sBirth)>=2000
ORDER BY sBirth DESC, sSex DESC
```

执行上述代码，结果如图 4-22 所示。

	sName	sSex	sBirth
1	王巧	女	2001-05-16 00:00:00.000
2	胡灵	女	2000-12-14 00:00:00.000
3	吴秋生	男	2000-12-14 00:00:00.000
4	李有才	男	2000-11-16 00:00:00.000
5	李林	男	2000-08-14 00:00:00.000
6	王布	男	2000-06-15 00:00:00.000
7	许力	女	2000-06-15 00:00:00.000
8	张林	男	2000-05-12 00:00:00.000

图 4-21 单列排序使用示例

	sName	sSex	sBirth
1	王巧	女	2001-05-16 00:00:00.000
2	胡灵	女	2000-12-14 00:00:00.000
3	吴秋生	男	2000-12-14 00:00:00.000
4	李有才	男	2000-11-16 00:00:00.000
5	李林	男	2000-08-14 00:00:00.000
6	许力	女	2000-06-15 00:00:00.000
7	王布	男	2000-06-15 00:00:00.000
8	张林	男	2000-05-12 00:00:00.000

图 4-22 多列排序使用示例

从图 4-21 和图 4-22 中可以看出，图 4-22 中在出生日期相同的记录行中按性别先女后男进行了排列。

学习提示: 当指定的排序关键列有多个时,应分别指出各列的升序或降序选项。

2. OFFSET 子句提取定量数据

从 SQL Server 2012 版本开始,SQL Server 在 ORDER BY 子句中增加了 OFFSET 子句,用于分页提取查询结果集。OFFSET 子句语法如下。

```
OFFSET n ROWS [FETCH NEXT n ROWS ONLY]
```

语法说明如下。

- OFFSET n ROWS:表示从结果集指定偏移数提取记录,n 表示偏移量。
- FETCH NEXT n ROWS ONLY:表示提取后续 n 条记录。

【例 4.23】查询 2000 年以后出生的学生的姓名、性别和出生日期,结果按年龄从小到大排序。忽略前面 5 条记录。

```
SELECT sName, sSex, sBirth
FROM dbo.Student
WHERE year(sBirth)>=2000
ORDER BY sBirth DESC
OFFSET 5 ROWS
```

执行上述代码,结果如图 4-23 所示。

【例 4.24】查询 2000 年以后出生的学生的姓名、性别和出生日期,结果按年龄从小到大排序。从第 6 条记录开始取值,显示连续 3 条数据。

```
SELECT sName, sSex, sBirth
FROM dbo.Student
WHERE year(sBirth)>=2000
ORDER BY sBirth DESC
OFFSET 5 ROWS
FETCH NEXT 3 ROWS ONLY
```

执行上述代码,结果如图 4-24 所示。

	sName	sSex	sBirth
1	许力	女	2000-06-15 00:00:00.000
2	王布	男	2000-06-15 00:00:00.000
3	张林	男	2000-05-12 00:00:00.000
4	张涛	男	2000-03-15 00:00:00.000
5	李娇	女	2000-01-13 00:00:00.000
6	李晓阳	男	2000-01-13 00:00:00.000
7	李丽	女	2000-01-11 00:00:00.000

图 4-23　指定偏移量获取数据

	sName	sSex	sBirth
1	许力	女	2000-06-15 00:00:00.000
2	王布	男	2000-06-15 00:00:00.000
3	张林	男	2000-05-12 00:00:00.000

图 4-24　获取定量数据

从图 4-24 可以看出,该查询的结果集只提取了例 4-23 中的前 3 条记录。相比在 SELECT 中使用 TOP n 关键字更为灵活。

学习提示： OFFSET 子句必须与 ORDER BY 语句配合使用。

4.1.5 数据分组与汇总

在对表进行数据检索时，经常需要对结果进行汇总或计算。例如，要统计所有教师各职称的人数，某个学生的成绩，某门课程的平均分、课程最高分等。

在 SELECT 命令中，使用聚合函数、GROUP BY 子句能够实现对查询结果集进行分组和汇总等操作。

1. 使用聚合函数

聚合函数能够实现将数据表在指定列上的值或对一组记录指定的列值进行特定的运算，并返回单个数值。聚合函数主要用于 GROUP BY 子句、HAVING 子句和 COMPUTE 子句中，用来对查询结果进行分组、筛选或分类汇总。

SQL Server 2016 提供的常用聚合函数如表 4-3 所示。

表 4-3　常用聚合函数

函 数 名	说　明	函 数 名	说　明
SUM	返回表达式中所有值的和	AVG	返回组中各值的平均值
MAX	返回表达式中的最大值	MIN	返回表达式中的最小值
COUNT	返回组中的项数	GROUPING	标识是否为汇总行

1）SUM、AVG、MAX 和 MIN 函数
语法格式如下。

```
SUM/AVG/MAX/MIN ( [ ALL | DISTINCT ] expression )
```

语法说明如下。

- ALL：对整个查询数据进行聚合运算。ALL 是默认值。
- DISTINCT：指示去除重复值后，再进行聚合运算。
- expression：是列名、常量、变量等表达式。

【例 4.25】统计 Course 表中专业课的总学时数。

```
SELECT SUM (coTheory+coPratice) as '专业课总学时'
FROM Course
WHERE coType = '专业课'
```

执行上述代码，结果如图 4-25 所示。

图 4-25　聚合函数使用示例

2）COUNT 函数

语法格式如下。

COUNT ({ [[ALL | DISTINCT] expression] | * })

语法说明如下。

● DISTINCT：指定 COUNT 返回唯一非空值的数量。

● *：指定应该计算所有行以返回表中行的总数。

其他参数同 SUM 函数说明。

【例 4.26】统计 Student 表中女学生的总数，及年龄最大值和最小值。

```
SELECT COUNT(*) AS 学生总人数,
        MAX(YEAR(GETDATE())-YEAR(sBirth)) AS 最大年龄,
        MIN(YEAR(GETDATE())-YEAR(sBirth)) AS 最小年龄
FROM dbo.Student
WHERE sSex = '女'
```

执行上述代码，结果如图 4-26 所示。

学习提示：COUNT(*) 不需要任何参数，而且不能与 DISTINCT 一起使用。

【例 4.27】统计 StudentCourse（学生选课）表中选修了课程的学生总人数。

```
SELECT COUNT(DISTINCT sID) AS '选课学生人数'
FROM dbo.Student
```

执行上述代码，结果如图 4-27 所示。

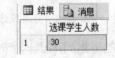

图 4-26　例 4.26 执行结果　　　　图 4-27　例 4.27 查询结果

2. GROUP BY 子句

聚合函数对满足 WHERE 子句条件的结果集进行聚合后只返回单个汇总数据。使用 GROUP BY 子句则可以对表或视图中的数据按指定的列对查询结果集进行分组，并使用聚合函数为结果集中的每个分组产生一个汇总值。GROUP BY 子句的语法格式如下。

```
[ GROUP BY [ ALL ] group_by_expression [ ,...n ]
    [ WITH { CUBE | ROLLUP } ]
]
```

语法说明如下。

● ALL：将显示所有组，是默认值。

● group_by_expression：分组操作的表达式，也称为分组依据列。group_by expression 可以是列，也可以是引用由 FROM 子句返回的列的非聚合表达式。不能使用在 SELECT 列表中定义的列别名来指定组合列，不能使用类型为 text、ntext 和 image 的列。

● WITH {CUBE | ROLLUP}：指定结果集内不仅包含由 GROUP BY 提供的行，同时还包含汇总行。

学习提示：使用 GROUP BY 子句后，SELECT 命令的列表中只能包含在 GROUP BY 子句中的列或聚合函数列。

【例 4.28】统计 Teacher 表中各种学位的教师人数。

```
SELECT tDegree AS 学位, COUNT(tID) AS 教师数
FROM dbo.Teacher
GROUP BY tDegree
```

执行上述代码，结果如图 4-28 所示。

【例 4.29】统计 2000 年以后出生的男女学生各多少人。

```
SELECT sSex AS 性别,COUNT(*) AS 人数
FROM dbo.Student
WHERE year(sBirth)>=2000
GROUP BY sSex
```

执行上述代码，结果如图 4-29 所示。

	学位	教师数
1	博士	2
2	硕士	12
3	学士	4

	性别	人数
1	男	13
2	女	7

图 4-28　分组统计示例　　　　图 4-29　带条件筛选的分组统计

当指定的分组列不止一个时，列名间用逗号分隔。

【例 4.30】统计 2000 年以后出生的各民族学生男女各多少人。

```
SELECT sNation AS 民族,sSex AS 性别,COUNT(*) AS 人数
FROM dbo.Student
WHERE year(sBirth)>=2000
GROUP BY sSex,sNation
```

执行上述代码，结果如图 4-30 所示。

当 GROUP BY 子句带 ROLLUP 操作符时，除分组统计出各数据外，还对所指定的各列产生汇总行。产生的规则是按照 GROUP BY 子句指定的列的排列顺序从右至左依次进行汇总，汇总行的结果值用 NULL 标识。

【例 4.31】统计 2000 年以后出生的各民族学生男女各多少人，有汇总行。

```
SELECT sNation AS 民族,sSex AS 性别,COUNT(*) AS 人数
FROM dbo.Student
WHERE year(sBirth)>=2000
GROUP BY sSex,sNation
WITH ROLLUP
```

执行上述代码，结果如图 4-31 所示。

图 4-30 按多列分组统计示例

图 4-31 带 ROLLUP 的分组统计示例

使用带 CUBE 操作符的 GROUP BY 子句则将对 GROUP BY 子句中指定的各列的所有可能组合均产生汇总行。

【例 4.32】统计 2000 年以后出生的各民族学生男女各多少人，并汇总各民族总人数、各类性别总人数和学生总人数。

```
SELECT sNation AS  民族,sSex AS  性别,COUNT(*) AS  人数
FROM dbo.Student
WHERE year(sBirth)>=2000
GROUP BY sSex,sNation
WITH CUBE
```

执行上述代码，结果如图 4-32 所示。

从图 4-32 中可以看出，使用 CUBE 操作符实现对所有分组字段的分类统计，实际应用中，这样的结果集应用程序无法识别哪些数据是汇总，哪些数据是实际统计值。

SQL Server 2016 中，聚合函数 GROUPING 用于确定在结果集中显示的 NULL 是否为基本表中的实际空值，还是由 ROLLUP 或 CUBE 操作符产生的汇总行。

使用 GROUPING 函数会在结果集中为指定的列产生一个新列。新列的值为 1 表示由 ROLLUP 或 CUBE 操作符生成的汇总值，为 0 则表示明细数据值。

【例 4.33】统计 2000 年以后出生的各民族学生男女各多少人，并汇总各民族总人数、各类性别总人数和学生总人数，标识汇总行。

```
SELECT sNation AS  民族,sSex AS  性别,
       COUNT(*) AS  人数,
       GROUPING(sSex) AS  汇总民族,
       GROUPING(sNation) AS  汇总性别
FROM dbo.Student
WHERE year(sBirth)>=2000
GROUP BY sSex,sNation
WITH CUBE
```

执行上述代码，结果如图 4-33 所示。

	民族	性别	人数
1	白族	女	1
2	白族	NULL	1
3	汉族	男	11
4	汉族	女	5
5	汉族	NULL	16
6	苗族	男	2
7	苗族	NULL	2
8	土家族	女	1
9	土家族	NULL	1
10	NULL	NULL	20
11	NULL	男	13
12	NULL	女	7

	民族	性别	人数	汇总民族	汇总性别
1	白族	女	1	0	0
2	白族	NULL	1	1	0
3	汉族	男	11	0	0
4	汉族	女	5	0	0
5	汉族	NULL	16	1	0
6	苗族	男	2	0	0
7	苗族	NULL	2	1	0
8	土家族	女	1	0	0
9	土家族	NULL	1	1	0
10	NULL	NULL	20	1	1
11	NULL	男	13	0	1
12	NULL	女	7	0	1

图 4-32　带 CUBE 的分组统计示例　　　　图 4-33　标识汇总行的分组示例

3. HAVING 子句

使用 GROUP BY 子句和聚合函数对数据进行分组统计后，还可以使用 HAVING 子句对分组后的结果集进一步筛选。HAVING 子句的语法格式如下。

```
[ HAVING <search condition> ]
```

其中，<search_condition>指定分组或聚合应满足的搜索条件。

【例 4.34】查找 Teacher 表中教师人数不大于 3 人的职称类别。

```
SELECT tTitle AS 职称,COUNT(*) AS 人数
FROM dbo.Teacher
GROUP BY tTitle
HAVING COUNT(*) !> 3
```

执行上述代码，结果如图 4-34 所示。

【例 4.35】查询 Student 表中各学生出生人数在 5 人以上的年份。

```
SELECT year(sBirth) AS 年份,COUNT(*) AS 人数
FROM dbo.Student
GROUP BY year(sBirth)
HAVING COUNT(*) > 5
```

执行上述代码，结果如图 4-35 所示。

	职称	人数
1	高级工程师	1
2	教授	1

	年份	人数
1	1999	7
2	2000	19

图 4-34　分组筛选例 4.34　　　　　图 4-35　分组筛选例 4.35

学习提示： HAVING 子句实现了 GROUP BY 分组统计后的结果筛选，而 WHERE 子句实现了基本数据的条件筛选，应用过程中要注意区分。

4.1.6　INTO 子句

查询结果不仅可以用来查看，还可以使用 SELECT 命令的 INTO 子句将查询结果保存到新数据表中。语法格式如下。

```
INTO new_table_name
```

其中，new_table_name 为要创建的新表名，新创建表的结构由 SELECT 所选择的列决定，新建表中的记录是 SELECT 命令的查询结果集，若 SELECT 的查询结果为空，则创建一个只有结构而没有记录的空表。

【例 4.36】 统计 Student 表中各民族学生男女各多少人，将统计的结果保存到 StudentMIS 数据库中名为 Nations 的新表中。

```
SELECT sNation AS  民族,sSex AS  性别,COUNT(*) AS  人数
INTO Nations
FROM dbo.Student
GROUP BY sSex, sNation
GO
SELECT *
FROM Nations
```

执行上述代码，结果如图 4-36 所示。

	民族	性别	人数
1	白族	女	1
2	傣族	女	1
3	汉族	男	16
4	汉族	女	6
5	苗族	男	3
6	土家族	男	1
7	土家族	女	1
8	壮族	男	1

图 4-36　INTO 子句使用示例

【任务 2】连接查询多表数据

任务描述： 实际应用中，数据查询的要求通常要涉及多张数据表。连接是多表数据查询的一种有效手段。本任务阐述内连接、外连接和交叉连接等连接方式，灵活构建多表查

询，以满足实际应用的需求。

4.2.1　连接查询简介

实际应用系统的开发中，数据查询往往需要从多个数据表中提取数据。当查询从多个相关表中提取数据时，称之为连接查询。连接查询是关系型数据库中重要的查询类型之一，通过表间的相关列，可以追踪各个表之间的逻辑关系，从而实现多表的连接查询。

根据查询方式的不同，连接查询常分为如下 3 种类型。

- 内连接（INNER JOIN）：查询列出与连接条件匹配的记录行，通常使用比较运算符比较被连接的列值。
- 外连接（OUTER JOIN）：查询列出与连接条件匹配的记录行外，还包括左表（左外连接）、右表（右外连接）或两个连接表（完全外连接）中的任何记录行。
- 交叉连接（CROSS JOIN）：查询返回两个表的任何记录行的笛卡儿积，查询结果集的列为各连接表的列之和，记录行数为各连接表行数的乘积值。

连接查询由 SELECT 命令的 FROM 子句中的 JOIN 关键字来实现。基本语法格式如下。

```
SELECT select_list
FROM table_source JOIN table_source [ON join_condition]
[ WHERE search_conditions ]
```

语法说明如下。

- JOIN：泛指各类连接操作的关键字，具体含义如表 4-4 所示。
- ON join_condition：指定连接的条件。交叉连接无该子句。
- WHERE search_conditions：指定查询结果集的选择条件。交叉连接无该子句。

表 4-4　JOIN 关键字的含义

连 接 类 型	连 接 符 号	说　　明
内连接	INNER JOIN	INNER 可省略
左外连接	LEFT JOIN	外连接
右外连接	RIGHT JOIN	
完全外连接	FULL JOIN	
交叉连接	CROSS JOIN	

4.2.2　内连接

内连接是多表连接查询的最常用操作。内连接使用比较运算符比较两个表共有的字段列，返回满足条件的记录行。

【例 4.37】查询 Teacher 表中教师的基本信息和教师所属院系名称。

从项目 1 的学生选课系统分析可知，教师实体和院系实体间存在一对多的关系，转换后的物理模型如图 4-37 所示。

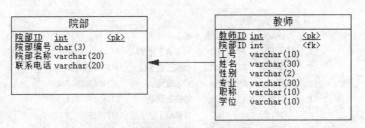

图 4-37 教师和院系表的物理模型

从两个表的物理模型可以看出，教师信息表中的院系 ID 列依赖于院系信息表的院系 ID，这时，院系信息表被称为主表，教师信息表被称为从表，当两个表进行连接时，通常由主表的主键列作为连接条件。查询语句如下。

```
SELECT tCode, tName, tSex, tTitle, dName
FROM dbo.Teacher INNER JOIN dbo.Department
ON dbo.Teacher.dID=dbo.Department.dID
```

执行上述代码，结果如图 4-38 所示。

	tCode	tName	tSex	tTitle	dName
1	010030	朱志奇	男	副教授	信息工程学院
2	010001	周峰	男	高级工程师	信息工程学院
3	010045	王正	男	讲师	信息工程学院
4	020012	石磊	男	讲师	机械工程学院
5	020021	戴仕平	男	讲师	机械工程学院
6	020011	李凤霞	女	副教授	机械工程学院
7	020009	梁涛	男	副教授	机械工程学院
8	030026	李竞	女	副教授	计算机工程学院
9	030023	彭欢	男	讲师	计算机工程学院

图 4-38 内连接使用示例

学习提示： 两张表在进行连接时，连接列字段的名称可以不同，但要求必须具有相同数据类型、长度和精度，且表示同一范畴的意义，通常连接列字段一般是数据表的主键和外键。

使用内连接后，仍可使用 SELECT 语句对单表数据查询的所有语法。

【例 4.38】 查询 Teacher 表中所有女教师姓名和所属院系的信息。

```
SELECT tName,dbo.Department.*
FROM dbo.Teacher JOIN dbo.Department
ON dbo.Teacher.dID=dbo.Department.dID
WHERE tSex='女'
```

dbo.Department.*表示显示 Department 表中的所有列。执行上述代码，结果如图 4-39 所示。

	tName	dID	dCode	dName	dPhone
1	李竟	3	003	计算机工程学院	073182782033
2	李凤霞	2	002	机械工程学院	073182782022
3	邓槿	4	004	经济管理系	073182782044
4	李琳琳	4	004	经济管理系	073182782044
5	刘利	3	003	计算机工程学院	073182782033
6	李樊	3	003	计算机工程学院	073182782033
7	袁英	3	003	计算机工程学院	073182782033

图 4-39　例 4.38 执行结果

除了能为查询的列指定别名外，也可以为数据表指定别名。

【例 4.39】查询计算机工程学院的班级代号、班级名称、专业名称。

```
SELECT cCode, cName, spName
FROM Department AS a join Special AS b
        on a.dID=b.dID join Class AS c
  on c.spID=b.spID
WHERE dName='计算机工程学院'
```

这里分别为 Department、Special 和 Class 定义别名为 a、b、c，为表定义别名后，查询中出现表名的位置都需要用别名替代。执行上述代码，结果如图 4-40 所示。

当 JOIN 连接的表在两张以上数据表时，FROM 子句中可以将各表通过 JOIN 关键字进行连接，再将连接条件按从右到左的顺序书写。

【例 4.40】统计计算机工程学院开设了两门课程以上的教师姓名和课程门数。

```
SELECT tName, COUNT(coName) as CourseNum
FROM Department a
          JOIN Teacher b
          JOIN TeachCourse c
          JOIN Course d
          ON c.coID=d.coID
          ON c.tID=b.tID
          ON a.dID=b.dID
WHERE dName='计算机工程学院'
GROUP BY tName
HAVING COUNT(coName) >= 2
```

执行上述代码，结果如图 4-41 所示。

	cCode	cName	spName
1	03016004	数媒1601	数字媒体应用技术
2	03016010	软件1601	软件技术
3	03016010	软件1602	软件技术
4	03016010	软件1603	软件技术
5	03017001	软件1701	软件技术
6	03017002	软件1702	软件技术

图 4-40　为表定义别名示例

	tName	CourseNum
1	李竟	2
2	彭欢	2
3	吴昊	3

图 4-41　例 4.40 执行结果

4.2.3　外连接

内连接只返回符合连接条件的记录，不满足条件的记录不会被显示。而实际应用中，在连接查询时需要显示某个表的全部记录，即使这些记录并不满足连接条件。例如，要查询所有教师的开课情况，所有学生的选课情况等。

外连接返回的结果集除了包括符合连接条件的记录外，还会返回 FROM 子句中至少一个表的所有行，不满足条件的行将显示空值。根据外连接引用的不同，外连接分为 3 种。

- 左外连接（LEFT OUTER JOIN）：结果集中除了包括满足连接条件的行外，还包括左表中不满足条件的记录行。当左表中不满足条件的记录与右表记录进行组合时，右表相应列值为 NULL。
- 右外连接（RIGHT OUTER JOIN）：结果集中除了包括满足连接条件的行外，还包括右表中不满足条件的记录行。当右表中不满足条件的记录与左表记录进行组合时，左表相应列值为 NULL。
- 完全外连接（FULL OUTER JOIN）：结果集中除了包括满足连接条件的行外，还包括左表和右表不满足条件的记录行。当左（右）表中不满足条件的记录与右（左）表记录进行组合时，右（左）表相应列值为 NULL。

学习提示：OUTER 关键字可以省略。

【例 4.41】查看各院系专业开设情况，包括院系名称、专业代号和专业名称，查询结果按院系名称降序排列。

```
SELECT dName, spCode, spName
FROM Department AS a LEFT JOIN Special AS b
        ON a.dID=b.dID
ORDER BY dName DESC
```

执行上述代码，结果如图 4-42 所示。

【例 4.42】统计 Teacher 表中每位教师的开课数。

```
SELECT tName,COUNT(a.tID) AS CourseNum
FROM dbo.TeachCourse AS a RIGHT JOIN dbo.Teacher AS b
        ON a.tID=b.tID
GROUP BY tName
```

执行上述代码，结果如图 4-43 所示。

【例 4.43】查看教师开课情况，并查看课程被讲授情况，列出教师编号、教师姓名、课程代号和课程名称信息，结果按教师编号升序排列。

```
SELECT tCode,tName,coCode,coName
FROM dbo.Teacher AS a FULL JOIN dbo.TeachCourse AS b
        FULL JOIN dbo.Course c
        ON c.coID=b.coID
        ON a.tID=b.tID
ORDER BY tCode
```

这里使用完全外连接连接了 3 张表，不管左表的行是否匹配右表的行，均返回到结果集中，不符合条件的值为 NULL。执行上述代码，部分结果如图 4-44 所示。

结果 消息

	dName	spCode	spName
1	信息工程学院	610102	应用电子技术
2	信息工程学院	610101	电子信息工程技术
3	思政部	NULL	NULL
4	经济管理系	630302	会计
5	经济管理系	630505	经济信息管理
6	计算机工程学院	610210	数字媒体应用技术
7	计算机工程学院	610205	软件技术
8	计算机工程学院	610202	计算机网络技术
9	计算机工程学院	610201	计算机应用技术

图 4-42　左外连接使用示例

结果 消息

	tName	CourseNum
1	李竞	2
2	彭欢	2
3	吴昊	3

图 4-43　右外连接使用示例

结果 消息

	tCode	tName	coCode	coName
20	020011	李凤霞	NULL	NULL
21	020012	石磊	NULL	NULL
22	020021	戴仕平	NULL	NULL
23	030014	吴昊	03010011	数据库程序设计
24	030014	吴昊	01100002	软件工程
25	030014	吴昊	02100003	微型计算机原...
26	030023	彭欢	03010012	网页设计
27	030023	彭欢	03010024	Web应用程序设计

图 4-44　完全外连接使用示例

4.2.4　交叉连接

交叉连接是将左表中的每一行记录与右表中的所有记录进行连接，返回的记录行数是两个表的乘积。实际应用中，在一个规范化的数据库中使用交叉连接无太多应用价值，但却可以利用它为数据库生成测试数据，帮助理解连接查询的运算过程。

【例 4.44】列出学生所有可能的选课情况，包括学号、姓名、课程代码和课程名称。

```
SELECT sCode, sName, coCode, coName
FROM   dbo.Student CROSS JOIN dbo.Course
```

执行上述代码，结果如图 4-45 所示。

	sCode	sName	coCode	coName
1	201617110	刘立	03040012	透视
2	201617101	张林	03040012	透视
3	201617102	王巧	03040012	透视
4	201617103	张涛	03040012	透视
5	201617104	李禅	03040012	透视
6	201617105	赵兴	03040012	透视
7	201617106	李纨	03040012	透视
8	201617107	王深	03040012	透视

图 4-45 交叉连接使用示例

学习提示：交叉连接不能有条件，且不能带 WHERE 子句。

4.2.5 联合查询多表数据

联合查询是将两个或更多查询的结果合并为单个结果集，该结果集包含联合查询中的所有查询的全部行。语法格式如下。

```
<query_statement> UNION[ALL]<query_statement>
[UNION [ALL]<query_statemnet>][...n]
```

其中，UNION 为联合查询关键字；关键字 ALL 表示不去除合并查询的结果集的重复行； query_statement 为 SELECT 查询语句。

使用 UNION 联合多个查询结果集的基本规则如下。

- 各个查询结果集的列数和列的顺序必须相同。
- 数据类型必须兼容。
- 若第一个 SELECT 命令未指定 INTO 语句，联合查询的结果集将合并到第一个查询的表中。
- 除最后一个查询语句外，其他各查询语句不能包含 ORDER BY 子句。

【例 4.45】查询计算机工程学院和信息工程学院的所有专业信息，列出专业代码、专业名称和院系名称。

```
SELECT spCode, spName, dName
FROM Department AS a JOIN Special AS b
ON a.dID=b.dID
WHERE dName='计算机工程学院'
UNION
SELECT spCode, spName, dName
FROM Department AS a JOIN Special AS b
ON a.dID=b.dID
WHERE dName='信息工程学院'
```

执行上述代码，结果如图 4-46 所示。

	spCode	spName	dName
1	610101	电子信息工程技术	信息工程学院
2	610102	应用电子技术	信息工程学院
3	610201	计算机应用技术	计算机工程学院
4	610202	计算机网络技术	计算机工程学院
5	610205	软件技术	计算机工程学院
6	610207	动漫设计与制作	计算机工程学院
7	610210	数字媒体应用技术	计算机工程学院
8	610211	信息安全技术	计算机工程学院

图 4-46　联合查询使用示例

学习提示：JOIN 可以看作是将表进行水平组合，而 UNION 则是将表进行垂直组合。

【任务 3】嵌套查询多表数据

任务描述：嵌套查询是多表数据查询的另一种有效方法，当数据查询的条件依赖于其他查询的结果时，使用嵌套查询可以有效地解决这类问题。本任务介绍了嵌套查询用作派生表、用作表达式及用作相关数据的查询方式和技巧，介绍了使用 IN、比较运算符和 EXISTS 等谓词来实现复杂查询的方法，来解决实际应用中数据查询的问题。

4.3.1　嵌套查询简介

嵌套查询又称为子查询，它也是一个 SELECT 命令语句，嵌套在其他 SELECT 命令、INSERT 命令、UPDATE 命令和 DELETE 命令或另一子查询中。包含子查询的 SELECT 命令查询称为外层查询或父查询。

子查询可以把一个复杂的查询分解成一系列的逻辑步骤，通过使用单个查询命令来解决复杂的查询问题。当一个查询依赖于另一个查询的结果时，子查询会非常有用。

下面通过一个实例来说明嵌套查询的结构。

【例 4.46】查询计算机工程学院的教师姓名、性别和职称。

要完成该查询需要考虑 Department 表和 Teacher 表两张表的数据。

（1）在 Department 表中查出计算机工程学院的院系 ID。

```
SELECT dID
FROM Department
WHERE dName='计算机工程学院'
```

执行上述代码，可以查看到 DepartmentID 为 3。

（2）根据院系 ID 值，在 Teacher 表中筛选教师信息。

```
SELECT tName, tSex, tTitle
FROM Teacher
WHERE dID=3
```

（3）合并两个查询命令，将第（2）步中的数值 3 用第（1）步中的查询命令替换。

```
SELECT tName, tSex, tTitle
FROM Teacher
WHERE dID= ( SELECT dID
            FROM Department
            WHERE dName='计算机工程学院'
            )
```

以上分析可以看出，在嵌套查询中，子查询的查询结果作为外层查询的条件来筛选记录。

子查询的运用使得多表查询变得更为灵活，通常可以将子查询用作派生表、表达式及关联数据等方式。

学习提示：子查询是一个 SELECT 命令，需要用圆括号括起来；子查询还可以嵌套更深一级的子查询，至多可嵌套 32 层。

4.3.2　子查询用作派生表

由于 SELECT 命令查询的结果集是关系表，因此子查询的结果集可以替代 FROM 子句中的表，这种表称为派生表，在查询命令中可以使用别名来引用派生表。

【例 4.47】查询 Student 表中年龄在 19～21 的所有学生的姓名、性别和年龄。

```
SELECT *
FROM ( SELECT sName,sSex,
              YEAR(GETDATE())-YEAR(sBirth) as Age
       FROM dbo.Student) AS temp
WHERE Age BETWEEN 19 AND 21
```

执行上述代码，结果如图 4-47 所示。

结果　消息

	sName	sSex	Age
1	赵兴	男	20
2	王深	男	19
3	李飞	男	19
4	钱涛	男	19
5	艾尔	男	19
6	唐...	女	21
7	盛雪	女	19
8	肖芬	男	19

图 4-47　子查询用作派生表

学习提示： 列的别名不能用作 WHERE 子句后的条件，当需要使用别名作为筛选条件时，可以使用子查询作为派生表。

4.3.3　子查询用作表达式

在 T-SQL 中，所有能使用表达式的地方，均可以用子查询来替代，此时子查询的取值必须为标量或单列值列表。用作表达式的子查询通常与比较运算符、IN、EXISTS 等谓词联合使用。

1. 使用比较运算符的子查询

在嵌套查询中，当子查询的结果返回为标量时，通常用比较运算符来关联外层查询。使用比较运算符的子查询的格式如下。

```
expression { = | <> | != | >= | > | < | <= | !< } ( subquery )
```

这类查询的处理逻辑是将子查询（subquery）得到的单值结果，与 expression 进行比较，比较结果为 TRUE 的记录作为查询结果集。

【例 4.48】 查询与刘立同学同班的学生姓名、性别和出生日期。

```
SELECT sCode, sName, sBirth
FROM dbo.Student
WHERE cID=( SELECT cID
            FROM dbo.Student
            WHERE sName='刘立')
```

执行上述代码，结果如图 4-48 所示。

【例 4.49】 查询比刘立同学年龄大的学生姓名、性别和出生日期。

```
SELECT sCode, sName, sBirth
FROM dbo.Student
WHERE sBirth < (SELECT sBirth
               FROM dbo.Student
               WHERE sName='刘立')
```

执行上述代码，结果如图 4-49 所示。

	sCode	sName	sBirth
1	201617110	刘立	2000-01-11 00:00:00.000
2	201617101	张林	2000-05-12 00:00:00.000
3	201617102	王巧	2001-05-16 00:00:00.000
4	201617103	张涛	2000-03-15 00:00:00.000

图 4-48　例 4.48 执行结果

	sCode	sName	sBirth
1	201617105	赵兴	1998-12-14 00:00:00.000
2	201617107	王深	1999-12-14 00:00:00.000
3	201617108	李飞	1999-02-13 00:00:00.000
4	201617111	钱涛	1999-03-15 00:00:00.000
5	201617213	艾尔	1999-06-14 00:00:00.000
6	201617314	唐蒂芬	1997-05-15 00:00:00.000
7	201617412	盛雪	1999-06-18 00:00:00.000

图 4-49　例 4.49 执行结果

2. 使用 ALL、SOME 或 ANY 谓词的子查询

当子查询的返回结果不是单一值而是结果集时，可以将比较运算符与 ALL、SOME 或 ANY 谓词联合使用，语法格式如下。

```
expression { = | < > | ! = | > | > = | ! > | < | < = | ! < } {ALL|SOME|ANY}( subquery )
```

谓词 ALL|SOME|ANY 用来对比较运算符的运算范围进行修饰，其中 ALL 表示对外层查询与子查询的结果集中的所有值进行比较运算，当所有比较结果均为 TRUE 时返回 TRUE，否则返回 FALSE；而 SOME 或 ANY 则表示外层查询与子查询的结果集的某个值进行比较运算，只要结果集中有一个值比较的结果为 TRUE 则返回 TRUE，否则返回 FALSE。

【例 4.50】查询比所有基础课课程学分都高的课程代码、课程名称和课程学分。

```
SELECT coCode, coName, coCredit
FROM dbo.Course
WHERE coCredit >ALL (SELECT coCredit
                     FROM dbo.Course
                     WHERE coType = '基础课')
```

执行上述代码，结果如图 4-50 所示。

	coCode	coName	coCredit
1	03040024	3Dmax	10
2	03010024	Web应用程序设计	10
3	00000009	大学英语	9

图 4-50　ALL 谓词使用示例

3. 使用 IN 或 NOT IN 谓词的子查询

当子查询的结果返回为集合时，可以使用 IN 或 NOT INT 谓词关联外层查询。语法格式如下。

```
expression [NOT] IN ( subquery )
```

这类查询的处理逻辑是，当未使用 NOT 时，如果 expression 与子查询（subquery）得到的集合中的任一个值相等，返回 TRUE，否则返回 FALSE；使用 NOT 时，返回值刚好相反。

【例 4.51】查询课程考试不及格的学生学号、姓名和性别。

```
SELECT sCode, sName, sSex
FROM dbo.Student
WHERE sID IN (SELECT sID
              FROM dbo.StudentCourse
WHERE scTestGrade < 60 )
```

执行上述代码，结果如图 4-51 所示。

【例 4.52】查询网页设计课程考试的最高分、最低分和平均分。

```
SELECT MAX(scTestGrade)AS'最高分',
        MIN(scTestGrade)AS '最低分',
        AVG(scTestGrade)AS '平均分'
FROM dbo.StudentCourse
WHERE tcID IN (SELECT tcID
                FROM dbo.TeachCourse
                WHERE coID =
                        (SELECT coID
                         FROM dbo.Course
                         WHERE coName='网页设计') )
```

执行上述代码，结果如图 4-52 所示。

	sCode	sName	sSex
1	201617110	刘立	男
2	201617104	李禅	男
3	201617106	李纨	男
4	201617107	王深	男

图 4-51　IN 谓词使用示例

	最高分	最低分	平均分
1	88.0	46.0	69.888888

图 4-52　例 4.52 使用示例

学习提示：当子查询返回的结果集合为单值时，使用 IN 的地方可替换成=号。

4.3.4　使用子查询关联数据

使用子查询作为派生表或表达式时，将子查询执行的结果集用于外部查询的 FROM 或 WHERE 子句中进行计算，从而筛选符合条件的记录集作为查询结果集。而在包括相关子查询（也称为重复子查询）的查询中，子查询依靠外层查询获得结果集。查询处理器为外层查询的每一行计算子查询的值。每计算一行记录时，子查询都会将外部查询的关联列与子查询的关联列比较，并将子查询的结果集返回给外层查询。

使用相关子查询时，内层子查询被反复执行。外层查询有多少条记录，内层查询就被执行多少次。执行分为两个步骤。

（1）查询处理器为外层查询选择的每一行执行一次内部查询。

（2）查询处理器将比较内部子查询和外部子查询的结果。

学习提示：相关子查询是动态执行的子查询和外部查询行的一个非常有效的连接。

1. 计算相关子查询

【例 4.53】查询课程考试不及格的学生的姓名、课程名和考试成绩。

```
SELECT  学生姓名=(SELECT sName
                FROM dbo.Student
                WHERE sID=a.sID),
       课程名=(SELECT coName
             FROM dbo.Course
             WHERE coID in( SELECT coID
                            FROM dbo.TeachCourse
                            WHERE tcID =a.tcID
                          ) ),
       考试成绩=scTestGrade
FROM dbo.StudentCourse AS a
WHERE scTestGrade < 60
```

执行上述代码，结果如图 4-53 所示。

2. 模拟 JOIN 子句

相关子查询可以产生连接查询一样的结果集。因此连接查询可以代替相关子查询。

【例 4.54】统计每位学生的选修课程数目，列出学号、姓名和选课数。

```
SELECT sCode AS 学号, sName AS 姓名,
      (SELECT COUNT(*)
       FROM dbo.StudentCourse AS b
       WHERE a.sID=b.sID) AS 选课数
FROM dbo.Student AS a
```

执行上述代码，结果如图 4-54 所示。

图 4-53 相关子查询示例   图 4-54 模拟 JOIN 子句的子查询

使用下面的连接查询可以实现相同的效果。

```
SELECT sCode AS 学号, sName AS 姓名,
      COUNT(b.sID) AS 选课数
FROM dbo.Student AS a LEFT JOIN dbo.StudentCourse AS b
      ON a.sID=b.sID
GROUP BY sCode, sName
```

3. 使用 EXISTS 和 NOT EXISTS 谓词的子查询

使用 EXISTS 和 NOT EXISTS 谓词时，用于测试子查询的结果集是否为空，语法格式如下。

[NOT] EXISTS (subquery)

这类查询的处理逻辑中，当未使用 NOT 时，每读取外层查询的一行记录，判断子查询中结果集是否为空，若不为空则返回 TRUE，否则返回 FALSE。NOT EXISTS 的返回值与 EXISTS 刚好相反。

【例 4.55】查询还未开设任何课程的教师的教师编号、教师姓名和职称。

```
SELECT tCode, tName, tTitle
FROM dbo.Teacher AS a
WHERE NOT EXISTS (SELECT *
                  FROM dbo.TeachCourse
WHERE tID=a.tID )
```

执行上述代码，结果如图 4-55 所示。

【例 4.56】查询选修了网页设计课程的学生学号、姓名和联系电话。

```
SELECT sCode, sName, sPhone
FROM dbo.Student AS a
WHERE EXISTS
      (SELECT *
       FROM dbo.StudentCourse AS b
       WHERE sID = a.sID
         AND EXISTS
             (SELECT *
              FROM dbo.TeachCourse
              WHERE tcID = b.tcID
                AND coID = (SELECT coID
                            FROM Course
                            WHERE coName = '网页设计')
      )            )
```

执行上述代码，结果如图 4-56 所示。

	tCode	tName	tTitle
1	010030	朱志奇	副教授
2	010001	周峰	高级工程师
3	010045	王正	讲师
4	020021	戴仕平	讲师
5	020011	李凤霞	副教授
6	020009	梁涛	副教授
7	040028	邓槿	副教授
8	040089	李琳琳	教授

图 4-55　EXISTS 子查询示例

	sCode	sName	sPhone
1	201617110	刘立	13278900987
2	201617101	张林	13512630258
3	201617102	王巧	13612630658
4	201617103	张涛	15512630658
5	201617104	李禅	
6	201617105	赵兴	
7	201617106	李纨	
8	201617107	王深	15512630258

图 4-56　例 4.56 执行结果

学习提示：连接查询和子查询的区别有如下几点。

（1）连接查询可以合并两个或多个表中数据，而子查询的 SELECT 命令的结果只能来自一个表，子查询的结果是用来作为选择结果的数据时进行参照的。

（2）几乎所有在连接查询中使用 JOIN 运算符的查询都可以写成子查询，对于数据库程序员来说，把 SELECT 命令以连接格式进行编写，更容易阅读和理解，也可以帮助 SQL Server 找到一个更有效的策略来检索数据，且使用连接查询的效率要高于子查询。

（3）当需要即时计算聚合值并把该值用在外层查询中进行比较时，子查询比连接查询更容易实现。

【任务 4】修改系统数据

任务描述：根据数据用户需求的不断变化，应用程序除了有数据检索的需求外，还要求能向表中添加数据、修改数据和删除数据。由于数据表之间存在一定的联系，因此数据的插入、修改和删除要参照其他数据表或依据其他查询的结果。本任务详细介绍了使用 INSERT、UPDATE 和 DELETE 命令对数据进行插入、修改和删除的操作方式和技巧。

4.4.1　插入数据

使用 INSERT 命令可以向表中插入一行或多行记录，插入的行可以给出每列的值，也可以只给出部分列的值，还可以向表中插入其他表的数据。

INSERT 命令的语法格式如下。

```
INSERT [ INTO ] { table_name | view_name }
{
    [ ( column_list ) ]
    { VALUES ({ DEFAULT | NULL | expression } [ ,...n ] ),[,...n]
    | derived_table
    | execute_statement
    | DEFAULT VALUES
    }
}
```

语法说明如下。

● table_name | view_name：被操作数据的表名或视图名。

● (column_list)：需要插入数据的字段列名。必须用括号将 column_list 括起来，列与列之间用逗号分隔。如果某列不在 column_list 中，则数据库引擎必须能够基于该列的定义提供一个值，否则不能插入行。如果列满足下面的条件，则数据库引擎将自动为列提供值。

◆ 具有 IDENTITY 属性的标识列。使用下一个增量标识值。若要向标识列中插入显式值，INSERT 命令必须使用 column_list 和 VALUES 列表，且表的 SET IDENTITY_INSERT 选项必须为 ON。

◆ 有默认值。使用列的默认值。

◆ 具有 timestamp 数据类型。使用当前的时间戳值。

◆ 可为 NULL 值。使用 NULL 值。

◆ 是计算列。使用计算值。

● VALUES ({ DEFAULT | NULL | expression } [,...n])：要插入的数据值列表。对于 column_list（如果已指定）或表中的每个列，都必须有一个数据值。必须用圆括号将值列表括起来。若要插入多个值，VALUES 列表的顺序必须与表中各列的顺序相同，或与 column_list 指定的列一一对应。VALUES 子句中的值可有以下 3 种。

◆ DEFAULT：指定为该列定义的默认值。如果该列并不存在默认值，并且该列允许 NULL 值，则插入 NULL。

◆ NULL：指定该列为空值，可使用 NULL。

◆ expression：可以是常量、变量或表达式。表达式不能包含 EXECUTE 语句。

● derived_table：任何有效的 SELECT 语句，它返回将插入到表中的数据行。利用该参数，可以把一个表中的部分数据插入到另一个表中。使用该参数时，INSERT 语句将 derived_table 结果集加入指定表中，但结果集中每行数据的字段数、字段的数据类型要与被操作的表完全一致。

● execute_statement：任何有效的 EXECUTE 语句，它使用 SELECT 或 READTEXT 语句返回数据。

● DEFAULT VALUES：强制新行包含为每个列定义的默认值。

1. 使用 INSERT…VALUES 子句插入数据

【例 4.57】插入单条记录示例。李娇同学选修了李竞老师的广告设计课程，则需要向 StudentCourse 表中插入一行记录（李娇同学的学生信息 ID 为 37，李竞老师的广告设计课程的教师授课 ID 为 1）。

```
INSERT INTO dbo.StudentCourse
VALUES(1,37,0,0,NULL,0)
```

执行上述代码，结果如图 4-57 所示。

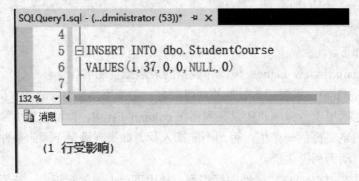

图 4-57 插入单条记录示例

使用 SELECT 命令查询 StudentCourse 表，可以发现表中已经增加一条 scID 为 19 的新记录。

```
SELECT *
FROM dbo.StudentCourse
```

执行上述代码，结果如图 4-58 所示。

	scID	tcID	sID	scRegGrade	scTestGrade	scJudge
13	13	5	18	90.0	85.0	NULL
14	14	5	19	75.0	55.0	NULL
15	15	5	20	80.0	70.0	NULL
16	16	5	21	85.0	80.0	NULL
17	17	12	22	70.0	40.0	NULL
18	18	12	23	90.0	85.0	NULL
19	19	1	37	0.0	0.0	NULL

图 4-58　使用 SELECT 查询新增加的记录

在 SQL Server 2016 中，支持一条 INSERT 命令插入多条记录的操作。

【例 4.58】插入多条记录示例。胡灵（学生 ID 为 38）、许力（学生 ID 为 39）和吴秋生（学生 ID 为 40）3 位同学选修了张安平老师的会计基础课程（授课 ID 为 9），则需向 StudentCourse 表中插入 3 行数据，对应的 INSERT 命令如下。

```
INSERT INTO dbo.StudentCourse
VALUES(9,38,0,0, NULL,0)
      ,(9,39,0,0, NULL,0)
      ,(9,40,0,0, NULL,0)
```

执行上述代码，结果如图 4-59 所示。

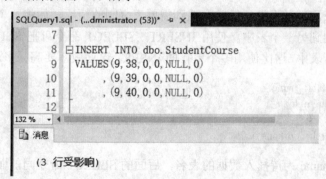

图 4-59　插入多条记录示例

查询 StudentCourse 表的所有记录，可以看到该表中增加了 3 行新纪录。

2．插入部分数据

如果列存在标识性、默认值或允许为空时，就可以在 INSERT 命令中忽略该列，SQL Server 将自动向该列插入值。

【例 4.59】插入部分数据示例。向 Department 表中增加新的院系，院系代码为 006，院系名称为"土木工程"。

由于 Department 表中 dID 为标识列，在插入数据时不需要显示提供值，而电话号码可以为 NULL，因此在将数据插入到 Department 表中时，只需提供院系代码和院系名称两列数据。

```
INSERT INTO dbo.Department(dCode,dName)
    VALUES('006', '土木工程')
GO
SELECT *
FROM dbo.Department
```

执行上述代码，结果如图 4-60 所示。

	dID	dCode	dName	dPhone
1	1	001	信息工程学院	073182782011
2	2	002	机械工程学院	073182782022
3	3	003	计算机工程学院	073182782033
4	4	004	经济管理系	073182782044
5	5	005	思政部	073182782055
6	6	006	土木工程	NULL

图 4-60　插入部分数据示例

3. 使用 INSERT…SELECT 命令插入其他表的数据

在实际开发或测试过程中，经常会遇到需要表复制的情况，如将一个表中满足条件的数据的部分列复制到另一个表中。使用 INSERT…SELECT 命令可把 SELECT 命令的查询结果集添加到现有表中，这比使用多个单行的 INSERT 语句效率要高得多。语法格式如下。

```
INSERT [INTO] table_name
    SELECT column_list
    FROM table_list
    WHERE search_coditions
```

其中，table_name 为待插入数据的表名，后面的 SELECT 命令同前面所述。

【例 4.60】　在数据库 StudentMIS 中，新建用户信息表（SUser），用来存放 Student 表中所有学生的登录信息，包含学生学号、姓名和密码（类型为 varchar(128)，初始值为 888888）。

```
USE StudentMIS
GO
--创建新数据表 SUser
CREATE TABLE SUser
```

```
(
        uid int primary key identity(1,1),
        ucode char(20) NOT NULL,
        uname varchar(30) NOT NULL,
        upwd varchar(128) NOT NULL
)
GO
--将查询的结果插入 SUser 表中
INSERT INTO SUser
SELECT sCode,sName,'888888' AS uwd          --常量作为结果集的值
FROM dbo.Student
GO
--查询 SUser 的信息
SELECT *
FROM SUser
```

执行上述代码，结果如图 4-61 所示。

	uid	ucode	uname	upwd
1	1	201617110	刘立	888888
2	2	201617101	张林	888888
3	3	201617102	王巧	888888
4	4	201617103	张涛	888888
5	5	201617104	李禅	888888
6	6	201617105	赵兴	888888
7	7	201617106	李纨	888888
8	8	201617107	王深	888888
9	9	201617108	李飞	888888

图 4-61   使用 INSERT…SELECT 插入数据

学习提示：在执行 INSERT…SELECT 命令时，必须保证接受新值的表中列的数据类型与源表中相应列的数据类型一致；必须确定接受新值的表中列是否存在默认值或所有被忽略的列是否允许为空，如果不允许为空，就必须为这些列提供值。

4.4.2 修改数据

UPDATE 命令用于更新数据表中的数据，利用 UPDATE 命令可以修改表中一行或多行的数值。既可以根据自己表的数据进行修改，也可以根据其他表的数据进行修改。

其语法格式如下。

```
UPDATE
    [ TOP ( expression ) [ PERCENT ] ]
    { table_name | view_name }
```

```
    SET
    { column_name = { expression | DEFAULT | NULL }
     | @variable = expression
     | @variable = column = expression
    } [ ,...n ]
    [ FROM{ <table_source> } [ ,...n ] ]
[ WHERE { <search_condition> }]
```

语法说明如下。

- TOP (expression) [PERCENT]：指定将要修改的行数或行百分比。expression 可以为行数或行百分比，用法同 SELECT 命令中的 TOP 关键字。

- { table_name | view_name }：要修改行的表或视图的名称。

- SET：指定要修改的列或变量名称的列表。

- column_name：包含要更改的数据的列。column_name 必须已存在于 table_name 或 view_name 中，不能修改标识列。

- expression：返回单个值的变量、文字值、表达式或嵌套 SELECT 语句（加括号）。expression 返回的值替换 column_name 或 @variable 中的现有值。

- DEFAULT：指定用为列定义的默认值替换列中的现有值。如果该列没有默认值并且定义为允许 NULL 值，则该参数也可用于将列更改为 NULL。

- @ variable：已声明的变量，该变量将设置为 expression 所返回的值。

- FROM <table_source>：指定将表、视图或派生表源用于为修改操作提供条件。

- WHERE { <search_condition> }：指明只对满足该条件的行进行修改。

1. 简单的数据修改

使用 UPDATE 语句每次只能修改一个表中的数据。若 UPDATE 语句中未使用 WHERE 子句限定范围，UPDATE 语句将更新表中的所有行。

【例 4.61】将 Student 表中李禅同学的联系电话改为 15874584299。

```
UPDATE dbo.Student
    SET sPhone='15874584299'
    WHERE sName = '李禅'
GO
SELECT sName,sPhone
FROM dbo.Student
WHERE sName = '李禅'
```

执行上述代码，结果如图 4-62 所示。

	sName	sPhone
1	李禅	15874584299

图 4-62　修改数据示例

【例 4.62】将考试成绩不及格的在原分数基础上加 5 分。

```
UPDATE dbo.StudentCourse
    SET scTestGrade += 5
    WHERE scTestGrade < 60
```

2. 根据其他表的数据进行修改

可以使用带有 FROM 子句的 UPDATE 语句来修改表，数据的修改依赖于其他表的条件。

【例 4.63】修改 Teacher 表中教师备注列（tRemark），将所有职称为"讲师"的教师备注设置为"周课时平均超过 8 课时"。

```
UPDATE dbo.Teacher
    SET tRemark = '周课时平均超过 8 课时'
    FROM dbo.Teacher
    WHERE tTitle = '讲师'
```

执行上述代码，结果如图 4-63 所示。

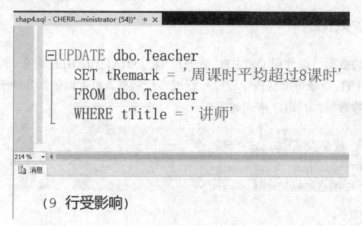

图 4-63　根据其他表更改数据

3. 带子查询的数据修改

数据修改时，可以在 WHERE 子句中嵌套子查询，修改满足条件的相关记录。

【例 4.64】将网页设计课程考试成绩不及格的在原分数基础上加 5 分。

```
UPDATE dbo.StudentCourse
    SET scTestGrade += 5
    WHERE scTestGrade < 60
        AND tcID IN
                (SELECT tcID
                 FROM TeachCourse
                 WHERE coID=
                        (SELECT coID
```

```
                                FROM dbo.Course
                                WHERE coName='网页设计'))
```

执行上述代码，结果如图 4-64 所示。

```
chap4.sql - CHERR...ministrator (54))*  ⇒ ×
    ⊟UPDATE dbo.StudentCourse
        SET scTestGrade += 5
        WHERE scTestGrade < 60
            AND tcID IN
                    (SELECT tcID
                     FROM TeachCourse
                     WHERE coID=
                            (SELECT coID
                             FROM dbo.Course
                             WHERE coName='网页设计'))
214 %  ◄
📄 消息

(2 行受影响)
```

图 4-64　带子查询的数据修改

4.4.3　删除数据

删除表中的数据可以使用 DELETE 命令和 TRUNCATE TABLE 命令来实现。

使用 DELETE 命令可以从表中删除一行或多行数据，也可以依据其他表的数据或子查询的结果集删除数据。其语法格式如下。

```
DELETE
    [ TOP ( expression ) [ PERCENT ] ]
    [ FROM ] { table_name | view_name }
[ WHERE { <search_condition> } ]
```

语法说明如下。

● TOP (expression) [PERCENT]：指定将要删除的任意行数或任意行的百分比。
expression 可以为行数或行的百分比。

● FROM：可选关键字，可在 DELETE 关键字与目标 table_name | view_name 之间。

1. 使用 DELETE 简单地删除行

使用 DELETE 命令可以删除指定条件的记录，当不带 WHERE 条件时，表示删除表中所有的记录。

【例 4.65】删除"土木工程"的院系信息。

```
DELETE FROM dbo.Department
    WHERE dName = '土木工程'
```

执行上述代码，结果如图 4-65 所示。

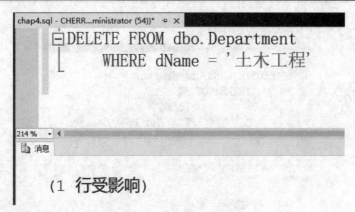

图 4-65 使用 DELETE 删除行

2. 删除基于其他表的行

使用连接查询或子查询的 DELETE 语句可以把基于其他表数据的行删除，这比编写多个单行的 DELETE 语句效率要高得多。

【例 4.66】删除 StudentCourse 表中刘立同学的选课信息。

```
DELETE FROM dbo.StudentCourse
    FROM dbo.StudentCourse AS a
        JOIN dbo.Student AS b
        ON a.sID=b.sID
    WHERE sName='刘立'
```

执行上述代码，结果如图 4-66 所示。

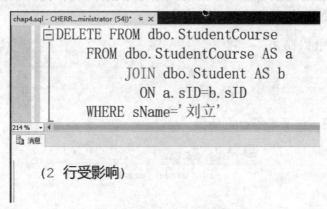

图 4-66 删除基于其他表的行

【例 4.67】删除 Teacher 表中未开设课程的教师信息。

```
DELETE FROM dbo.Teacher
    WHERE NOT EXISTS
        (SELECT *
        FROM dbo.TeachCourse
        WHERE tID=Teacher.tID)
```

执行上述代码，结果如图 4-67 所示。

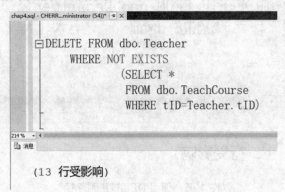

图 4-67　删除带子查询的行

学习提示：删除表中数据行时，先要查询该行是否被从表中的数据行所引用，若存在这种引用，则必须先删除从表中相应数据行后，才能将该行数据删除。

3. 使用 TRUNCATE TABLE 命令删除表数据

使用 TRUNCATE TABLE 命令可以无条件删除表中的所有行。TRUNCATE TABLE 与没有 WHERE 子句的 DELETE 语句类似，但 TRUNCATE TABLE 速度更快，使用的系统资源和事务日志资源更少。其基本语法格式如下。

```
TRUNCATE TABLE table_name
```

其中，table_name 指示要删除其全部数据的表名。

【例 4.68】删除 SUser 表中的所有数据。

```
TRUNCATE TABLE dbo. SUser
GO
SELECT *
FROM dbo.SUser
```

执行上述代码，结果如图 4-68 所示。

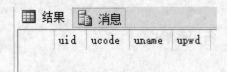

图 4-68　使用 TRUNCATE TABLE 删除表数据

由于使用 TRUNCATE TABLE 命令将删除表中的所有数据且无法恢复，因此使用时必须十分小心。TRUNCATE TABLE 命令删除数据时所用的事务日志空间较少。DELETE 命令每次删除一行，并在事务日志中为所删除的每行记录一个项。

学习提示：TRUNCATE TABLE 命令删除表中的所有行，但表结构及其列、约束、索引等保持不变。若要删除表定义及其数据，应使用 DROP TABLE 命令。

4.4.4　合并数据

SQL Server 2016 中使用 MERGE 关键字合并两个表的数据，MERGE 在一条命令中将数据源和目标表连接起来，根据连接结果，对目标表执行 INSERT、UPDATE 和 DELETE 等多个操作，可以实现两个表的同步。

MERGE 完成的操作主要包括主键匹配更新操作、目标不存在插入操作和源不存在删除操作 3 个操作，在一个 MERGE 命令中至少包括其中一个操作。简要语法格式如下。

```
MERGE
    [ TOP ( expression ) [ PERCENT ] ]
    [ INTO ] target_table [ [ AS ] table_alias ]
    USING <table_source>
    ON <merge_search_condition>
    [ WHEN MATCHED [ AND <clause_search_condition> ] THEN <merge_matched> ]
    [ WHEN NOT MATCHED [ BY TARGET ] [ AND <clause_search_condition> ]
            THEN <merge_not_matched> ]
    [ WHEN NOT MATCHED BY SOURCE [ AND <clause_search_condition> ]
            THEN <merge_matched> ]
    [ <output_clause> ]
```

语法说明如下。

- target_table：指定目标表的表名。
- table_source：指定进行合并的源表名。
- ON <merge_search_condition>：用于指定目标表和源表的连接条件。
- WHEN MATCHED THEN：表示满足 ON <merge_search_condition>条件时所执行的操作。
- AND <clause_search_condition>：指定任何有效的搜索条件。
- WHEN NOT MATCHED [BY TARGET] THEN：通过合并比对，在目标表中没有找到源表中匹配数据时执行的操作。BY TARGET 为默认项，可以省略。
- WHEN NOT MATCHED BY SOURCE THEN：表示在源表中没有找到目标表中的匹配数据时执行的操作。
- output_clause：返回对目标表执行 INSERT、UPDATE、DELETE 操作的数据。在输出结果中有一个特殊列$action，该列的值为 INSERT、UPDATE 或 DELETE，用来表示当前行执行的操作。

【例 4.69】在学生选课系统中，分别创建两张表 CourseDemo1 和 CourseDemo2，并分别向两张表中插入记录。

```
--创建表
CREATE TABLE CourseDemo1
(CInfoID int,DemoName varchar(20))
GO
CREATE TABLE CourseDemo2
(CInfoID int,DemoName varchar(20))
```

```
GO
--插入数据
INSERT INTO CourseDemo1
VALUES(1,'SQL Server 2008'),(2,'ASP.NET'),(3,'数据结构'),(4,'软件工程')
INSERT INTO CourseDemo2
VALUES(1,'SqlServer'),(2,'ASP.NET'),(5,'JSP 技术')
--查看数据
SELECT * FROM CourseDemo1
SELECT * FROM CourseDemo2
```

执行上述代码，结果如图 4-69 所示。

【例 4.70】合并数据示例。使用 MERGE 将 CourseDemo1（源表）中的数据同步到 CourseDemo2（目标表）中，也就是将源表中有但目标表中没有的数据插入目标表中，已有数据进行更新，删除源表中不存在但目标表中存在的数据。

```
MERGE CourseDemo2 AS t                          --要更新的目标表
    USING CourseDemo1 AS s                       --源表
    ON t.CInfoID=s.CInfoID                        --更新条件（即主键）
WHEN MATCHED                                      --如果主键匹配，更新
THEN UPDATE SET t.DemoName=s.DemoName
--在目标表中没有找到源表中匹配数据时执行的插入操作
WHEN NOT MATCHED
THEN INSERT VALUES(CInfoID,DemoName)
--在源表中没有找到目标表中匹配数据时执行的删除操作
WHEN NOT MATCHED BY SOURCE
THEN DELETE
OUTPUT $action ,inserted.DemoName AS newName,deleted.DemoName AS oldName;
```

这里 inserted 和 deleted 是程序运行过程中的两个临时表，分别用来存放更新前后的记录。执行上述代码，结果如图 4-70 所示。

	CInfoID	DemoName
1	1	SQL Server 2008
2	2	ASP.NET
3	3	数据结构
4	4	软件工程

	CInfoID	DemoName
1	1	SqlServer
2	2	ASP.NET
3	5	JSP技术

图 4-69　例 4.69 执行结果

	$action	newName	oldName
1	INSERT	数据结构	NULL
2	INSERT	软件工程	NULL
3	UPDATE	SQL Server 2008	SqlServer
4	UPDATE	ASP.NET	ASP.NET
5	DELETE	NULL	JSP技术

图 4-70　使用 MERGE 同步两张表的数据

从图 4-70 可以看出，MERGE 合并操作时共执行了 2 个插入操作、2 个更新操作和 1

个删除操作，其中将表 CourseDemo1 中存在但表 CourseDemo2 中不存在的两条记录插入了表 CourseDemo2 中；将两张表中都存在的记录用表 CourseDemo1 的值对表 CourseDemo2 进行了更新；删除了表 CourseDemo1 不存在但表 CourseDemo2 中存在的记录"JSP 技术"。这时分别查看 CourseDemo1 和 CourseDemo2 的数据，两张表的数据内容完全相同。

学习提示：由于 MERGE 操作很好地简化了数据更新的过程，现已被广泛地使用。

4.4.5　事务

事务是作为单个逻辑工作单元执行的一系列操作。一个逻辑工作单元必须具备原子性、一致性、隔离性和持久性 4 个属性，只有这样才能构成一个事务。

（1）原子性：事务必须是原子工作单元；事务中修改数据时，要么全都执行，要么全都不执行。

（2）一致性：事务在完成时，必须使所有的数据都保持一致状态。在相关数据库中，所有规则都必须应用于事务的修改，以保持所有数据的完整性。事务结束时，所有的内部数据结构都必须是正确的。

（3）隔离性：由并发事务所做的修改必须与任何其他并发事务所做的修改隔离。

（4）持久性：事务完成之后，它对于系统的影响是永久性的，该修改即使出现系统故障也将一直保持。

数据库程序员要负责启动和结束事务，同时强制保持数据的逻辑一致性。数据库程序员还必须定义数据修改的顺序，使数据相对于其组织的业务规则保持一致。

1. 启动事务

在 Microsoft SQL Server 中，可以使用以下模式之一来启动事务。
- 显式事务：这种事务要以 BEGIN TRANSACTION 命令为事务的开始标志。
- 自动提交事务：这是 SQL Server 的默认设置。每一个 T-SQL 命令在执行完成后会被自动提交。
- 隐式事务：在这种模式下，SQL Server 会在当前事务被提交或回滚后自动启动一个新的事务，这个新事务直到用户执行 COMMIT 或 ROLLBACK 语句为止，这时系统又会启动一个新事务。

2. 结束事务

事务可以通过使用 COMMIT 和 ROLLBACK 语句来结束。

（1）COMMIT 表示提交，即提交事务的所有操作，表示从事务开始以来所执行的所有数据修改成数据库的永久部分，释放事务所占用的资源，事务正常结束。其语法格式如下。

```
COMMIT [ TRAN [ SACTION ] ]
```

（2）ROLLBACK 表示回滚，即用来取消事务，表示清除自事务的起点或到某个保存点所做的所有数据修改，回滚到事务开始的状态。它也释放事务所占用的资源。其语法格式如下。

```
ROLLBACK [ TRAN [ SACTION ] ]
```

【例 4.71】软件 1701 班来了一名新同学，其个人信息为（学号：03011020；姓名：李江勤；性别：男；身份证号：234212200012132332；出生年月：2000-12-13；民族：汉；联系电话：18823231142；Email：ljq@163.com；入学年份为 2017），当新同学的信息成功插入 Student 表中后，修改 Class 表中软件 1701 班的班级人数在原人数基础上加 1。

```
BEGIN TRAN
    DECLARE @classID int
    --获得软件 1701 班的班级 ID
    SET @classID =(SELECT cID
                        FROM dbo.Class
                        WHERE cName='软件 1701')
    --向 Student 表中插入记录
    INSERT INTO dbo.Student
    VALUES(@classID,'03011020','李江勤','男','234212200012132332',
            '2000-12-13','汉','18823231142','ljq@163.com',2017)
        --判断插入是否成功
    IF(@@ROWCOUNT>0)
    BEGIN
        --更新数据
        UPDATE dbo.Class
            SET cNumber += 1
            WHERE cID=@classID
            --判断更新是否成功
        IF(@@ROWCOUNT>0)
            COMMIT TRAN                          --提交事务
        ELSE
          BEGIN
            --提示错误信息，并回滚事务
            RAISERROR('Error,transaction not completed!',16,-1)
            ROLLBACK TRAN
          END
    END
ELSE
    ROLLBACK TRAN
```

上述代码将数据插入和更新等多个操作封装成一个事务，使得这些操作要么都执行，要么都不执行，以保证表间数据的一致性。

思 考 题

1. 简述多表查询的连接方式，它们有什么区别？

2. 简述 DROP、DELETE 与 TRUNCATE 三者的异同。

3. 什么是事务？使用事务的意义何在？

项 目 实 训

实训任务：

操作学生选课系统中的数据。

实训目的：

1. 会查询单表数据。

2. 会对数据进行排序及分类统计。

3. 会使用连接查询查询多表数据。

4. 会使用嵌套查询查询多表数据。

5. 会对数据表进行插入、修改和删除操作。

6. 理解事务在数据操作中的作用。

实训内容：

1. 简单查询

● 查询院系信息表的所有信息。

● 查询教师信息表中教师的姓名、专业和职称。

● 查询所有教师从事的专业领域。

● 查询课程信息表中课程名称、理论学时、实践学时和总学时。

● 查询表中所有苗族学生的姓名、性别和联系电话。

● 查询总学时为 64～90 的课程名称、课程简介和总学时。

● 查询表中所有研究生学历的女教师的姓名、专业和职称。

● 查询表中学位在硕士之上的所有教师的姓名、性别、职称和所学专业。

2. 排序和分组统计

● 查询全校女教师的姓名、专业和职称，并将查询结果按教师职称降序排列。

● 查询实践学时大于 40 的课程名称、总学时和课程学分，按照课程学分升序排列。

● 查询课程类别为专业课的课程总学时、最高总学时和最低总学时。

● 查询学生信息表中第 10～20 条的数据内容。

● 统计课程的总数。

● 统计选修了课程的学生总人数。

● 统计各学历的教师数。

- 统计每个班的学生人数，列出班级名称和学生人数。
- 统计各职称的不同学历的教师人数、总人数及教师总人数。
- 统计各职称的不同学历的教师人数、总人数及各学历的总人数、教师总人数。
- 查找教师人数超过 5 人的职称类别。
- 查询选修课程超过 4 门的学生 ID。

3. 连接查询

- 查询与张林同班同学的信息。
- 查询比计算机工程系教师人数还多的院系信息。
- 查询课程考试不及格的学生的姓名、课程名和总评成绩（按平时成绩的 60%+考试成绩的 40%计算）。
- 查询朱志奇老师所授网页设计课程的最高分、最低分和平均分。
- 查询网页设计课程不及格的学生姓名、性别和联系电话。
- 查询未被选修的课程的编号和名称。
- 统计刘立同学选修了多少学分的课程。
- 统计计算机工程系专职教师共开设的课程门数。

4. 子查询

- 查询所有已获副教授职称的教师姓名、性别、学历和专业。
- 查询开设了广告设计课程的教师信息。
- 查询同一类课程中总学时最高的课程名、总学时和课程学分。
- 查询每位学生的选修课程数目。
- 查询选修了广告设计课程的学生学号、姓名和联系电话。
- 查询没有开设任何课程的专业教师的姓名及所属院系。
- 查询总评成绩不及格的学生的学号、姓名及课程名。
- 查询朱志奇老师所授网页设计课程的最高分、最低分和平均分。
- 查询广告设计课程总评不及格的学生学号、姓名和联系电话。
- 统计刘立同学选修了多少学分的课程。

5. 数据修改操作

- 计算机工程学院新进了一名专职教师，教师编号：030056 ；姓名：高学诚；性别：男 ；学历：研究生；学位：硕士；专业：网络技术；职称：讲师；备注：空。
- 该教师向教务处申请开设一门新的基础课，课程编号：03020015；课程名称：计算机网络基础；课程简介：本课程的主要内容包括计算机网络的组成和原理、体系结构与协议、物理层、数据链路层、局域网、广域网、网络互连、运输层、网络应用等；理论课时：48；实践课时：24；学分：3；备注：计算机相关专业必修课程。

- 查询软件技术、网络技术、计算机应用技术和信息安全 4 个专业的学生信息。
- 要求上述 4 个专业的学生均选修网络基础课程，初始成绩均为 0，课程标识为空，课程评价为空。
- 经过课程学习，上述 4 个专业的学生均已经学习完成网络基础课程。高学诚老师为所有选修了计算机网络基础课程的同学进行了成绩评定，包括平时成绩和考试成绩[/*均采用百分制，为了完成本题作业，这里平时成绩和考试成绩均随机产生（集合中使每个值产生 0～100 的随机公式为 ABS(CHECKSUM(NEWID())%100+1)），同学们可以在帮助中查询 NEWID()函数和 CHECKSUM()函数的使用*/]。
- 统计高学诚老师开设的计算机网络基础课程的总评平均分、总评最高分和总评最低分。
- 查询高学诚老师开设的计算机网络基础课程不及格的学生姓名、性别和联系电话。
- 查询高学诚老师开设的计算机网络基础课程分数最高的学生姓名、性别和联系电话。
- 删除软件 1601 班三门及以上课程不及格的学生信息，并更新该班级表中的班级人数。

项目 5　数据查询优化

在实际应用系统中，随着处理的业务逻辑和数据量的增大，数据查询的难度也越来越大。SQL Server 2016 中提供了索引和视图对象，使用它们可以有效地提高数据查询的效率。

索引是 SQL 数据库中实现数据快速定位和加快访问速度的一种技术，它通过存储排序的索引关键字与表中记录的物理空间形成对应关系，实现表中记录的逻辑排序。对于拥有复杂结构与大量数据的表而言，索引就是表的目录。

视图是由一个或多个数据表导出的虚表，它能够简化用户对数据的理解，简化复杂的查询过程，对数据提供安全保护，在视图上建立索引则可以大大地提高数据检索的性能。

本项目主要介绍如何使用 SSMS 和 T-SQL 命令来创建索引或视图，以简化用户数据检索的操作，提高数据查询的效率。

【任务 1】创建索引

任务描述：索引是数据库中的重要对象，是数据库中实现数据快速定位和提高数据访问速度的关键技术，它是数据表的目录组织，就像查阅书的目录一样，用户可以快速定位到所需的数据内容。本任务在介绍索引基本概念的基础上，着重讲解使用 SSMS 和 T-SQL 命令创建、修改、查看和删除索引的操作方法。

5.1.1　索引的定义与分类

1. 索引的定义

索引是一种可以加快数据检索速度的数据结构，主要用于提高数据库的查询性能。索引如同书的目录，若想在一本书中查找某个内容，一般会先查看书的目录，再根据页码快速找到相关内容。

在数据库中，索引是表中的值及各值存储位置的列表，当进行数据查询时，可以先访问索引列表，再根据索引信息在数据表中查找相关记录，以避免扫描整个数据表。

2. 数据表的存储结构

SQL Server 中数据库中，当表没有建立索引时，表数据存放在堆（Heap）上。堆由若干数据页组成，每个数据页占 8KB 的空间，每 8 个数据页称为一个扩展区。当一个新表创建时，系统将在磁盘中分配一个数据页，并从第 0 页开始编号，每个文件的第 0 页记录为引导信息，称为文件头。

SQL Server 规定行不能跨数据页，因此每行记录的最大数据量为 8KB，这就是 char 和 varchar 数据类型最大存储空间为 8000 的原因，当需要存储超过 8000 的字符串数据时就要考虑使用 varchar(max)或 char(max)类型，varchar(max)或 char(max)类型只存储一个指针，用于指向若干 8K 的文本数据页所组成的扩展区。

3. 索引的分类

在 SQL Server 2016 系统中，索引的类型有聚集索引、非聚集索引、唯一索引、索引视图、全文索引和列存储索引等。在这些索引类型中，聚集索引和非聚集索引是数据库引擎中索引的基本类型。

1）聚集索引

在 SQL Server 中，索引是基于 B-tree 结构构建起来的，包含索引页和数据页。其中，索引页是 B-tree 的内节点，包含指向下一层的指针；数据页是 B-tree 的叶子节点，包含数据记录。

聚集索引的主要特点是索引顺序与数据表中记录的物理顺序相同，B-tree 的叶子节点包含了数据页面（实际数据，而不是指向数据的指针），而且每一个表只允许拥有一个聚集索引。实际上，聚集索引与数据是"一体"的，其存在是以表中的记录顺序体现。

当对一个表定义主键时，聚集索引将自动、隐式地被创建。聚集索引一般是在字段值唯一的字段上创建，特别是在主键列上创建。

2）非聚集索引

非聚集索引也是基于 B-tree 来构造的，但它与聚集索引不同，是完全独立于数据行的结构。非聚集索引 B-tree 的叶子节点不存放数据页的信息，而存放非聚集索引的键值，并且每个键值项都有指针指向包含该键值的数据行。

有没有非聚集索引，搜索时都不会影响数据页的组织，因此每个表可以有多个非聚集索引，而不像聚集索引那样只能有一个。

3）唯一索引

唯一索引是确保索引列中的所有数据唯一且不包含重复的索引值。

4）全文索引

全文索引是 SQL Server 用于实现对非结构化数据查询的一种索引。它与 B-tree 结构不同，是由文本数据的索引标记组成的压缩索引结构，其中的索引标记是 SQL Server 在过程中标识的词或字符串。

5）列存储索引

列存储索引是 SQL Server 2012 之后的特性。它按照列进行组织数据的索引，每个数据块只存储一个列的数据。列存储索引适合于主要执行大容量加载和只读查询的数据仓库工作负荷。与传统面向行的存储方式相比，使用列存储索引存档可提高 10 倍以上查询性能，与使用非压缩数据大小相比，可提供多达 7 倍数据压缩率。

学习提示： 索引的建立可以有效提高数据的检索速度，但不建议为表中的每一列都建立索引，因为索引也需要占用磁盘空间，当向包含索引的数据表中添加和修改记录时，SQL Server 会修改和维护相应的索引，增加系统的额外开销。

5.1.2　使用 T-SQL 命令和 SSMS 创建索引

在 SQL Server 2016 数据库系统中，可以通过两种方法来创建索引：使用 T-SQL 命令语句和使用 SSMS 工具。

1. 使用 T-SQL 命令创建索引

使用 CREATE INDEX 语句可以在关系表上创建索引，其基本的语法格式如下。

```
CREATE [ UNIQUE ] [ CLUSTERED | NONCLUSTERED | COLUMNSTORE] INDEX index_name
    ON table_or_view_name ( column [ ASC | DESC ] [ ,...n ] )
        [ INCLUDE ( column_name [ ,...n ] ) ]
    [ WITH
    (PAD_INDEX = { ON | OFF }
      | FILLFACTOR = fillfactor
      | SORT_IN_TEMPDB = { ON | OFF }
      | IGNORE_DUP_KEY = { ON | OFF }
      | STATISTICS_NORECOMPUTE = { ON | OFF }
      | DROP_EXISTING = { ON | OFF }
      | DATA_COMPRESSION = { NONE | ROW | PAGE}
) ]
```

语法说明如下。

- UNIQUE：创建唯一索引。唯一索引不允许两行具有相同的索引键值。
- CLUSTERED：创建聚集索引。
- NONCLUSTERED：默认的索引类型，用于创建非聚集索引。
- COLUMNSTORE：创建列存储索引。
- index_name：索引的名称。
- table_or_view_name：表名或视图名。
- column：索引所基于的一列或多列。
- [ASC | DESC]：确定特定索引列的升序或降序排序方向。默认值为 ASC。
- INCLUDE (column [,...n])：指定要添加到非聚集索引的叶级别的非键列。非聚集索引可以唯一，也可以不唯一。
- PAD_INDEX = { ON | OFF }：指定索引填充，默认值为 OFF。
- FILLFACTOR = fillfactor：指定一个百分比，表示在索引创建或重新生成过程中数据库引擎应使每个索引页的叶级别达到的填充程度。fillfactor 必须为介于 0～100 的整数值，默认值为 0。fillfactor 设置为 0 或 100 时，叶级页几乎完全填满，仅保留一个其他索引行的空间。
- SORT_IN_TEMPDB = { ON | OFF }：指定是否在 tempdb 中存储临时排序结果，默

认值为 OFF。

- IGNORE_DUP_KEY = { ON | OFF }：指定对唯一聚集索引或唯一非聚集索引执行多行插入操作时出现重复键值的错误响应，默认值为 OFF。ON 表示发出一条警告信息，但只有违反了唯一索引的行才会失败。OFF 表示发出错误消息，并回滚整个 INSERT 事件。
- STATISTICS_NORECOMPUTE = { ON | OFF }：指定是否重新计算分发统计信息，默认值为 OFF。
- DROP_EXISTING = { ON | OFF }：指定应删除并重新生成已命名的先前存在的聚集或非聚集索引，默认值为 OFF。
- DATA_COMPRESSION：为指定的索引、分区号或分区范围指定数据压缩选项。选项如下所示。
  - ◆ NONE：不压缩索引或指定的分区。
  - ◆ ROW：使用行压缩来压缩索引或指定的分区。
  - ◆ PAGE：使用页压缩来压缩索引或指定的分区。

【例 5.1】在 Special 表中专业 ID（spID）列上创建聚集索引。

当表中未创建聚集索引时，表中的数据以插入时的先后顺序进行存储，即以数据插入的先后顺序为表中记录的物理顺序，如图 5-1 所示。若要使表 Special 中记录的物理顺序按照 spID 字段降序存储，就需要在该列之上建立聚集索引。

```
IF EXISTS (SELECT name FROM sys.indexes WHERE name='PK_Special')
    DROP INDEX PK_Special ON Special             --删除已存在的同名索引
CREATE CLUSTERED INDEX PK_Special
    ON Special (spID DESC)
GO
```

其中，sys.indexes 是用于查看索引的目录视图。

执行上述代码，并通过查询语句查看 Special 表的数据顺序，结果如图 5-2 所示，该表确实是按 spID 字段降序为表 Special 记录的物理顺序。

```
SELECT * FROM Special
```

	spID	dID	spCode	spName
1	1	3	610210	数字媒体应用技术
2	2	2	560302	电气自动化技术
3	3	3	610205	软件技术
4	4	3	610202	计算机网络技术
5	5	3	610201	计算机应用技术
6	6	3	610207	动漫设计与制作
7	7	3	610211	信息安全技术
8	8	1	610102	应用电子技术
9	9	1	610101	电子信息工程技术

	spID	dID	spCode	spName
1	13	4	630505	经济信息管理
2	12	4	630302	会计
3	11	2	560701	汽车运用技术
4	10	2	560101	机械设计与制造
5	9	1	610101	电子信息工程技术
6	8	1	610102	应用电子技术
7	7	3	610211	信息安全技术
8	6	3	610207	动漫设计与制作
9	5	3	610201	计算机应用技术

图 5-1　创建聚集索引前的 Special 表的部分列　　　图 5-2　创建聚集索引后的 Special 表的部分列

2. 使用 SSMS 创建索引

【例 5.2】使用 SSMS，为 Student 表的学生学号（sCode）创建非聚集索引，索引名为 IX_Student_sCode。

操作步骤如下。

（1）启动 SSMS 2016 工具，在"对象资源管理器"中依次展开"数据库"→StudentMIS →Student→"索引"子节点，查看表 Student 已创建的所有索引。

（2）右击"索引"节点，在弹出的菜单中选择"新建索引"→"非聚集索引"命令，如图 5-3 所示，打开"新建索引"窗口，在"索引名称"文本框中输入 IX_Student_sCode，如图 5-4 所示。

图 5-3　选择创建非聚焦索引选项

图 5-4　"新建索引"窗口

（3）在"索引类型"下拉列表框中选择"非聚集"选项（默认选项），表示要创建非聚集索引。

（4）若要创建唯一索引，在该对话框中可以选中"唯一"复选框。

（5）单击"添加"按钮，并在打开的"从'dbo.Student'中选择列"窗口中选择 sCode 字段，表示基于 sCode 字段创建索引，如图 5-5 所示。

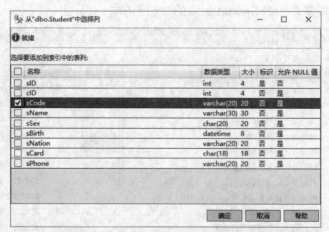

图 5-5　"从'dbo.Student'中选择列"窗口

（6）在图 5-5 中，单击"确定"按钮，回到"新建索引"窗口，可以看到在索引列的列表中新增了一行名称为 sCode 的索引键列，如图 5-6 所示。

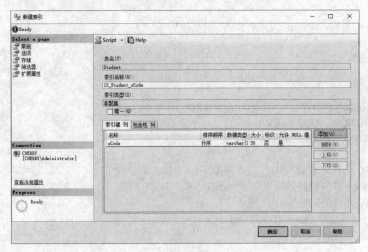

图 5-6　"新建索引"窗口

（7）单击"确定"按钮，完成索引创建。

此时读者可以展开对象浏览器中 Student 表的索引文件夹，查看该文件夹下是否多了名为 IX_Student_sCode 的索引名。

3. 创建唯一索引

唯一索引是确保索引列中所有数据唯一且不包含重复值的索引。

【例 5.3】使用 SQL 语句为 Student 表中 sCode 列创建非聚集唯一索引。

```
IF EXISTS (SELECT name FROM sys.indexes WHERE name='IX_Student_sCode')
    DROP INDEX IX_Student_sCode ON Student
GO
CREATE UNIQUE NONCLUSTERED INDEX IX_Student_sCode
    ON Student(sCode)
GO
```

若表中存在唯一索引，数据库引擎将在每次使用插入操作添加数据时检查是否有重复值。生成重复键值的插入操作将回滚，同时数据库引擎将显示错误消息。即使插入操作更改了多行数据，但只要造成一行重复，就会全部回滚到插入前的状态。若在创建索引的 CREATE INDEX 语句中将 IGNORE_DUP_KEY 子句的值设为 ON，则只有产生重复的那行插入失败。

【例 5.4】验证 IGNORE_DUP_KEY 选项的作用。

该选项主要用于设置系统对违反唯一性约束的行为所做出的响应方式。以下先定义测试 IGNORE_DUP_KEY 的数据表 testIGNORE_DUP_KEY；然后创建唯一索引 IX_testIGNORE_DUP_KEY 并将 IGNORE_DUP_KEY 设置为 ON；之后，插入一条数据，再从表 Teacher 中抽取数据并插入到表 testIGNORE_DUP_KEY 中。相应代码如下。

```
IF EXISTS (SELECT name FROM sys.tables WHERE name='testIGNORE_DUP_KEY')
    DROP TABLE testIGNORE_DUP_KEY
GO
CREATE TABLE testIGNORE_DUP_KEY
(   tCode varchar(10),
    tName varchar(30)
)
GO
CREATE UNIQUE INDEX IX_testIGNORE_DUP_KEY
    ON testIGNORE_DUP_KEY(tCode)
    WITH (IGNORE_DUP_KEY=ON)
GO
INSERT INTO testIGNORE_DUP_KEY VALUES('030026','李竞');
--从表 TeachInfo 抽取数据并插入到表 testIGNORE_DUP_KEY 中
INSERT INTO testIGNORE_DUP_KEY
    SELECT tCode, tName FROM Teacher
GO
```

其中，sys.tables 是用于查看数据库中表的目录视图。

执行上述代码，结果如图 5-7 所示。

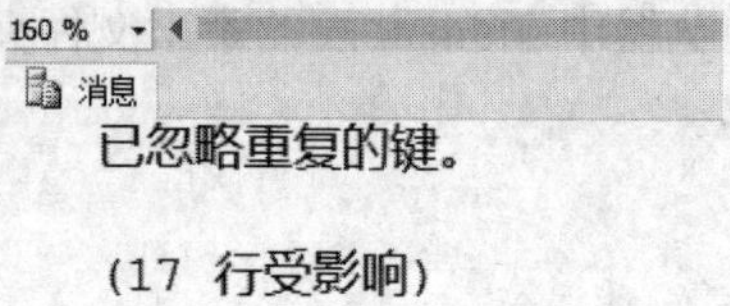

```
160 % ▾ ◀
消息
    已忽略重复的键。

(17 行受影响)
```

图 5-7   IGNORE_DUP_KEY 项被设置为 ON 的结果

从执行的结果消息可以看到，系统忽略了重复的键。这主要是因为在创建索引 IX_testIGNORE_DUP_KEY 时 IGNORE_DUP_KEY 选项被设置为 ON，所以当第 2 条 INSERT 语句出现索引值重复的插入记录时，整个插入操作并没有回滚，而是忽略了包含重复索引值的插入记录（不将其插入表 testIGNORE_DUP_KEY 中），其他的没有包含重复索引值的记录仍然可以成功地插入表 testIGNORE_DUP_KEY 中。

如果在上述代码中将 IGNORE_DUP_KEY 项设置为 OFF，则在执行上述代码后将产生如图 5-8 所示的错误提示。

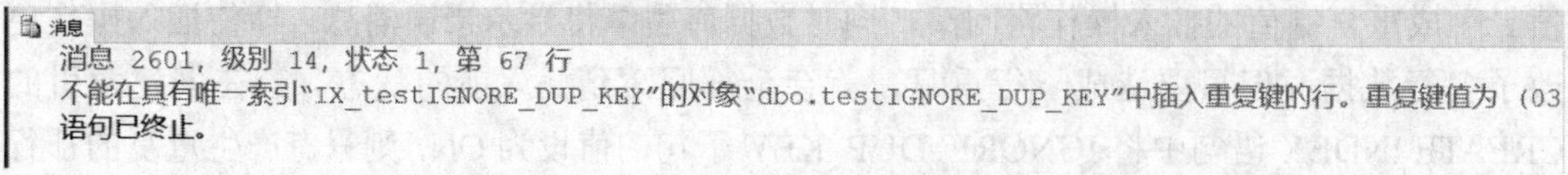

```
消息
消息 2601, 级别 14, 状态 1, 第 67 行
不能在具有唯一索引"IX_testIGNORE_DUP_KEY"的对象"dbo.testIGNORE_DUP_KEY"中插入重复键的行。重复键值为 (03
语句已终止。
```

图 5-8   IGNORE_DUP_KEY 项被设置为 OFF 的结果

此时读者可以查看 testIGNORE_DUP_KEY 中的数据，可以看到只有一条记录存在，主要是因为第 1 条 INSERT 语句能够成功执行插入操作，而第 2 条 INSERT 语句在执行时由于插入包含重复索引值的记录，于是整个操作被回滚，使得所有从表 Teacher 中抽取的数据都不能插入表 testIGNORE_DUP_KEY 中。

4. 创建列存储索引

列存储索引的概念是在 SQL Server 2012 版本提出，在 SQL Server 2016 版本上取得了较大的改进和性能提升。列存储索引的基本思想是将数据按照列分组后再保存，当需要查询数据列时，只需读出索引存储的列，减少 I/O 消耗，提高查询性能。此外，这种索引模式还会对相似的数据进行高度压缩，以提高存储效率。列存储索引是数据仓库方案的标配。

【例 5.5】为表 Student 创建聚集的列存储索引。

```
CREATE CLUSTERED COLUMNSTORE INDEX IX_Student ON Student
```

当列存储索引创建后，可以通过 sys.column_store_row_groups 的目录视图进行查看。其代码如下。

```
SELECT * FROM sys.column_store_row_groups
```

执行上述查询，结果如图 5-9 所示。

	object_id	index_id	partition_number	row_group_id	delta_store_hobt_id	state	state_description	total_rows	deleted_rows	size_in_bytes
1	1621580815	1	1	0	NULL	3	COMPRESSED	30	0	2811

图 5-9　StudentMIS 数据库中列存储索引查询结果

从查询结果可以看到，当前数据库中创建了一个列存储索引，其中状态描述为 COMPRESSED（压缩），占用的存储空间为 2811 字节，总数据行为 30 行。

学习提示： 列存储索引适合于主要执行大容量加载和只读查询的数据仓库工作负荷。当记录的行数大于 100 万行时，列存储索引可至少提高 10 倍查询性能。

5. 创建组合索引

组合索引又称复合索引，它将多列指定为索引键值。通过它可有效提高查询性能，尤其是在用户以多种方式定期搜索信息时。但并不是组合列越多越好，也要根据具体情况而定，一般情况下，最多可组合 16 列。

【例 5.6】为表 Course 创建基于 coCode 列和 coType 列的非聚集唯一的组合索引。

```
IF EXISTS (SELECT name FROM sys.indexes
                WHERE name=' IX_coCode_coType ')
    DROP INDEX IX_coCode_coType ON Course
GO
CREATE UNIQUE NONCLUSTERED INDEX IX_coCode_coType
    ON Course (coCode, coType)
GO
```

5.1.3　管理和优化索引

在用户创建了索引之后，数据的增加、删除、更新等操作会使得索引页出现碎片，为了提高系统性能，必须对索引进行管理和优化，包括修改索引、删除索引和查看索引信息。

索引信息又包含索引统计信息和索引碎片信息，通过查询这些信息和分析索引性能，可以更好地维护索引。

1. 修改索引

在数据更改以后，用户有时需要重新生成索引、重新组织索引或者禁止索引。

重新生成索引将删除该索引并创建一个新索引。此过程将删除碎片，通过使用指定或现有的填充因子设置压缩页来回收磁盘空间，并在连续页中对索引行重新排序（根据需要分配新页）。这样可以减少获取所请求数据所需的页读取数，从而提高磁盘性能。

重新组织索引主要是通过对数据页物理重排，使其与叶节点的逻辑顺序（从左到右）更加匹配，从而对表或视图的聚集索引和非聚集索引的叶级别进行碎片整理，以提高索引扫描的性能。

禁止索引指的是禁止用户访问索引。索引禁用后，索引定义仍然保留在源数据库中。不过，禁用聚集索引后将无法访问基础表。通过重新生成聚集索引，可以重新启用已禁用的索引。

可以通过使用 SSMS 或 ALTER INDEX 语句来修改索引。

下面主要介绍使用 ALTER INDEX 语句来修改索引。

1）重新生成索引

```
ALTER INDEX index_name ON table_or_view_name REBUILD
```

2）重新组织索引

```
ALTER INDEX index_name ON table_or_view_name REORGANIZE
```

3）禁止索引

```
ALTER INDEX index_name ON table_or_view_name DISABLE
```

上述语句中，index_name 表示要修改的索引名称，table_or_view_name 表示当前索引基于的表名或视图名。

【例 5.7】使用 ALTER INDEX 重新生成 Student 表的 IX_Student_sCode 索引。

```
ALTER INDEX IX_Student_sCode ON Student REBUILD
GO
```

2. 删除索引

当索引不再需要时，可以使用下列语句将索引删除，当然也可以使用 SSMS 来删除索引。

```
DROP INDEX index_name ON table_or_view_name
```

【例 5.8】删除 Student 表的 IX_Student_sCode 索引。

```
DROP INDEX IX_Student_sCode
    ON Student
GO
```

在删除索引时，要注意以下几点。

- 执行 DROP INDEX 语句时，SQL Server 释放被该索引所占的磁盘空间。
- 不能使用 DROP INDEX 语句删除由主键约束或唯一性约束创建的索引，要想删除这些索引，必须先删除这些约束。
- 删除表时，该表的全部索引也将被删除。
- 删除一个聚集索引时，该表的全部非聚集索引会自动重新创建。
- 不能在系统表上使用 DROP INDEX 语句。

3. 查看索引信息

在 Microsoft SQL Server 2016 系统中，可以使用一些目录视图和系统函数查看有关索引的信息。这些目录视图和系统函数如表 5-1 所示。

表 5-1 查看索引信息的目录视图和系统函数

目录视图和系统函数	描 述
sys.indexes	用于查看有关索引类型、文件组、分区方案、索引选项等信息
sys.index_columns	用于查看列 ID、索引内的位置、类型、排列等信息
sys.stats	用于查看与索引关联的统计信息
sys.stats_columns	用于查看与统计信息关联的列 ID
sys.xml_indexes	用于查看 XML 索引信息，包括索引类型、说明等
sys.dm_db_index_physical_stats	用于查看索引大小、碎片统计信息等
sys.dm_db_index_operational_stats	用于查看当前索引和表 I/O 统计信息等
sys.dm_db_index_usage_stats	用于查看按查询类型排列的索引使用情况统计信息
sys.column_store_row_groups	用于查看列存储索引的统计信息
INDEXKEY_PROPERTY	用于查看索引的索引列的位置以及列的排列顺序
INDEXPERPERTY	用于查看无数据存储的索引类型、级别数量和索引选项的当前设置等信息
INDEX_COL	用于查看索引的键列名称

【例 5.9】使用 sys.dm_db_index_operational_stats 系统函数查看 StudentMIS 数据库中的索引信息。

```
DECLARE @db_id INT              --定义局部变量@db_id
SET @db_id=DB_ID('StudentMIS')  --为局部变量赋值，其中 DB_ID()为返回 StudentMIS 数据库
                                  的数据库 ID
SELECT *
    FROM sys.dm_db_index_operational_stats(@db_id,NULL,NULL,NULL)
GO
```

执行上述代码，结果如图 5-10 所示。

	database_id	object_id	index_id	partition_number	hobt_id	leaf_insert_count	leaf_delete_count	leaf_update_count	leaf_ghost_count
1	6	3	1	1	196608	85	0	9	120
2	6	5	1	1	327680	27	0	45	38
3	6	7	1	1	458752	30	0	21	40
4	6	27	3	1	844424931901440	0	0	0	0
5	6	34	3	1	844424932360192	6	0	0	12
6	6	46	3	1	844424933146624	0	0	0	0
7	6	50	3	1	844424933408768	0	0	0	0
8	6	69	3	1	844424934653952	0	0	0	0
9	6	95	3	1	844424936357888	0	0	0	0
10	6	9	1	1	281474977300480	6	0	0	5

图 5-10 StudentMIS 数据库中的索引信息

4. 查看索引碎片信息

SQL Server 2016 中可使用 sys.dm_db_index_physical_stats 系统函数查看索引碎片信息。

【例 5.10】使用 sys.dm_db_index_physical_stats 函数查看 Student 表中所有索引的碎片信息。

```
DECLARE @db_id INT
DECLARE @object_id INT
SET @db_id=DB_ID('StudentMIS')
SET @object_id=OBJECT_ID('Student')
SELECT *
FROM sys.dm_db_index_physical_stats(@db_id,@object_id,NULL,NULL,'DETAILED')
GO
```

执行上述代码，结果如图 5-11 所示。

	database_id	object_id	index_id	partition_number	index_type_desc	alloc_unit_type_desc	index_depth	index_level	avg_fragmentation_in_percent	fragment_count	avg_fragment_size
1	6	1621580815	1	1	CLUSTERED INDEX	IN_ROW_DATA	0	0	0	0	0
2	6	1621580815	2	1	NONCLUSTERED INDEX	IN_ROW_DATA	0	0	0	0	0
3	6	1621580815	3	1	NONCLUSTERED INDEX	IN_ROW_DATA	1	0	0	1	1

图 5-11 StudentMIS 数据库 Student 表中索引的碎片信息

除 了 可 使 用 sys.dm_db_index_physical_stats 系统函数查看索引的碎片信息外，还可以使用 SSMS 图形工具查看 StudentMIS 数据库 Student 表中所有索引的碎片信息。在"对象资源管理器"中，右击要查看碎片信息的索引，在弹出的菜单中选择"属性"命令，打开"索引属性"窗口，在左侧"选择页"中选择"碎片"选项，可以看到当前索引的碎片信息，如图 5-12 所示。

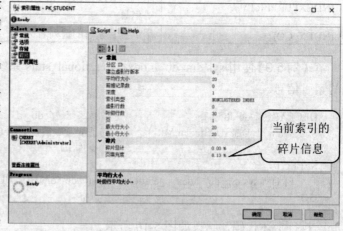

图 5-12 碎片选项

5. 查看索引统计信息

索引统计信息是查询优化器用来分析和评估查询，确定最优查询计划的基础数据。通常情况下使用 SSMS 图形工具查看索引统计信息。在"对象资源管理器"中，展开 Student 表中的"统计信息"节点，右击要查看统计信息的 PK_STUDENT 索引，从弹出的菜单中选择"属性"命令，打开"统计信息属性"窗口，从"选择页"中选择"详细信息"选项，就能看到当前索引的统计信息，如图 5-13 所示。

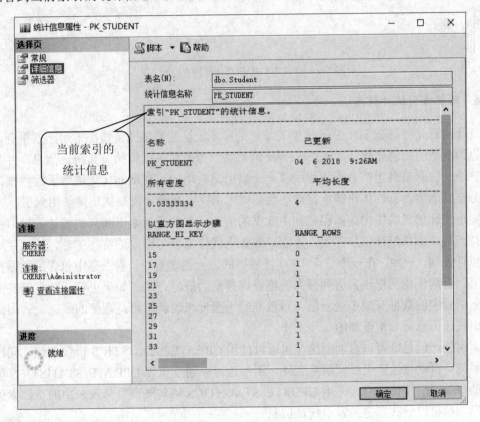

图 5-13　属性窗口

除了可使用图形工具查看索引统计信息外，还可以使用 DBCC SHOW_STATISTICS 命令查看索引统计信息。

【例 5.11】使用 DBCC SHOW_STATISTICS 命令查看 Student 表中 PK_STUDENT 索引的统计信息。

代码如下。

```
DBCC SHOW_STATISTICS('Student','PK_STUDENT')
GO
```

执行上述代码，结果如图 5-14 所示。

	Name	Updated		Rows	Rows Sampled	Steps	Density	Average key length	String Index	Filter Expression	Unfiltered Rows
1	PK_STUDENT	04 6 2018 9:26AM		30	30	16	1	4	NO	NULL	30

	All density	Average Length	Columns
1	0.03333334	4	sID

	RANGE_HI_KEY	RANGE_ROWS	EQ_ROWS	DISTINCT_RANGE_ROWS	AVG_RANGE_ROWS
1	15	0	1	0	1
2	17	1	1	1	1
3	19	1	1	1	1
4	21	1	1	1	1
5	23	1	1	1	1
6	25	1	1	1	1
7	27	1	1	1	1
8	29	1	1	1	1
9	31	1	1	1	1
10	33	1	1	1	1
11	35	1	1	1	1

图 5-14　PK_STUDENT 索引的统计信息

6. 维护索引统计信息

统计信息是存储在 SQL Server 中列数据的样本。这些数据通常情况下用于索引列，但也可以为非索引列创建统计。SQL Server 维护某一个索引关键值的分布统计信息，并且使用这些统计信息来确定在查询进程中哪一个索引是有用的。查询的优化依赖于这些统计信息的分布准确度。查询优化器根据这些数据样本来决定是使用表扫描还是使用索引。

索引统计信息的作用是：根据列中数据的更改，自动更新索引和列的统计信息，使两者保持一致。如果统计信息停用，可能导致查询优化器参考错误的统计信息，从而使用错误的执行计划。例如，在一个包含 1000 行数据的表上创建索引，索引列中包含的数据都是唯一值，查询优化器把该索引列视为搜集查询数据的最好方法。如果更新活动频繁发生，使得索引列中的数据有很多重复值，则该列对于查询来说就不再是理想的候选列。因此维护索引统计信息是非常重要的一项工作。

索引统计信息既可以自动创建，也可以使用 CREATE STATISTICS 语句创建。同样，除了系统可自动修改索引统计信息之外，用户还可以通过执行 UPDATE STATISTICS 语句来手动修改索引统计信息。使用 UPDATE STATISTICS 语句既可以修改表中的全部索引统计信息，也可以修改指定的索引统计信息。

【例 5.12】更新 Student 表中索引统计信息。

代码如下。

```
UPDATE STATISTICS Student
```

【任务 2】使用视图优化系统查询性能

任务描述： 视图是从一个或多个数据表中导出的虚表，其内容建立在数据表的查询基础之上，视图中的数据在视图被使用时动态生成，数据随着数据源的变化而变化。本任务通过使用 T-SQL 命令和 SSMS 分别来创建、修改和删除视图，使数据库开发人员能够有效、灵活地管理多个数据表，简化数据操作和提高数据的安全性。

5.2.1　视图简介

1. 视图的概念

视图在视觉上是一张由行和列构成的"数据表"，但它不是数据库中真正的数据表，而是一张虚拟的数据表（虚表）。实际上，视图在本质上是一个 SELECT 命令，打开视图时将由这些命令从一张或多张数据表中抽取数据，这些数据就构成了一张虚表，而这些被抽取数据的表通常称为视图的基表。

视图结合了基本表和查询的特性：用户可以使用视图从一个或多个相关的基表中提取一个数据集（查询特性），也能运用视图去更新基本表中的信息，并且永远地存储结果到数据表中。

对于视图，可以根据其所包含的内容灵活命名。在定义了一个视图之后，就可以把它当作表来引用。虽然视图作为一种数据库对象永久地存储在磁盘上，但它并不创建所包含的行和列的永久复制。在每次访问时，视图都需要从基表中提取所包含的行和列，因此，视图永远依赖于基表。对视图进行操作也能影响基表，当通过视图修改数据时，实际上修改的是基表中的数据。相反，基表中数据的改变也会自动反映在视图中。

2. 视图的分类

在 SQL Server 2016 中，可创建 4 种类型的视图。

1）标准视图

标准视图组合了一个或多个表中的数据，可以获得使用视图的大多数好处，包括将重点放在特定数据上及简化数据操作。

2）索引视图

索引视图是被具体化了的视图，即它已经过计算并存储。可以为视图创建索引，即对视图创建一个唯一的聚集索引。索引视图可以显著提高某些类型的查询性能，尤其适于聚合许多行的查询，但不太适合于经常更新的基本数据集。

3）分区视图

分区视图是在一台或多台服务器间水平连接一组成员表中的分区数据。这样，数据看上去如同来自于一个表。联接同一个 SQL Server 实例中的成员表的视图是一个本地分区视图。

4）系统视图

系统视图包含目录元数据，可以使用系统视图返回与 SQL Server 实例或在该实例中定义的对象有关的信息。如 sys.indexes 目录视图用于查询数据库中指定表的索引相关信息。

3. 视图的优点

视图的优点主要表现在以下 5 个方面。

1）数据集中显示

视图使用户着重于其感兴趣的某些特定数据和其所负责的特定任务，可以提高数据的操作效率。

2）简化对数据的操作

视图可以大大简化用户对数据的操作。可以将经常使用的连接、投影、联合查询或选择查询定义为视图，这样在每次执行相同的查询时，不必重新写这些复杂的查询语句，只要一条简单的查询视图语句即可。但视图向用户隐藏了表与表之间复杂的连接操作。

3）自定义数据

视图能够让不同的用户以不同的方式看到不同或相同的数据集，即使不同水平的用户共用同一数据库时也是如此。

4）合并分割数据

有时，由于表中的数据量太大，在设计表的过程中，可能需要将表进行水平分割或垂直分割，然而表结构的变化会对应用程序产生不良的影响。使用视图就可以重新保持原有的结构关系，从而使外模式保持不变，原有的应用程序仍可以通过视图来重载数据。

5）安全机制

视图可以作为一种安全机制。通过视图，用户只能查看和修改他们所能看到的数据，其他数据既不可见也不可访问。如果某一用户想要访问视图的结果集，必须授予其访问权限。视图所引用表的访问权限与视图权限的设置互不影响。

5.2.2 创建和管理视图

在 SQL Server 2016 中，视图是作为一种数据对象保存在数据库中的。所以创建和管理视图类似于创建和管理其他数据库对象。

1. 创建视图

创建视图有两种方法：使用 T-SQL 语句和使用 SSMS 工具。

1）使用 T-SQL 语句创建视图

代码如下。

```
CREATE VIEW    view_name [ (column [ ,...n ] ) ]
[ WITH <view_attribute> [ ,...n ] ]
AS select_statement
[ WITH CHECK OPTION ] [ ; ]
<view_attribute> ::=
{
   [ ENCRYPTION ]
   [ SCHEMABINDING ]
   [ VIEW_METADATA ]
}
```

语法说明如下。

● view_name：视图的名称。

- column：视图中的列使用的名称。

学习提示：仅在下列情况下需要列名。列是从算术表达式、函数或常量派生的；两个或更多的列可能会具有相同的名称（通常是由于联接的原因）；视图中某个列的指定名称不同于其派生来源列的名称。还可以在 SELECT 语句中分配列名，如果未指定 column，视图列将获得与 SELECT 语句中的列相同的名称。

- select_statement：定义视图的 SELECT 语句。该语句可以使用多个表和其他视图。
- WITH CHECK OPTION：强制针对视图执行的所有数据修改语句都必须符合在 select_statement 中设置的条件。通过视图修改行时，WITH CHECK OPTION 可确保提交修改后，仍可通过视图看到数据。
- ENCRYPTION：对 sys.syscomments 表中包含 CREATE VIEW 语句文本的项进行加密。使用 WITH ENCRYPTION 可防止在 SQL Server 复制过程中发布视图。
- SCHEMABINDING：将视图绑定到基础表的架构。

学习提示：如果指定了 SCHEMABINDING，则将不能按照影响视图定义的方式修改基表或表。必须首先修改或删除视图定义本身，才能删除将要修改的表的依赖关系。

- VIEW_METADATA：指定为引用视图的查询请求浏览模式的元数据时，SQL Server 实例将向 DB-Library、ODBC 和 OLE DB API 返回有关视图的元数据信息，而不返回基表的元数据信息。

【例 5.13】使用 T-SQL 语句为 StudentMIS 数据库中的 Teacher 表创建一个视图 vTeacher，用来查询教师的院系 ID、编号、姓名、专业、职称和学位。

代码如下。

```
USE StudentMIS
GO
CREATE VIEW vTeacher
as
SELECT dID, tCode, tName, tSpecial, tTitle, tDegree
FROM Teacher
GO
SELECT *
FROM vTeacher
```

执行上述代码，结果如图 5-15 所示。

2）使用 SSMS 创建视图

【例 5.14】使用 SSMS 创建名为 vTeacherCourse 的视图以描述教师任课情况。

操作步骤如下。

（1）启动 SSMS 工具，打开"对象资源管理器"窗口，展开数据库 StudentMIS。右击"视图"节点，从弹出的快捷菜单中选择"新建视图"命令，弹出"添加表"对话框，如图 5-16 所示。

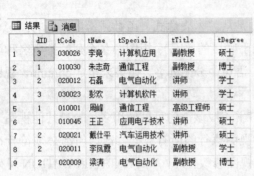

图 5-15　视图查询结果　　　　　　　　　　图 5-16　添加表

（2）在"添加表"对话框中选择 Teacher 表、TeachCourse 表和 Course 表，单击"添加"按钮，然后单击"关闭"按钮。

（3）在视图窗口的"关系图"窗格中，选择视图中查询的列，在"条件"窗格中就相应地显示了所选择的列名。SQL 窗格显示了这 3 个基本表的查询语句，表示了这个视图包含的数据内容。接着单击"执行 SQL"按钮，在"结果"窗格中显示查询出的结果集，如图 5-17 所示。

（4）单击"保存"按钮，在打开的"选择名称"窗口中输入视图名称 vTeacherCourse，单击"确定"按钮即可。

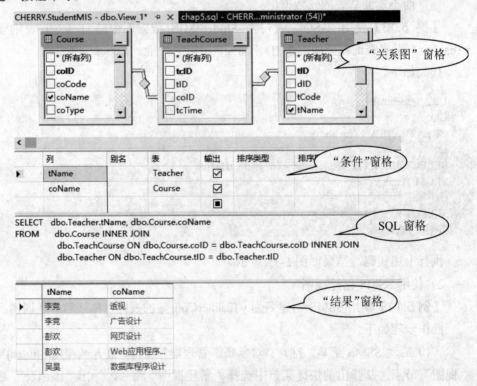

图 5-17　创建视图窗口

2. 管理视图

创建视图之后，可以对视图进行管理，如查看视图、修改视图和删除视图。

1）查看视图的定义文本

使用 sp_helptext 系统存储过程，可以查看视图的定义文本。

【例 5.15】查看 vTeacherCourse 视图的定义文本。

代码如下。

```
EXEC sp_helptext vTeacherCourse
GO
```

执行上述代码，结果如图 5-18 所示。

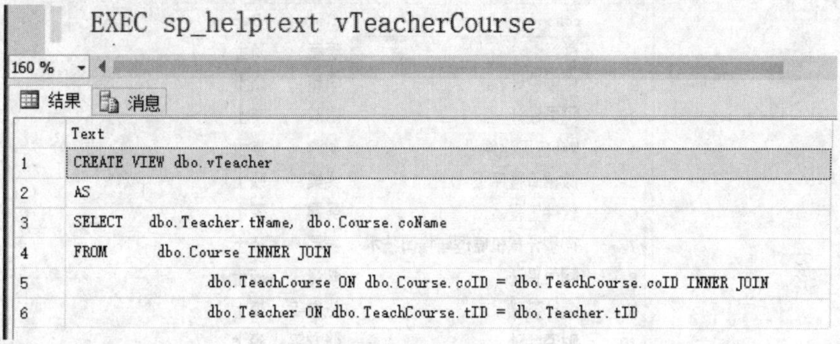

图 5-18　查看视图定义

2）修改视图的定义

如果基表发生变化，或者要通过视图查询更多的信息，可以根据需要使用 ALTER VIEW 语句修改视图的定义。语法格式如下。

```
ALTER VIEW [ schema_name . ] view_name [ (column [ ,...n ] ) ]
[ WITH <view_attribute> [ ,...n ] ]
AS select_statement
[ WITH CHECK OPTION ] [ ; ]

<view_attribute> ::=
{
  [ ENCRYPTION ]
  [ SCHEMABINDING ]
  [ VIEW_METADATA ]
}
```

学习提示： 如果在创建视图时，使用了 WITH CHECK OPTION 子句，并且要保留选项提供的功能，那么必须在 ALTER VIEW 语句中包含该子句，否则将丢失原有的定义。

【例 5.16】 修改 vTeacherCourse 视图，在视图中添加 tDegree 列，语句如下。

```
USE StudentMIS
GO
```

```
ALTER VIEW vTeacherCourse
(coName, tName, tDegree)
AS
SELECT coName, tName, tDegree
FROM dbo.Course a JOIN dbo.TeachCourse b JOIN dbo.Teacher c
        ON b.tID = c.tID
        ON a.coID =b.coID
GO
SELECT *
FROM vTeacherCourse
```

执行上述代码，结果如图 5-19 所示。

	coName	tName	tDegree
1	透视	李竞	硕士
2	广告设计	李竞	硕士
3	网页设计	彭欢	学士
4	Web应用程序设计	彭欢	学士
5	数据库程序设计	吴昊	硕士
6	软件工程	吴昊	硕士
7	微型计算机原理与接口技术	吴昊	硕士
8	网页设计	李竞	硕士
9	会计基础	张安平	硕士
10	财务会计	张安平	硕士

图 5-19 查询修改后的视图

3）删除视图

如果不再需要视图，可以使用 DROP VIEW 语句把视图从数据库中删除。删除一个视图，就是删除其定义和赋予它的全部权限。使用 DROP VIEW 语句可以同时删除多个视图，语法格式如下。

```
DROP VIEW view_name
```

【例 5.17】删除 vTeacherCourse 视图，语句如下。

```
USE StudentMIS
GO
DROP VIEW vTeacherCourse
GO
```

学习提示：删除一个视图后，不会对视图基于的表和数据造成任何影响，但是对于依赖于该视图的其他对象或查询来说，将会在执行时出现错误。

5.2.3 视图加密

如要保护定义视图的逻辑，可以在 CREATE VIEW 或 ALTER VIEW 语句中指定 WITH

ENCRYPTION 选项。视图定义文本加密存储于 sys.syscomments 系统表中，无法被读取。

【例 5.18】修改 vTeacherCourse 视图，并启用加密。

```
USE StudentMIS
GO
ALTER VIEW vTeacherCourse
(coName, tName, tDegree)
WITH ENCRYPTION
AS
SELECT coName, tName, tDegree
FROM dbo.Course a JOIN dbo.TeachCourse b JOIN dbo.Teacher c
      ON b.tID = c.tID
      ON a.coID =b.coID
GO
```

在 sys.syscomments 表中查看定义 vTeachCourse 视图文本。

```
USE StudentMIS
GO
SELECT text
FROM sys.syscomments
WHERE sys.syscomments.id=OBJECT_ID('vTeacherCourse')
GO
```

执行上述代码，结果如图 5-20 所示。

学习提示：创建加密视图之前，应总是在某个安全位置存储 CREATE VIEW 或 ALTER VIEW 语句的副本；否则，如果以后需要视图的定义，则无法访问到该定义。

图 5-20   查看加密后视图的文本

5.2.4   可更新视图

视图不仅可以查询数据，还可以更新数据。由于视图是一张虚表，因此对视图更新实际上会转换成对基本表的更新。与数据操作语句相同，使用 UPDATE 或 INSERT 语句通过更新视图更新或插入相关表中的数据，使用 DELETE 语句通过更新视图删除相关表中的记录。

1. 通过更新视图更新数据表

可以使用 UPDATE 语句更新视图来更新数据表。语法格式如下。

```
UPDATE view_name
    SET
    { column_name = { expression | DEFAULT | NULL }
    } [ ,...n ]
[ WHERE { <search_condition> }]
```

其参数与项目 4 描述的 UPDATE 语句参数相同。

【例 5.19】使用 UPDATE 语句更新视图 vTeacher，将"彭欢"老师的职称更新为"高级工程师"。

（1）执行更新操作前，先查询 Teacher 表中教师姓名为彭欢的职称，如图 5-21 所示。

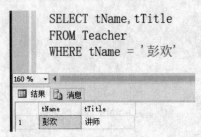

图 5-21　查询会员信息

（2）编写可更新视图语句，代码如下。

```
UPDATE vTeacher
SET tTitle='高级工程师'
WHERE uName='彭欢'
```

（3）分别查询视图 vTeacher 和数据表 Teacher 中彭欢的职称，如图 5-22 和图 5-23 所示。

图 5-22　查询视图数据

图 5-23　查询表数据

从结果可以看到，Teacher 表中彭欢老师的职称由"讲师"更新为"高级工程师"，通过视图更新数据成功。

2. 通过更新视图向数据表插入数据

可以使用 INSERT 语句更新视图向数据表插入数据。语法格式如下。

```
INSERT [ INTO ] view_name
[ ( column_list ) ]
    { VALUES ( ( { DEFAULT | NULL | expression } [ ,...n ] ),[,...n]
    }
```

语法说明与 INSERT 语句相同。

【例 5.20】使用 INSERT 语句更新视图，向数据表 Teacher 中插入一条记录。

```
INSERT INTO vTeacher
VALUES('3','030030','李志勇','软件技术','助教','硕士')
```

执行上述语句，并查询 Teacher 表新插入的记录，结果如图 5-24 所示。

图 5-24　查询插入操作后的记录集

从结果集可以看到姓名为"李志勇"的记录成功插入到 Teacher 表中，未提供值的数据自动填充 NULL。

3. 通过更新视图删除数据表中的数据

可以使用 DELETE 语句更新视图删除数据表中的数据。语法格式如下。

```
DELETE FROM view_name
[ WHERE { <search_condition> }]
```

语法说明与 DELETE 语句相同。

【例 5.21】使用 DELETE 语句更新视图删除数据表 Teacher 中教师姓名为"李志勇"的记录。

```
DELETE FROM vTeacher
WHERE uName='李志勇'
```

执行上述语句，并查询 Teacher 表，结果集如图 5-25 所示。

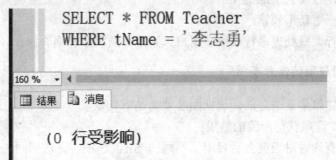

图 5-25　查询教师姓名为李志勇的记录

从结果可以看到，表中不存在教师姓名为李志勇的记录。更新视图成功删除相关表的记录。

4. 更新视图的限制

并不是所有的视图都可以更新，以下几种情况不能更新视图。

- 定义视图的 SELECT 语句中包含 COUNT 等聚合函数。
- 定义视图的 SELECT 语句中包含 UNION、UNION ALL、DISTINCT、TOP、GROUP BY 和 HAVING 等关键字。
- 常量视图。

- 定义视图的 SELECT 语句中包含子查询。
- 由不可更新的视图导出的视图。
- 视图对应的数据表上存在没有默认值且不为空的列，而该列没有包含在视图里。

学习提示：虽然可以通过更新视图操作相关表的数据，但是限制较多。实际情况下，最好仅将视图作为查询数据的虚表，而不要通过视图更新数据。

5.2.5　索引视图

对于标准视图而言，为每个引用视图查询动态生成结果集的开销很大，特别是那些涉及大量复杂处理的视图。因此，若经常需要在查询中引用这类视图，可通过在视图上创建唯一聚集索引来提高性能。

1．索引视图的优点

在对基表中的数据进行修改时，存储于索引视图中的数据也会相应地发生变化。视图的聚集索引是唯一的，因此，在索引中查找行的效率较高。

创建索引视图的另一个好处是查询优化器开始在查询中使用视图索引，而不是直接在 FROM 子句中命名视图。这样一来，可从索引视图中检索数据，而无须重新编码，从而使得查询效率更高。

从查询类型和模式方面来看，在以下应用场景中应创建索引视图。

- 查询性能收益大于维护开销。
- 底层数据更新不频繁。
- 查询执行大量处理多行或由多用户频繁执行的联接和聚合操作。

2．创建索引视图的注意事项

在视图上创建聚集索引之前，该视图必须满足下列要求。

1）使用 SET 选项获得一致的结果

如果在执行查询时对当前会话启用了不同的 SET 选项，评估相同的表达式可在 SQL Server 2016 中产生不同的结果。对于当前会话和视图所引用的对象，索引视图需要几个 SET 选项的固定值，以确保正确维护视图并返回一致的结果。

只要存在下列条件，就必须按表 5-2 中"必须值"一列所示的值对当前会话设置 SET 选项。

- 创建索引视图。
- 在加入索引视图的任何表上执行 INSERT、UPDATE 或 DELETE 操作。
- 查询优化器用索引视图生成查询计划。

表 5-2　SET 选项设置

SET 选项	必　须　值	默认服务器
ANSI_NULLS	ON	OFF

续表

SET 选项	必 须 值	默认服务器
ANSI_PADDING	ON	ON
ANSI_WARNINGS	ON	OFF
CONCAT_NULL_YIELDS_NULL	ON	OFF
QUOTED_IDENTIFIER	ON	OFF
NUMERIC_ROUNDABORT	OFF	OFF

2）使用具有确定性的功能

索引视图中的表达式所引用的函数必须具有确定性。如果选择的列表中的所有表达式以及 WHERE 和 GROUP BY 子句都具有确定性，那么视图就具有确定性。具有确定性的表达式总是在通过一组特定的输入值对其进行评估时，返回相同的结果。只有具有确定性的函数才会加入具有确定性的表达式。

3）必须使用 SCHEMABINDING 选项创建视图

架构绑定将视图与底层基表的架构进行绑定。

4）视图定义中不能包含下列内容

视图定义中不能包含 TOP、DISTINCT、MIN、MAX、COUNT(*)、AVG、派生表、另一个视图、UNION、子查询、COMPUTE、COMPUTE BY 和 ORDER BY 等谓词。

另外，如果视图定义包含 GROUP BY，那么在 SELECT 列表中就必须包括聚集函数 COUNT_BIG(*)。COUNT_BIG(*)返回数据类型为 BIGINT 的值，这是一个 8 字节的整数。包含 GROUP BY 的视图不能包含 HAVING、CUBE、ROLLUP 和 GROUP BY ALL，而且所有的 GROUP BY 列必须出现在 SELECT 列表里。

3. 创建索引视图

【例 5.22】创建索引视图查询学生所选修课程的信息，代码如下。

```
USE StudentMIS
GO
--设置 SET 选项
SET NUMERIC_ROUNDABORT OFF
SET ANSI_PADDING, ANSI_WARNINGS, CONCAT_NULL_YIELDS_NULL,
ARITHABORT, QUOTED_IDENTIFIER, ANSI_NULLS ON
GO
--创建带 SCHEMABINDING 的视图
IF OBJECT_ID ('vStudentCourse', 'view') IS NOT NULL
    DROP VIEW vStudentCourse ;
GO
CREATE VIEW vStudentCourse
WITH SCHEMABINDING
AS
SELECT sCode,sName,coCode,coName,scID
FROM dbo.Student AS a JOIN dbo.StudentCourse AS b
        JOIN dbo.TeachCourse AS c JOIN dbo.Course AS d
```

```
        ON d.coID = c.coID
        ON c.tcID = b.tcID
        ON b.sID = a.sID
GO
--查询视图并计算执行查询所用的时间
DECLARE @begin_date datetime
DECLARE @end_date datetime
SELECT @begin_date=GETDATE()
SELECT *
    FROM View_StudentCourse
SELECT @end_date=GETDATE()
SELECT DATEDIFF(ms,@begin_date,@end_date) AS '用时/毫秒'
GO
```

执行上述代码，结果如图 5-26 所示。

接下来，在视图 vStudentCourse 的 scID 列上创建索引，并计算在索引视图上做同样查询所需的时间，代码如下。

```
--在视图上创建索引
CREATE UNIQUE CLUSTERED INDEX IDX_V1
    ON vStudentCourse(scID)
GO
--查询索引视图并计算执行查询所用的时间
DECLARE @begin_date datetime
DECLARE @end_date datetime
SELECT @begin_date=GETDATE()
SELECT *
    FROM vStudentCourse
SELECT @end_date=GETDATE()
SELECT DATEDIFF(ms,@begin_date,@end_date) AS '用时/毫秒'
GO
```

执行上述代码，结果如图 5-27 所示。

图 5-26　查询普通视图所用的时间

图 5-27　查询索引视图所用的时间

从两次查询结果可见，查询普通视图时所用的时间为 100ms，而查询索引视图时所用的时间仅为 40ms，大大地加快了执行速度，在视图上创建索引可以有效提高查询性能。

5.2.6　分区视图

分区视图可在一台或多台服务器间水平连接一组成员表中的分区数据，使数据看起来就像来自一个表。分区视图使用 UNION ALL 子句将所有成员表的 SELECT 语句的结果合并到单个结果集中。

1. 分区视图的类型

SQL Server 2016 区分本地分区视图和分布式分区视图。在本地分区视图中，所有参与表和视图都位于同一个 SQL Server 实例上。在分布式分区视图中，至少有一个参与表位于不同的（远程）服务器上。另外，SQL Server 还可以区分可更新分区视图和作为基础表只读副本的视图。

2. 使用分区视图提升性能

如果分区视图中的表位于不同的服务器上，或者位于一台多处理器计算机上，则可对查询中所涉及的每个表进行并行扫描，从而提高查询性能。此外，可更快地执行重建索引或备份表之类的维护任务。

学习提示：不能对分区视图创建索引。

3. 联合服务器和分区

分布式分区视图用于实现数据库服务器之间的联合。联合体是一组分开管理的服务器，但它们相互协作，分担系统的处理负荷。通过这种分区数据形成数据库服务器联合体的机制，可以向外扩展一组服务器，以支持大型多层网站的处理需要。

思　考　题

1. 索引是什么？有什么作用以及优缺点？
2. 什么样的字段适合建立索引？
3. 使用索引查询一定能提高查询的性能吗？
4. 什么是索引覆盖查询？其优点是什么？
5. 视图的作用是什么？通过视图可以更改数据吗？
6. 表和视图的关系是怎样的？

项　目　实　训

实训任务：

创建和管理学生选课系统中的索引和视图。

实训目的：

1. 学会使用 SSMS 管理和创建索引。
2. 学会使用 CREATE INDEX 创建索引。
3. 能够对索引进行管理和优化。
4. 学会使用 SSMS 创建和管理视图。
5. 学会使用 T-SQL 命令创建和管理视图。

实训内容：

1. 为学生信息表的姓名字段创建名为 ix_name 的非聚焦索引，索引顺序为升序。
2. 为学生信息表的身份证字段创建名为 ix_scard 的唯一索引。
3. 使用 sys.dm_db_index_operational_stats 系统函数，分别查看索引 ix_name 和 ix_scard 的信息。
4. 使用 DBCC SHOW_STATISTICS 语句，分别查看索引 ix_name 和 ix_scard 的统计信息。
5. 删除名为 ix_scard 的索引。
6. 创建名为 vClass 的视图，用于查看班级信息，包含班级 ID、编号、班级名称、班级人数及院系名称。
7. 创建名为 vStudentCourse 的视图，用于查看学生选修课程情况，包括学生的基本信息、教师授课 ID、课程 ID、教师 ID、平时成绩、考核成绩、总评成绩、标识。
8. 使用系统存储过程 sp_helptext，查看视图 vStudentCourse 的定义文本。
9. 通过 vClass 视图，删除班级人数为 0 的班级信息。
10. 删除名为 vClass 的视图。

项目 6　面向数据库编程

计算机应用有科学计算、数据处理与过程控制三大主要领域。随着信息时代对数据处理的要求不断地增多，数据处理在计算机应用领域中占有越来越大的比重，包括现在最流行的客户机/服务器模式（C/S）、Web 模式（B/S）应用等。在这些应用中，为了有效地提高数据访问效率和数据安全性，使应用程序开发过程中专注业务逻辑的处理，数据库担负为应用程序提供数据支持的任务，因此需要在数据库中进行复杂逻辑的数据处理，即面向数据库编程。

本项目详细介绍了 SQL Server 2016 中 T-SQL 语言的程序流程控制，系统函数的应用，与 JSON 数据格式之间的转换及游标在数据库应用系统开发中的作用。

【任务 1】T-SQL 的流程控制

任务描述：任何一种语言都是为了解决实际应用中的问题而存在的。T-SQL 程序的流程控制能够有效解决数据库程序设计中的复杂逻辑问题。本任务在项目 3 任务 2 介绍的 T-SQL 语法的基础上，讨论 T-SQL 中的流程控制语句。

6.1.1　流程控制语句简介

T-SQL 语言也像其他程序设计语言有顺序结构、分支结构和循环结构等流程控制语句，通过流程控制语句可以控制 T-SQL 语句、语句块、函数和存储过程的执行过程，实现数据库中较为复杂的程序逻辑。

在 SQL Server 2016 中提供的常用流程控制语句如表 6-1 所示。

表 6-1　常用流程控制语句

语 句 类 型	流程控制语句
语句块	BEGIN…END
条件分支语句	IF…ELSE，IF EXISTS，CASE
循环语句	WHILE，GOTO
返回语句	RETURN
异常处理	TRY…CATCH，THROW
等待语句	WAITFOR

6.1.2　使用流程控制语句

1. 语句块

语句块是指将多个 T-SQL 语句组合成一个处理单元，用 BEGIN 和 END 分别界定语句块的开始和结束。语句块相当于 C 或 C++ 中的{...}，语句块可以嵌套。当语句块中包含两条或两条以上的 T-SQL 语句时就必须使用 BEGIN...END 语句，该语句必须成对出现，主要用于条件分支语句和循环语句中。语法格式如下。

```
BEGIN
    {   statement_block   }                    --语句块
END
```

与高级语言不同的是，在语句块中声明的变量，其作用域是在声明该变量的整个批处理中，而不仅仅作用于该语句块。

【例 6.1】语句块使用示例。

```
DECLARE @x int=2
IF @x=2
BEGIN
    DECLARE @str varchar(30)                   --语句块中定义变量
    SET @str='Test variable'
END
PRINT @str                                     --语句块外使用变量
GO
```

该段代码执行了一个条件语句，若变量@x 的值为 2，输出 Test variable 字符串，否则输出为空。

2. 条件分支语句

条件分支语句是通过对特定条件的判断，选择一个分支的语句执行。T-SQL 中可以实现条件分支的语句有 IF...ELSE、IF EXISTS 和 CASE 3 种。

1）IF…ELSE 语句

IF…ELSE 语句实现了非此即彼的逻辑。使用方法和其他程序设计语言中的 IF...ELSE 完全相同。SQL Server 中 IF...ELSE 语句允许嵌套使用，且嵌套层数没有限制。语法格式如下。

```
IF Boolean_expression
    sql_statement | statement_block }          --语句或语句块
[ ELSE
{ sql_statement | statement_block } ]
```

其中，Boolean_expression 为布尔表达式，其返回值只能为 TRUE 或 FALSE。

【例 6.2】IF…ELSE 语句示例。查询学生信息表（Student）中，学生 ID（sID）为 15 的学生的姓名和已选课程门数，当选课门数在 3 门以上时，则输出"××，已经完成了选课"，否则输出"××，还需选课"。

```
DECLARE@sname varchar(50) , @num int
SELECT @sname=sName                    --查询指定 ID 号的学生姓名
    FROM dbo.Student
    WHERE sID=15
SET @num=( SELECT count(*)             --统计指定学生的选课门数
            FROM dbo.StudentCourse
            GROUP BY sID
            HAVING sID=15
        )
IF @num>=3
    PRINT @sname+', 已经完成了选课'
ELSE
    PRINT @sname+', 还需选课'
```

执行上述代码，结果如图 6-1 所示。

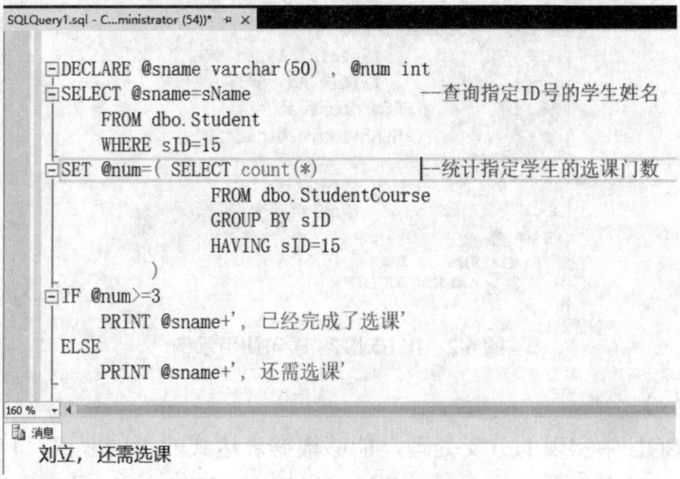

图 6-1　IF…ELSE 语句使用示例

2）IF EXISTS 语句

IF EXISTS 语句实现对 EXISTS 后的查询语句返回结果集的存在性判断，如果结果集不为空，则条件表达式为 TRUE，否则为 FALSE。语法格式如下。

```
IF [NOT] EXISTS ( SELECT statement)
{  sql_statement | statement_block   }
[ ELSE [bolean_expression ]
{  sql_statement | statement_block}    ]
```

其中，SELECT statement 为查询语句。

【例 6.3】IF EXISTS 语句示例。在 StudentMIS 数据库中查找姓名为"彭欢"的教师。若找到，输出该教师的姓名、专业和职称；否则，输出"查无此人"的信息提示。

```
DECLARE @tname varchar(50)='彭欢'
IF EXISTS(SELECT *
          FROM Teacher
          WHERE tName=@tname)
    SELECT tName AS '姓名',
           tSpecial AS '专业',
           tTitle AS '职称'
        FROM dbo.Teacher
        WHERE sName=@tname
ELSE
    PRINT '查无此人'
```

执行上述代码，结果如图 6-2 所示。

图 6-2　IF EXISTS 语句使用示例

3）CASE 语句

CASE 在 T-SQL 中实现的分支处理，能够根据表达式的不同取值，转向不同的计算或处理，类似 C 语言中的 switch…case。当条件判断的范围较广时，使用 CASE 可使程序的结构更为简洁。CASE 具有简单 CASE 结构和 CASE 搜索结构两种格式。

（1）简单 CASE 结构。简单 CASE 结构将表达式与一组简单表达式进行比较以确定结果。语法格式如下。

```
CASE input_expression
    WHEN when_expression THEN result_expression    [ ...n ]
    [ELSE else_result·expression      ]
END
```

该结构用 input_expression 的值与 WHEN 子句后 when_expression 值相比较，找到完全相同的值时，则返回该子句的值；若未找到，则返回 ELSE 后的值（若无 ELSE 子句，则返回为空）。

【**例 6.4**】简单 CASE 结构示例。创建名为 view_IsMakeup 的视图，显示出每一个同学每门课程的考试状态。考试状态由 StudentCourse（学生选课表）中的 scFlag 列确定，当该列值为 1 时状态为"补考"，值为 0 时状态为"正常"。

```
CREATE VIEW view_IsMakeup
AS
    ( SELECT sName AS  姓名,
             coName AS  课程名,
             scTestGradeAS  成绩,
             考试状态=CASE scFlag
                         WHEN 0 THEN '正常'
                         WHEN 1 THEN '补考'
                      END
      FROM dbo.Student a JOIN dbo.StudentCourse b JOIN dbo.TeachCourse c JOIN dbo.Course d
      ON c.coID = d.coID
      ON b.tcID = c.tcID
      ON a.sID = b.sID
    )
GO
SELECT * FROM view_IsMakeup
GO
```

执行上述代码，结果如图 6-3 所示。

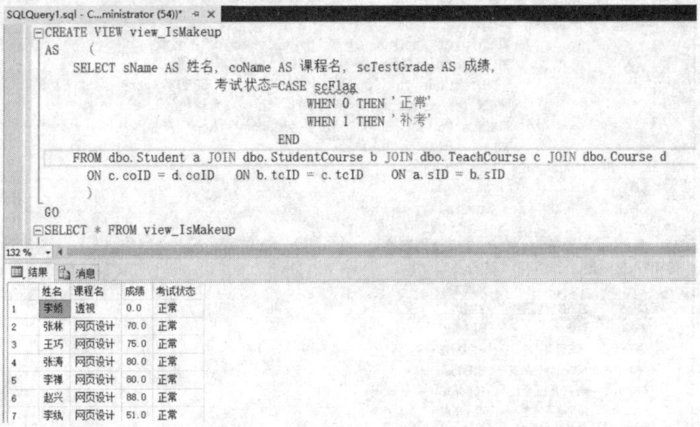

图 6-3　简单 CASE 语句使用

（2）CASE 搜索结构。CASE 搜索结构用于计算一组布尔表达式以确定结果。
语法格式如下。

```
CASE
    WHEN Boolean_expression THEN result_expression   [ ...n ]
    [ELSE else_result_expression   ]
END
```

该结构检测 WHEN 子句后的 Boolean_expression 的布尔表达式，若值为 TRUE，返回该子句的值；否则返回 ELSE 子句的值（若无 ELSE 子句，则返回为空）。

【例 6.5】CASE 搜索结构示例。创建名为 view_SpecialType 的视图，根据专业代码归属各专业的所属类别。

```
CREATE VIEW view_SpecialType
AS
    ( SELECT spCode AS 专业代码,
          spName AS 专业名称,
          所属类别=CASE
                    WHEN spCode in ('650101','650102') then '艺术设计'
                    WHEN spCode in ('610101','610102','610103') then '电子信息'
                    WHEN spCode in ('560101','560701    ') then '机械制造'
                    WHEN spCode in ('610201','610201','610201 ') then '计算机'
                    WHEN spCode in ('630301','630302 ') then '财务会计'
                END
      FROM Special)
GO
SELECT * FROM view_SpecialType
GO
```

执行上述代码，结果如图 6-4 所示。

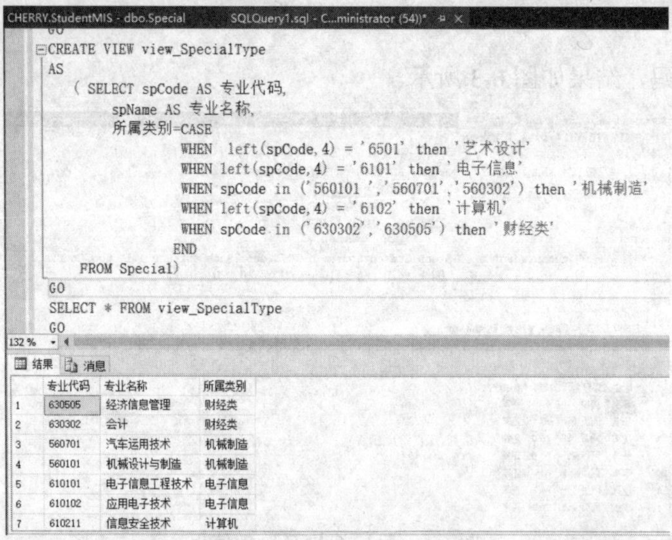

图 6-4   CASE 搜索结构示例

3. 循环语句

T-SQL 提供了 WHILE 和 GOTO 语句实现程序的循环控制。

1）WHILE 语句

WHILE 语句用来根据循环条件决定是否重复执行语句块。语法格式如下。

```
WHILE Boolean_expression
    { sql_statement | statement_block }
    [ BREAK ]
```

```
    { sql_statement | statement_block }
    [ CONTINUE ]
{ sql_statement | statement_block }
```

语法说明如下。

- Boolean_expression：布尔表达式用作循环条件。当该表达式为 TRUE 时，则执行循环，直到表达式为 FALSE 时结束循环。
- BREAK：结束当前这一层循环，继续执行循环外的语句。
- CONTINUE：结束当前的一次循环，使 WHILE 重新开始执行。

【例 6.6】计算 1～100 内，能同时被 3 和 7 整除的最大整数。

```
DECLARE @x int=100
WHILE @x>=1
BEGIN
    IF @x%3=0 AND @x%7=0
        BREAK
    SET @x-=1
END
PRINT @x
```

2）GOTO 语句

GOTO 语句用来控制程序直接跳转至标识符所在的位置处继续执行，它与 IF 语句一起使用，可以实现对循环的控制。

【例 6.7】使用 GOTO 语句，实现例 6.6。

```
DECLARE @x int=101
fl:
SET @x-=1
if (@x%3!=0 or @x%7!=0)
    GOTO fl
PRINT @x
```

学习提示：使用 GOTO 语句会使程序的可读性变差，一般不建议使用。

4．返回语句

RETURN 语句用于从批处理、语句块、存储过程等程序逻辑中无条件退出，不执行位于 RETURN 之后的语句。语法格式如下。

```
RETURN [integer_expression]
```

其中，integer_expression 为整型表达式。如果不提供整型数据，RETURN 将返回空值。

RETURN 在用于存储过程的返回时，不能返回空值。除非特别声明，所有系统存储过程返回 0 值时表示执行成功，非 0 值表示失败。

【例 6.8】RETURN 语句示例。查询例 6.5 中创建的视图 view_SpecialType，如果指定专业的所属类别为"计算机"返回 0，否则返回 1。

```
DECLARE @spName varchar(50)= '软件技术'
IF '计算机技术' =(SELECT  所属类别  FROM view_SpecialType WHERE  专业名称= @spName)
    RETURN 0
ELSE
    RETURN 1
GO
```

5. 异常处理

1）TRY…CATCH 语句

TRY…CATCH 语句是 SQL Server 2016 中捕获和处理错误的方法，当 TRY 子句中的代码块在执行时发生错误，在 CATCH 代码块之中捕获错误并处理。语法格式如下。

```
BEGIN TRY
    { sql_statement | statement_block } ;
END TRY
BEGIN CATCH
    { sql_statement | statement_block }
END CATCH
```

TRY…CATCH 的用法与高级语言的异常处理差别不大。异常捕获通常用于对数据库及其对象进行修改的操作。与 TRY…CATCH 相关的函数如表 6-2 所示。

表 6-2 TRY…CATCH 的相关函数

函　　数	说　　明
ERROR_NUMBER()	返回错误号
ERROR_MESSAGE()	返回错误消息的完整文本
ERROR_SEVERITY()	返回错误严重性
ERROR_STATE()	返回错误状态号
ERROR_LINE()	返回导致错误的例程中的行号
ERROR_PROCEDURE()	返回出现错误的存储过程或触发器的名称

【例 6.9】异常捕获示例。在 StudentMIS 数据库中，删除 Department 表中院系名称为"计算机工程学院"的记录。

```
BEGIN TRY
    DELETE FROM Department                        --发生错误时，抛出异常
    WHERE dName='计算机工程学院'
END TRY
BEGIN CATCH                                       --处理异常
    RAISERROR('删除错误',15,1)
    SELECT ERROR_NUMBER() as '错误号',             --输出异常的错误信息
            ERROR_MESSAGE() AS '错误信息'
END CATCH
```

执行上述代码，结果如图 6-5 所示。

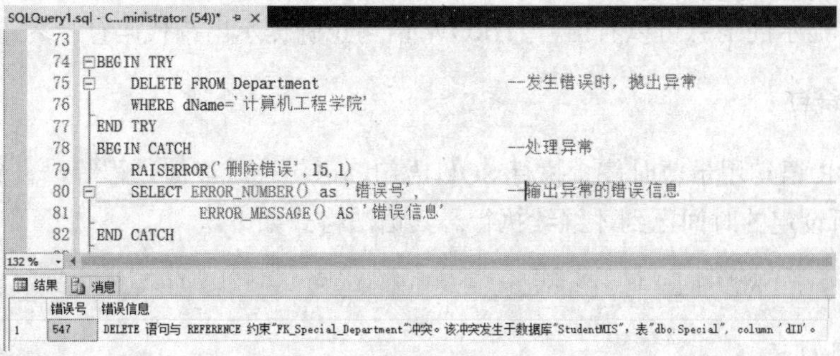

图 6-5　异常错误信息

由于专业信息表中有些专业属于"计算机工程学院"，因而该记录不能被删除。此外，在 CATCH 块中函数 RAISERROR 输出自定义错误信息。本例中输出结果如图 6-6 所示。

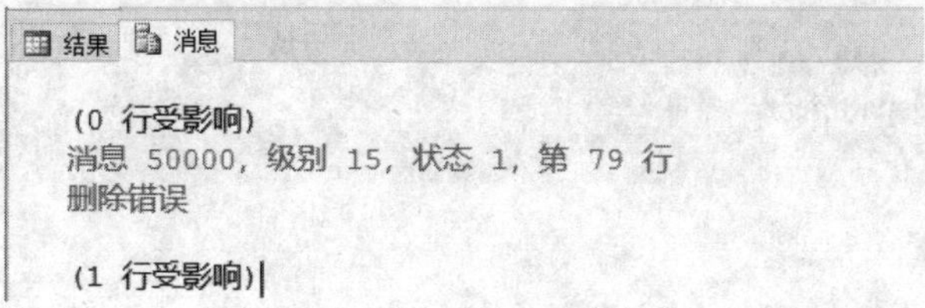

图 6-6　自定义错误信息输出

2）THROW 语句

THROW 语句用于在程序块中手动抛出异常。相比 RAISERROR 函数输出错误消息而言，THROW 语句的使用可以正确返回出错的语句行。

【例 6.10】修改例 6.9，将自定义错误信息修改为自动抛出异常。

```
BEGIN TRY
    DELETE FROM Department                              --发生错误时，抛出异常
    WHERE dName='计算机工程学院'
END TRY
BEGIN CATCH                                             --处理异常
    THROW
    SELECT ERROR_NUMBER() as '错误号',   ERROR_MESSAGE() AS '错误信息'
END CATCH
```

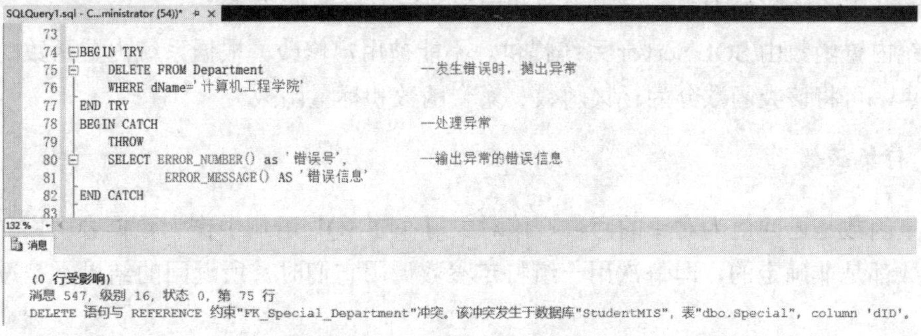

图 6-7　THROW 语句示例

从图 6-7 显示的消息可以看出，THROW 语句正确提示出错代码行号为第 75 行。

6. 等待语句

WAITFOR 语句用于暂时停止执行 SQL 语句、语句块或存储过程等，直到所设定的时间已过或者所设定的时间已到才继续执行。其语法格式如下。

```
WAITFOR { DELAY 'time' | TIME 'time' }
```

语法说明如下。

- DELAY：用于指定等待的时间间隔，最长为 24 小时。
- TIME：用于指定某一时刻，其数据类型为 datetime，格式为 hh:mm:ss。

【例 6.11】等待语句示例。

```
WAITFOR DELAY '00:00:03'                         --暂停 3s 后，继续执行
SELECT * FROM Department
GO
```

【任务 2】使用系统函数访问数据

任务描述：函数是数据库系统中的重要对象，它将具有一定功能的语句块封装在一起存储在数据库中，以提高代码的重用，降低应用程序与数据库之间的耦合。SQL Server 提供了众多功能强大、简单易用的内置函数，以方便用户有效地实现数据库管理操作。本任务通过具体实例介绍数学函数、字符串函数、日期时间函数、格式化函数、逻辑函数及元数据函数的使用方法。

6.2.1 T-SQL 的函数类型

同一般高级语言一样，函数是 SQL Server 中重要的功能之一。函数可用于实现一定功能的功能块，它由一条或多条 T-SQL 语句组成，用于封装经常需要执行的代码以便重用。SQL Server 中的函数分为系统内置函数和用户自定义函数两大类。

系统内置函数由 SQL Server 系统提供，不能被用户修改。根据系统内置函数的操作对象与特点，可将该类函数分为行集函数、聚合函数和标量函数。

1. 行集函数

行集函数是返回值为对象的函数，该对象可在 T-SQL 语句中作为数据表引用。所有的行集函数都是非确定的，即每次用一组特定参数调用它们时，所返回的结果不是每次都相同的。

2. 聚合函数

聚合函数又称为统计函数，是对一组值操作，返回单一的汇总值。通常与 SELECT 语句的 GROUP BY 子句一起使用。聚合函数在项目 4 中已经介绍使用，兹不赘述。

3. 标量函数

标量函数用来对基本数据类型的参数进行处理，其返回值也为基本类型。

学习提示：本任务将介绍 T-SQL 系统内置的函数。有关用户自定义函数的内容将在本项目任务 3 中进行详细阐述。

6.2.2　数学函数

数学函数用于对 SQL Server 提供的数值数据类型进行数学运算并返回运算结果。常用的数学函数如表 6-3 所示。

表 6-3　常用数学函数

函　数　名	功　　能	函　数　名	功　　能
ABS()	返回指定参数的绝对值	COS()	返回指定参数的余弦值
RAND()	返回 0～1 的随机浮点数	SIN()	返回指定参数的正弦值
ROUND()	将参数按指定精度四舍五入	TAN()	返回指定参数的正切值
LOG()	返回指定参数的自然对数	ACOS()	返回指定参数的反余弦值
LOG10()	返回指定参数的常用对数	ASIN()	返回指定参数的反正弦值
EXP()	返回指定参数的指数值	ATAN()	返回指定参数的反正切值
SQRT()	返回指定参数的平方根	COT()	返回指定角度余切值
CEILING()	返回不小于指定参数的最小整数	POWER()	返回指定参数的指定幂的值
FLOOR()	返回不大于指定数值表达式的最大整数	SIGN()	返回指定参数值是正数、0 或负数，分别返回 1、0 或-1
PI()	返回 PI 的常量值	SQUARE()	返回指定参数的平方

学习提示：算术函数将根据输入值的类型返回与输入值具有相同数据类型的值；而三角函数和其他的函数则将输入值转换成 float 并返回 float 值。

【例 6.12】使用 CEILING() 和 FLOOR()函数取整数据。

```
SELECT CEILING(5.6) AS A, FLOOR(5.6) AS B
```

执行上述代码，结果如图 6-8 所示。

【例 6.13】使用 RAND()函数产生随机数。

```
DECLARE @i INT=1
WHILE @i<=5
BEGIN
    PRINT '第'+CONVERT(VARCHAR,@i)+'次随机数：'+CONVERT(VARCHAR,RAND())
    SET @i+=1
END
```

执行上述代码，结果如图 6-9 所示。

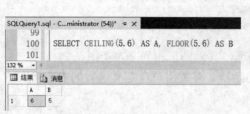

图 6-8 例 6.12 代码执行结果

图 6-9 RAND()函数示例结果

从图 6-9 中可以看出，RAND()函数每执行一次，其产生的随机数变化一次，若为随机函数添加一个整型参数，则不管程序运行多少次，产生的值都会相同。

6.2.3 字符串函数

字符串函数用来对字符和二进制字符串执行各种操作。大多数字符串函数用于字符类型和 Unicode 字符类型，只有少数的字符串函数用于 binary 等二进制数据类型。常用的字符串函数如表 6-4 所示。

表 6-4 常用字符串函数

函 数 名	功 能	函 数 名	功 能
CHAR()	将 ASCII 代码转换为字符	UPPER()	返回字符串的大写形式
STR()	返回由数值转换来的字符数据	LOWER()	返回字符串的小写形式
ASCII()	返回字符串参数最左侧的字符的 ASCII 代码值	SUBSTRING()	按指定的起始位和长度从字符串中截取子串
LEFT()	返回字符串中从左边开始指定个数的字符串	RIGHT()	返回字符串中从右边开始指定个数的字符串
LTRIM()	返回删除前导空格后的字符串	RTRIM()	返回删除尾随空格后的字符串
LEN()	返回字符串的长度	SPACE()	返回由重复的空格组成的字符串
REPLACE()	将字符串替换成另一个字符串	REVERSE()	返回字符串的逆向形式
STUFF()	将字符串插入另一个字符串	QUOTENAME()	返回带分隔符的 Unicode 字符串
PATINDEX()	返回指定参数中某模式第一次出现的起始位置	CHARINDEX()	返回字符串参数在另一个字符串中的起始位置
CONCAT()	字符串连接函数		

【**例 6.14**】使用字符串函数查询学生信息表中姓王的学生的学号、姓名和性别。

```
SELECT sCode,sName,sSex
FROM Student
WHERE SUBSTRING(sName,1,1)='王'
```

执行上述代码，结果如图 6-10 所示。

【例 6.15】使用字符串函数将"湖南信息职业技术学院"和"计算机工程学院"两个字符串进行连接。

```
DECLARE @school = '湖南信息职业技术学院'
DECLARE @dep = '计算机工程学院'
SELECT CONCAT(@school, @dep)
```

执行上述代码，结果如图 6-11 所示。

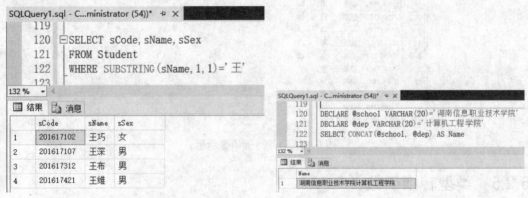

图 6-10　SUBSTRING()函数示例　　　　　　图 6-11　CONCAT()函数示例

6.2.4　日期时间函数

日期时间函数用于对日期和时间类型的数据进行相应操作。常用的日期时间函数如表 6-5 所示。

表 6-5　常用日期时间函数

函　数　名	功　　能	函　数　名	功　　能
GETDATE()	返回当前系统的日期和时间	GETUTCDATE()	返回当前的 UTC 时间
DATEADD()	返回给指定日期加一个时间间隔后的新日期值	DATEDIFF()	返回两个指定日期之间的差值
DATEPART()	返回指定日期的指定分量的整数值	YEAR()	返回指定日期的年份值
MONTH()	返回指定日期的月份值	DAY()	返回指定日期的天数值

【例 6.16】日期时间函数示例。查询学生信息表中年龄在 19～21 岁的学生的学号、姓名、性别和年龄。

```
SELECT *
FROM    (SELECT sCode,sName,sSex,
                DATEDIFF(YEAR,sBirth,GETDATE()) AS age
         FROM Student) AS temp
WHERE age BETWEEN 19 AND 21
```

执行上述代码，结果如图 6-12 所示。

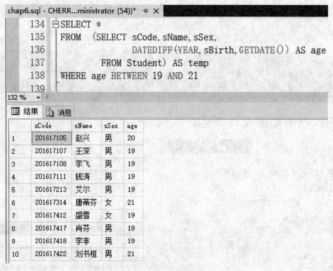

图 6-12　日期时间函数示例

6.2.5　类型转换函数

像高级语言一样，SQL Server 2016 也可以实现不同数据类型间的转换。由 SQL Server 自动完成的数据类型转换，称为隐式转换；如果 SQL Server 不能自动处理，就需要使用数据类型转换函数做显式转换，常用的转换函数有 CAST() 和 CONVERT() 两种。

CAST() 和 CONVERT() 都能实现数据类型的转换，其中 CONVERT() 函数的功能更为强大。常用的类型转换主要包括如下几种情况。

- 日期时间型→字符类型：如将 datetime 类型数据转换为 char、varchar 或 binary 等字符类型数据。
- 字符类型→日期时间型：如将 char、varchar 或 binary 等字符类型数据转换为 datetime 类型数据。
- 数值型→字符类型：如将 int、float 或 money 等类型数据转换为 char、varchar 或 binary 等字符类型数据。

1. CAST() 函数

CAST() 函数语法格式如下。

```
CAST (<expression> AS <data_type>[ length ])
```

该函数将 expression 表达式的类型转换为 data_type 所指定的类型。expression 可以是任何有效的表达式；data_type 为系统基本类型，当该类型为字符类型时，通过 length 指定字符长度。

2. CONVERT()函数

CONVERT()函数语法格式如下。

> CONVERT (<data_type>[length], <expression> [, style])

expression 和 data_type 参数的含义同 CAST()函数。对于不同的表达式类型转换，参数 style 的取值不同，其详细参数说明参见联机帮助。

【例 6.17】 CAST()和 CONVERT()函数的使用。

> SELECT CAST('11.35' AS float) AS A,
> 　　　　　CONVERT(varchar(12),GETDATE(),112) AS B

执行上述代码，结果如图 6-13 所示。

从显示结果来看，A 列将字符型数据 11.35 转换成 float 型数据；B 列将当前日期按 112（ISO 标准 yymmdd）的样式转换成字符型数据。

图 6-13　转换函数使用示例

6.2.6　格式化函数

FORMAT()函数将日期/时间和数字值格式化为识别区域设置的字符串。其语法格式如下。

> FORMAT (value, format [, culture])

参数说明如下。
- value：支持格式化的数据类型的表达式。
- format：指定字符串的格式模式。标准日期字符中格式模式如表 6-6 所示。标准数字字符串格式模式如表 6-7 所示。
- culture：指定区域性的可选 nvarchar 参数。区域对照如表 6-8 所示。

表 6-6　标准日期字符串格式模式（以中国区域 2018 年 4 月 16 日为例）

格式说明符	描　　　述	示　　　例
d	短日期模式	2018/4/16
D	长日期模式	2018 年 4 月 16 日
f	完整日期/时间模式（短时间）	2018 年 4 月 16 日　13:45
F	完整日期/时间模式（长时间）	2018 年 4 月 16 日　13:45:00
g	常规日期/时间模式（短时间）	2018/4/16 13:45
G	常规日期/时间模式（长时间）	2018/4/16 13:45:30
M 或 m	月/日模式	4 月 16 日
Y 或 y	年月模式	2018 年 4 月

表 6-7　标准数字字符串格式模式（以中国区域 123.456 为例）

格式说明符	描　　述	示　　例
C 或 c	货币值	¥123.456
D 或 d	整型数字	123, -123, -00123(D5)
E 或 e	指数记数	1.23456E+002
F 或 f	整数和小数	123.46

表 6-8　区域对照表

标　识　符	区 域 名 称	标　识　符	区 域 名 称
zh-cn	中国	fr-fr	法国
en-us	美国	ja-jp	日本
en-gb	英国		
de-de	德国		

【例 6.18】使用长日期格式分别显示中国、美国、英国、德国区域的当前日期。

```
DECLARE @d DATETIME = GETDATE();
SELECT FORMAT ( @d, 'D', 'zh-cn' ) AS '中国'
        ,FORMAT ( @d, 'D', 'en-US' ) AS '美国'
        ,FORMAT ( @d, 'D', 'en-gb' ) AS '英国'
        ,FORMAT ( @d, 'D', 'de-de' ) AS '德国'
```

执行上述代码，结果如图 6-14 所示。

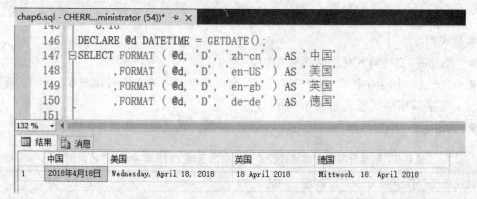

图 6-14　FORMAT()函数格式化日期示例

【例 6.19】分别显示数值 85.123 在中国、美国、英国、德国的货币格式。

```
DECLARE @n float= 85.123;
SELECT FORMAT ( @n, 'C', 'zh-cn' ) AS '中国'
        ,FORMAT ( @n, 'C', 'en-US' ) AS '美国'
        ,FORMAT ( @n, 'C', 'en-gb' ) AS '英国'
        ,FORMAT ( @n, 'C', 'de-de' ) AS '德国'
```

执行上述代码，结果如图 6-15 所示。

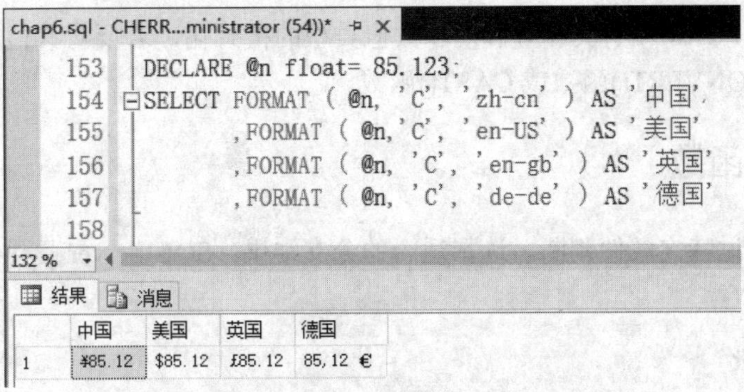

图 6-15　FORMAT()函数格式化数字示例

除使用标准的日期和数字格式外，用户也可以自定义格式字符串来显示相应数据。自定义格式符如表 6-9 所示。

表 6-9　自定义格式字符串

格式说明符	描　　述	示　　例
0	零占位符。用对应的数字（如果存在）替换零；否则，将在结果字符串中显示零	1234.5678("00000") -> 01235
#	数字占位符。用对应的数字（如果存在）替换"#"符号；否则，不会在结果字符串中显示任何数字	1234.5678 ("#####") -> 1235
.	小数点。确定小数点分隔符在结果字符串中的位置	0.45678 ("0.00", zh-cn) -> 0.46
,	组分隔符和数字比例换算。用作组分隔符和数字比例换算说明符	2147483647("##,#",zh-cn)->2,147,483,647
‰	千分比占位符。将数字乘以 1000，并在结果字符串中插入本地化的千分比符号	0.03697("#0.00‰", zh-cn)-> 36.97‰

【例 6.20】使用自定义格式字符串显示当前日期。

```
SELECT FORMAT( GETDATE(), 'yyyy/MM/dd', 'zh-cn' ) AS '自定义日期显示'
     ,FORMAT(123456789,'###-##-####') AS '自定义数字显示'
     ,FORMAT(cast('07:35' as time), N'hh\.mm') as '自定义时间显示'
```

执行上述代码，结果如图 6-16 所示。

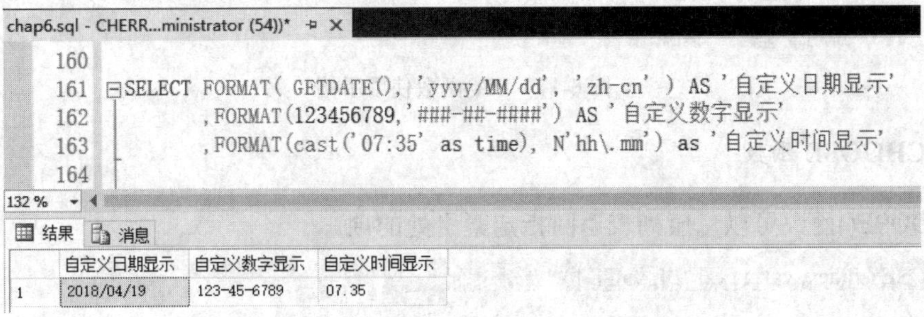

图 6-16　FORMAT()函数自定义格式字符串示例

学习提示：FORMAT()仅针对日期和数值类型的格式化，若要对其他数据类型进行转换，建议使用 CONVERT()函数或 CAST()函数。

6.2.7　逻辑函数

逻辑函数通过特定条件判断，选择适合的分支结果。SQL Server 提供的逻辑函数包括 IIF()和 CHOOSE()。

1. IIF()函数

IIF()函数根据布尔表达式计算为 true 还是 false，返回对应的数据值。语法格式如下。

```
IIF ( boolean_expression, true_value, false_value )
```

参数说明如下。

- boolean_expression：一个有效的布尔表达式。如果此参数不是布尔表达式，则引发一个语法错误。
- true_value：boolean_expression 计算结果为 true 时要返回的值。
- false_value：boolean_expression 计算结果为 false 时要返回的值。

【例 6.21】查询学生信息表 Student 的数据，输出 scode、sname 和 sphone 3 个字段。当 sphone 的值不为空时，输出 sphone 的值，否则输出"无电话"。

```
SELECT scode,sname
       ,IIF(sPhone IS NULL OR sPhone = '','无电话',sphone) AS sphone
FROM student
```

执行上述代码，结果如图 6-17 所示。

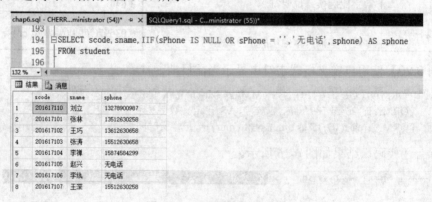

图 6-17　IIF()函数使用示例

2. CHOOSE 函数

CHOOSE()函数可以从值列表返回指定索引处的项。

```
CHOOSE ( index, val_1, val_2 [, val_n ] )
```

参数说明如下。

- index：整数表达式，其取值范围为 1~254。若 index 为 1，函数 CHOOSE 返回 val_1；如果为 2，函数 CHOOSE 返回 value2，依次类推。如果 index 值超出值列表的界限，函数 CHOOSE 返回 NULL。
- val_1...val_n：任何数据类型的逗号分隔的值列表。

【例 6.22】查询教师表 Teacher 的前 5 条记录，输出教师姓名和从事学科，其中从事学科的值由该教师所在院系 ID（dID）确定。

```
SELECT TOP 5 tname AS  教师姓名
    ,CHOOSE(dID,'电子信息','机械','计算机','经济管理','思政') AS  从事学科
FROM teacher
```

执行上述代码，结果如图 6-18 所示。

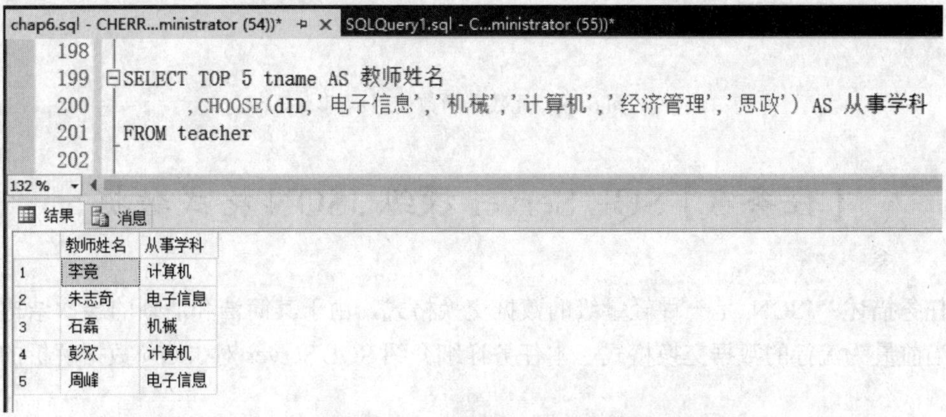

图 6-18　CHOOSE()函数使用示例

从执行结果可以看出，使用 CHOOSE()函数可以方便地查询出每位教师所从事的学科，而无须查询院系信息表的数据。

6.2.8　元数据函数

元数据函数主要用于获取系统配置、主机标识和错误等系统信息。SQL Server 2016 提供的主要元数据函数如表 6-10 所示。

表 6-10　常用元数据函数

函　数　名	功　　能	函　数　名	功　　能
DB_ID()	返回指定数据库的编号	HOST_ID()	返回数据库服务器计算机的标识号
DB_NAME()	返回指定数据库的名称	HOST_NAME()	返回数据库服务器计算机的名称
OBJECT_ID()	返回指定数据库对象的编号	SUSER_SID()	返回指定登录用户的安全标识号
OBJECT_NAME()	返回指定数据库对象的名称	SUSER_SNAME()	返回用户的登录名
USER_ID()	返回指定数据库用户的标识	COL_LENGTH()	返回表中指定字段的长度
USER_NAME()	返回指定数据库用户的名称	COL_NAME()	返回表中指定字段的名称

【例 6.23】查询系统当前数据库和当前用户的名称。

SELECT DB_NAME() AS 当前数据库名, SUSER_SNAME() AS 当前登录名

执行上述代码，结果如图 6-19 所示。

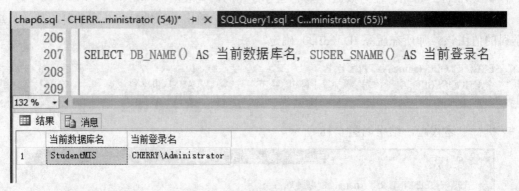

图 6-19　元数据函数使用示例

【任务 3】SQL Server 操纵 JSON 格式数据

任务描述： JSON 是一种轻量级的数据交换格式，由于其简洁和清晰的层次结构，已成为当前最为流行的数据交换格式。本任务详细介绍 SQL Server 对 JSON 数据解析的基本方法。

6.3.1　JSON 与 SQL Server

JSON 是基于 ECMAScript（欧洲计算机协会制定的 js 规范）的一个子集，采用完全独立于编程语言的文本格式来存储和表示数据。它易于用户阅读和编写，同时也易于机器解析和生成，并有效地提升网络传输效率，是当前最为流行的网络数据交换格式。

JSON 格式通过键值对保存对象，键/值对组合中的键名写在前面并用双引号（""）包裹，使用冒号（:）分隔，后面紧接着该健所对应的值。

JSON 对象表达式如下。

{"DataBase": "SQL Server"}

【例 6.24】使用 JSON 数据格式描述单个对象。

{"ID": "1", "Name": "张三","Sex": "男"}

上述 JSON 格式的代码描述了一个对象，该对象有 3 个属性，其中属性 ID 值为 1，属性 Name 值为张三，属性 Sex 值为男。

【例 6.25】使用 JSON 数据格式描述集合对象。

```
[ {"ID": "1", "Name": "张三","Sex": "男"}
{"ID": "2", "Name": "李四","Sex": "男"}
{"ID": "3", "Name": "王五","Sex": "男"} ]
```

上述 JSON 格式的代码描述了一个对象集合，该集合中包含 3 个对象。其属性 Name 的值分别为张三、李四和王五。

JSON 数据格式支持多层嵌套。

【例 6.26】使用 JSON 数据格式描述对象嵌套。

```
{"ID": "1", "Name": "张三","Sex": "男" ,"Score":{"Java": "70" ,"HTML": "84", "JavaScript":"85"}}
```

上述 JSON 格式的代码描述了一个对象，该对象有 4 个属性，其中属性 ID 值为 1，属性 Name 值为张三，属性 Sex 值为男，属性 Score 也被描述成一个对象，该对象有 3 个属性，分别是 Java、HTML 和 JavaScript。

【例 6.27】使用 JSON 数据格式描述多层嵌套对象。

```
{"root":
[{"ID": "1", "Name": "张三","Sex": "男" ,"Score":{"Java": "70" ,"HTML": "84", "JavaScript":"85"}}
{"ID": "2", "Name": "李四","Sex": "男" ,"Score":{"Java": "80" ,"HTML": "80", "JavaScript":"75"}}
{"ID": "3", "Name": "王五","Sex": "男", ,"Score":{"Java": "85" ,"HTML": "90", "JavaScript":"88"}} ]}
```

上述代码中，描述了三层嵌套，其中集合对象是根对象 root 的值。

SQL Server 2016 开始正式支持 JSON 的使用，它对 JSON 的支持并不是增加一个 JSON 数据类型，而是提供一个更轻便的框架，帮助用户在数据库里处理 JSON 格式数据。用户不需要更变现有的表结构，只需要查询语句就能将关系数据表中的数据输出为 JSON 格式，只需使用内置函数就可以轻松实现对 JSON 格式数据的处理。

6.3.2　查询语句输出 JSON 格式数据

SQL Server 2016 原生支持 JSON 数据格式，使用 SELECT 语句就可以将关系结果集转换为 JSON。

1. 使用 JSON AUTO 输出 JSON 格式

要将 SELECT 语句的结果以 JSON 输出，最简单的方法就是在 SELECT 语句后加上关键字 JSON AUTO。

【例 6.28】查询学生信息表 Student 的 sid 在 18～21 的记录，列出 sid、sname 和 sphone 3 列数据，并将结果输出为 JSON 格式。

```
SELECT sid, sname, sphone
FROM student
WHERE sid BETWEEN 18 AND 21
FOR JSON AUTO
```

执行上述代码，结果如图 6-20 所示。

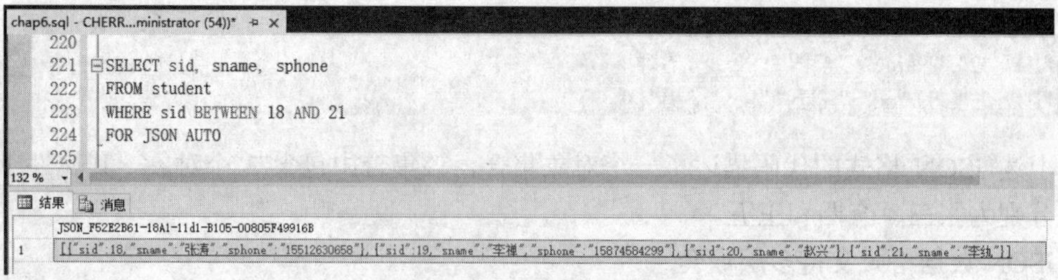

图 6-20　查询结果输出为 JSON

从查询结果可以看出，查询将关系表转换为键值对的对象集合，实现了关系数据表与 JSON 格式的无缝转换。

另外，sid 为 20 和 21 的对象转换为 JSON 后都缺少 sphone 的键值对。查看 Student 表中这两条记录的 sphone 值可以知道，它们的值均为 NULL。在转换成 JSON 时，会忽略 NULL 值，若要显示 NULL 值，可以加上 INCLUDE_NULL_VALUES 选项。

【例 6.29】查询学生信息表 Student 的 sid 在 18～21 的记录，列出 sid、sname 和 sphone 3 列数据，并将结果输出为 JSON 格式，不忽略 NULL 值。

```
SELECT sid, sname, sphone
FROM student
WHERE sid BETWEEN 18 AND 21
FOR JSON AUTO, INCLUDE_NULL_VALUES
```

执行上述代码，结果如图 6-21 所示。

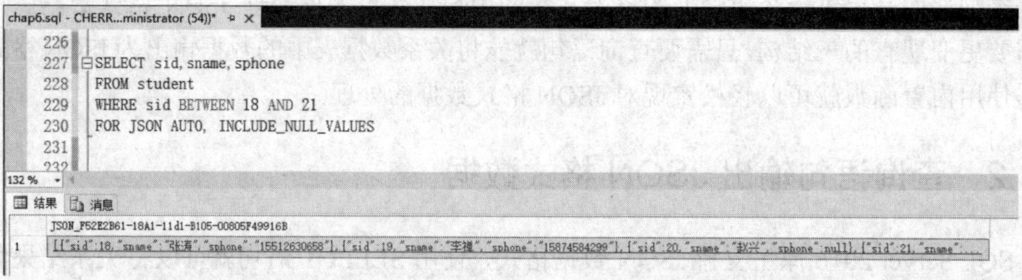

图 6-21　不忽略 NULL 的查询结果

从图 6-21 可以看到，sid 值为 20 的对象其 sphone 值显示为 NULL。

将多表查询的结果集转换为 JSON 时，SQL Server 会按主从关系，将从表查询的数据对象集嵌套在主表对象中。

【例 6.30】查询班级 ID 为 5 的班级代码、班级名称及该班学生的 sname 和 sphone 的值，并将结果输出为 JSON 格式，不忽略 NULL 值。

```
SELECT ccode,cname,sname,sphone
FROM class join student
ON class.cid = student.cid
WHERE class.cID = 5
FOR JSON AUTO,INCLUDE_NULL_VALUES
```

执行上述代码，结果如图 6-22 所示。

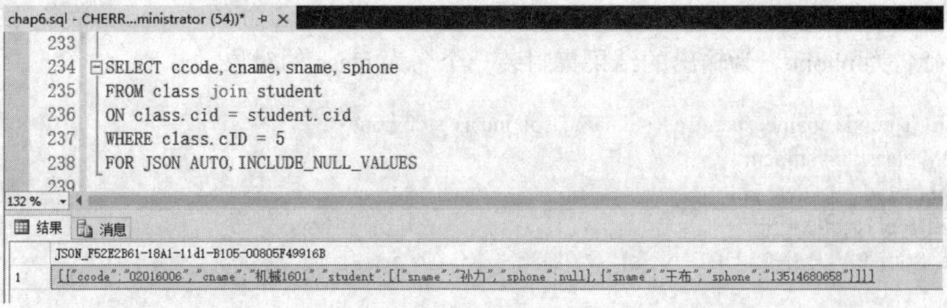

图 6-22　多表查询结果输出为 JSON（不忽略 NULL）

从图 6-22 结果可以看到，在 ID 为 5 的班级中有两条记录，且这两条记录构成的对象集作为了班级对象属性 student 的值。

2. 使用 JSON PATH 输出 JSON 格式

在使用 SELECT 语句输出 JSON 时，若想自定义 JSON 的输出键值，则需要在 SELECT 语句后加上 FOR JSON PATH 关键字。列名间用 "." 进行分隔，表示组-成员的关系。

【例 6.31】查询班级 ID 为 5 的班级代码、班级名称及该班学生的 sname 和 sphone 的值，并将结果输出为 JSON 格式，输出的 Student 对象以 std 命名，sname 命名为 name，sphone 命名为 phone。

```
SELECT ccode,cname, sname as 'std.name',sphone as 'std.phone'
FROM class join student
ON class.cid = student.cid
WHERE class.cID = 5
FOR JSON PATH,INCLUDE_NULL_VALUES
```

执行上述代码，结果如图 6-23 所示。

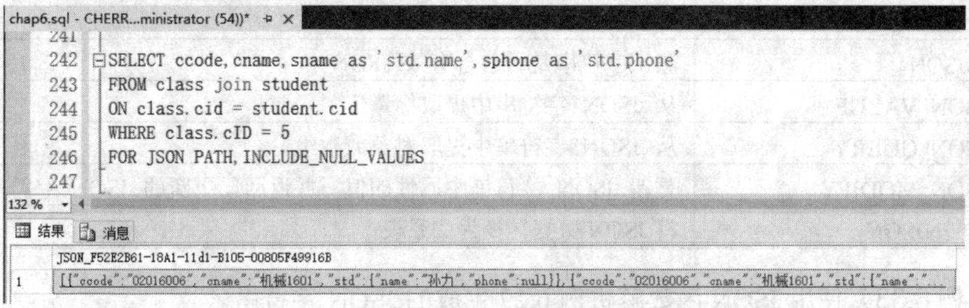

图 6-23　自定义 JSON 输出格式

从查询结果可以看出，查询出的 Student 对象的名称更改为 std，其属性 sname 和 sphone 都相应进行了改变。

当需要将 JSON 结果封装成一个对象时，可以在 SELECT 语句后添加关键字 ROOT，将输出的 JSON 集合封装成一个对象。

【例 6.32】查询班级 ID 为 5 的班级代码、班级名称及该班学生的 sname 和 sphone 的值，并将结果输出为 JSON 格式，输出的 Student 对象以 std 命名，sname 命名为 name，sphone 命名为 phone。为输出的结果集封装一个名为 class 的对象。

```
SELECT ccode,cname, sname as 'std.name',sphone as 'std.phone'
FROM class join student
ON class.cid = student.cid
WHERE class.cID = 5
FOR JSON PATH,INCLUDE_NULL_VALUES, ,ROOT('class')
```

执行上述代码，结果如图 6-24 所示。

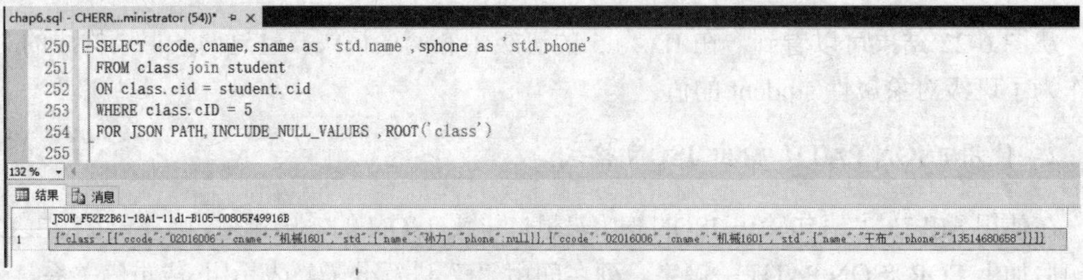

图 6-24　自定义 JSON 输出格式

6.3.3　解析 JSON 格式数据到数据表

SQL Server 除可以将关系数据输出为 JSON 格式外，也可以将 JSON 格式的数据解析为关系型数据。SQL Server 提供了丰富的内置函数处理 JSON 数据，可以分析 JSON 并读取和修改 JSON 的值，也可以将 JSON 对象数组转换为关系等。

SQL Server 提供的处理 JSON 对象的内置函数如表 6-11 所示。

表 6-11　常用的 JSON 函数

函　数　名	功　　能
ISJSON	测试字符串是否包含有效 JSON
JSON_VALUE	从 JSON 字符串中提取标量值
JSON_QUERY	从 JSON 字符串中提取对象或数组
JSON_MODIFY	更新 JSON 字符串中属性的值，并返回已更新的 JSON 字符串
OPENJSON	将 JSON 数据转换为关系表

【例 6.33】使用 JSON 函数解析例 6.29 生成的 JSON 字符串。

```
DECLARE @info VARCHAR(1000)
SET @info = '[{"ccode":"02016006","cname":"机械 1601",
            "student":[{"sname":"孙力","sphone":null}
                    ,{"sname":"王布","sphone":"13514680658"}]}]'
IF ISJSON(@info)=1
    BEGIN
        SELECT JSON_VALUE(@info,'$[0].student[0].sname') AS sname
```

```
        SELECT JSON_QUERY(@info,'$[0].student') ASstudents
        SELECT JSON_VALUE(JSON_MODIFY(@info,'$[0].ccode','02018888'),'$[0].ccode')
               AS ccode
    END
ELSE
    SELECT '格式错误'
```

执行上述代码，结果如图 6-25 所示。

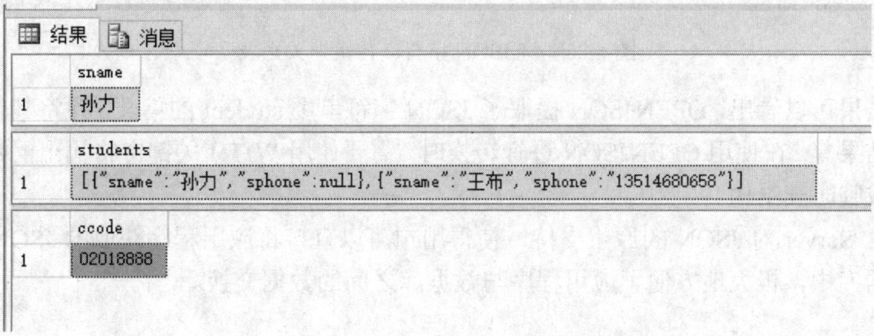

图 6-25 使用函数解析 JSON 字符串示例

从图 6-25 可以看出，上述代码段共输出了 3 次查询结果，其中第一个查询中使用了函数 JSON_VALUE，该函数第一个参数为 JSON 字符串，第二个参数指定在 JSON 字符串中提供数据的路径。其中符号 $ 表示路径的开始，$[0] 表示取 JSON 字符串第一个对象，$[0].student 表示取 JSON 字符串第一个对象的 student 对象集，$[0].student[0].sname 则表示取 JSON 字符串第一个对象中 student 对象集的第一个元素的 sname 的值。

当要从 JSON 字符串中获取对象或数组时，就需要使用 JSON_QUERY 函数，其参数的释意跟 JSON_VALUE 相同。

当需要修改 JSON 字符串的值时，则使用 JSON_MODIFY 函数。上述代码段是使用的语句 JSON_MODIFY(@info,'$[0].ccode','02018888'),'$[0].ccode')，说明 JSON_MODIFY 函数有 3 个参数，其中第 1 个参数为 JSON 字符串，第 2 个参数为待修改的数据路径，第 3 个参数则为新值。查询结果可以看出 JSON 字符串中 ccode 的值更改成功。

【例 6.34】使用 OPENJSON() 函数将 JSON 字符串转换为关系表。

```
DECLARE @info VARCHAR(1000)
SET @info = '[{"ccode":"02016006","cname":"机械 1601",
               "student":[{"sname":"孙力","sphone":null},
                          {"sname":"王布","sphone":"13514680658"}]}]'

SELECT sname, sphone
FROM OPENJSON(@info,'$[0].student')
WITH( sname VARCHAR(30),
      sphone VARCHAR(20)) AS student
```

执行上述代码，结果如图 6-26 所示。

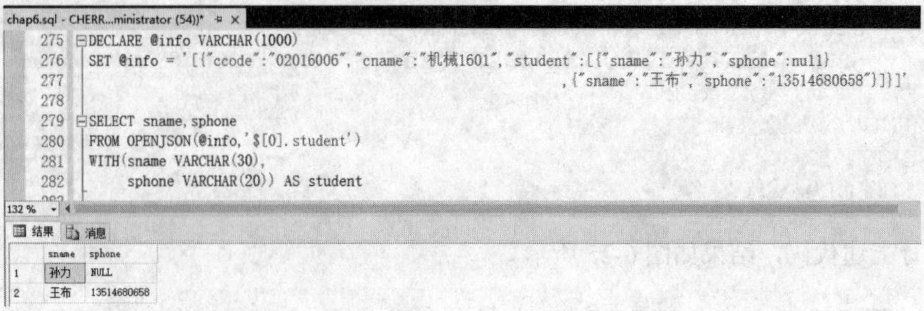

图 6-26 将 JSON 字符串转换为关系表

从结果可以看出，OPENJSON 提取了 JSON 字符串中 student 的集合，并将其转换为关系数据结果集。在使用 OPENJSON 进行转换时，需要使用 WITH 关键字将输出的数据字段集定义成临时表结构。

SQL Server 对 JSON 的原生支持，使得用户可以直接将应用程序获取的 JSON 数据存储在数据库中，极大地方便了应用程序与数据库之间的数据交换。

【任务 4】使用游标操作数据

任务描述：数据库中的 SELECT 语句实现的是数据集操作，若需要对单行记录进行处理，就需要使用游标。游标提供了一种对表中数据进行单行处理的机制，有效提高了数据库中数据处理的灵活性。本任务详细探讨了游标的基本原理和操作方法。

6.4.1 游标简介

游标作为一种数据访问机制，类似 C 语言中的指针，用于指向 SELECT 的查询结果集，并对结果集中的数据进行逐行访问。游标必须和 SELECT 语句关联才能使用，它由返回的结果集和游标位置组成。用户可以使用游标查看结果集中向前或向后的查询结果，也可以将游标定位在任意位置查看、更新和删除数据。游标把面向集合的数据库管理系统和面向行的程序设计联系起来，使两种数据处理方式能够有效沟通。

SQL Server 2016 中支持以下 3 种类型的游标。

1. T-SQL 游标

T-SQL 游标由 DECLARE CURSOR 语法定义，主要用在 T-SQL 脚本、存储过程和触发器中。T-SQL 游标的运算操作在服务器上完成，并由客户端发送到服务器端的 T-SQL 语句管理。T-SQL 游标不支持提取数据块或多行数据。

2. API 游标

API 游标支持在 OLE DB、ODBC 以及 DB_library 中使用游标函数，主要用在服务器上。每一次客户端应用程序调用 API 游标函数，SQL Sever 的 OLE DB 提供者、ODBC 驱动器或 DB_library 的动态链接库（DLL）都会将这些客户请求传送给服务器以对 API 游标进行处理。

3. 客户端游标

客户端游标主要是当在客户机上缓存结果集时才使用。在客户端游标中，有一个默认的结果集被用来在客户机上缓存整个结果集。客户游标仅支持静态游标而非动态游标。由于服务器游标并不支持所有的 T-SQL 语句或批处理，所以客户游标常常仅被用作服务器游标的辅助。

T-SQL 游标和 API 游标运行在服务器中，因而又称为服务器游标。本任务仅介绍 T-SQL 游标的使用。

6.4.2　游标的基本操作

游标类似指针，在关系表中实现行定位和逐行处理的机制，其使用遵循声明游标、打开游标、提取游标、关闭游标和释放游标 5 个步骤。

1. 声明游标

游标主要包括游标结果集和游标位置两部分，游标结果集是定义游标的 SELECT 语句返回的行集合，游标位置则是指向这个结果集中的某一行的指针。

使用游标之前，必须要声明游标，SQL Server 中使用 DECLARE CURSOR 语句声明游标，包括定义游标的滚动行为和用户生成游标所操作的结果集的查询，其语法格式如下。

```
DECLARE cursor_name CURSOR [ LOCAL | GLOBAL ]
    [ FORWARD_ONLY | SCROLL ]
    [ STATIC | KEYSET | DYNAMIC | FAST_FORWARD ]
    [ READ_ONLY | SCROLL_LOCKS | OPTIMISTIC ]
    [ TYPE_WARNING ]
    FOR select_statement
    [ FOR UPDATE [ OF column_name [ ,...n ] ] ]
```

语法说明如下。

- cursor_name：T-SQL 服务器游标定义的名称。
- LOCAL：指定游标的作用域为局部。
- GLOBAL：指定游标的作用域为全局。
- FORWARD_ONLY：指定游标为仅向前游标，表示只能从第一条记录向下滚动到最后一条记录。
- SCROLL：指定所有的提取选项（FIRST、LAST、PRIOR、NEXT、RELATIVE、ABSOLUTE）均可用。如果指定了 FAST_FORWARD，则不能指定 SCROLL。

- STATIC：定义游标为静态游标。该游标使用数据的临时副本，对游标的所有操作都在临时表中进行。静态游标不允许修改。
- KEYSET：定义游标为键集游标。当游标打开时，游标中行的成员身份和顺序已经固定。对行进行唯一标识的键集内置在 tempdb 内一个称为 keyset 的表中。
- DYNAMIC：定义游标为动态游标。当游标滚动时，可以对数据进行修改。
- FAST_FORWARD：指定启用了性能优化的 FORWARD_ONLY、READ_ONLY 游标。如果指定了 SCROLL 或 FOR_UPDATE，则不能指定 FAST_FORWARD。
- READ_ONLY：定义游标为只读游标，禁止通过该游标对基本表数据进行更新。
- UPDATE [OF column_name [,...n]]：定义游标中可更新的列。如果指定了 OF column_name [,...n]，则只允许修改所列出的列。如果指定了 UPDATE，但未指定列的列表，则可以更新所有列。
- select_statement：定义游标结果集的标准 SELECT 语句。

【例 6.35】定义指向班级信息表 class 的游标 cursor_class。

```
DECLARE cursor_class CURSOR
FOR SELECT * FROM class
```

上述代码定义了一个名为 cursor_class 的游标，游标指向查询班级信息的结果集。

【例 6.36】定义指向班级信息表 class 的只读游标 cursor_class_onlyread。

```
DECLARE cursor_class_onlyread CURSOR
FOR SELECT * FROM class
FOR READ ONLY
```

上述代码定义的游标增加了 READ ONLY 关键字，表示游标只能读不能更改。

2. 打开游标

游标声明后，在使用前必须使用 OPEN 语句将其打开，OPEN 语句可以打开一个游标，也可以打开一个游标变量。语法格式如下。

```
OPEN [GLOBAL] cursor_name | cursor_variable_name
```

其中，cursor_name 为游标的名称，cursor_variable_name 表示游标变量。当不指定 GLOBAL 时，表示游标为局部游标。

游标打开后，游标的位置指向游标关系的查询结果集的第一行。

【例 6.37】打开游标 cursor_class。

```
OPEN cursor_class
```

执行上述代码，游标 cursor_class 被打开。

3. 提取游标

打开游标之后就可以读取游标中的数据，FETCH 语句可以提取游标中的某一行数据，其语法格式如下。

```
FETCH
[ [ NEXT | PRIOR | FIRST | LAST
                | ABSOLUTE { n | @nvar }
                | RELATIVE { n | @nvar }
        ]
FROM
]
{ { [GLOBAL ] cursor_name } | @cursor_variable_name}
[ INTO @variable_name [ ,...n ] ]
```

语法说明如下。

- NEXT：返回游标指向的下一条记录。若 FETCH NEXT 为对游标的第一次提取操作，则返回结果集中的第一行。NEXT 为默认的游标提取选项。
- PRIOR：返回游标指向的前一条记录。若 FETCH PRIOR 为对游标的第一次提取操作，则没有行返回并且游标指向第一条之前。
- FIRST：返回游标中的第一条并将其作为当前行。
- LAST：返回游标中的最后一条并将其作为当前行。
- ABSOLUTE n：如果 n 为正数，则返回从游标头开始向后 n 行的第 n 行；如果 n 为负数，则返回从游标末尾开始向前 n 行的第 n 行；如果 n 为 0，则不返回行。
- RELATIVE n：如果 n 为正数，则返回从当前行开始向后的第 n 行；如果 n 为负数，则返回从当前行开始向前的第 n 行；如果 n 为 0，则返回当前行。
- GLOBAL：指定 cursor_name 是全局游标。
- cursor_name：已打开游标的名称。
- INTO @variable_name [,...n]：允许将提取操作的列数据放到局部变量中。列表中的各个变量从左到右与游标结果集中的相应列相关联。变量的类型和数目必须与游标选择列表中的列一致。

【例 6.38】使用游标提取 spID 值为 3 的班级信息。

```
-- 声明游标
DECLARE cursor_class_3 CURSOR
FOR SELECT * FROM class WHERE spID=3
FOR READ ONLY
-- 打开游标
OPEN cursor_class_3
-- 提取游标数据
FETCH NEXT FROM cursor_class_3
WHILE @@FETCH_STATUS = 0
```

```
BEGIN
    FETCH NEXT FROM cursor_class_3
END
```

执行上述语句，结果如图 6-27 所示。

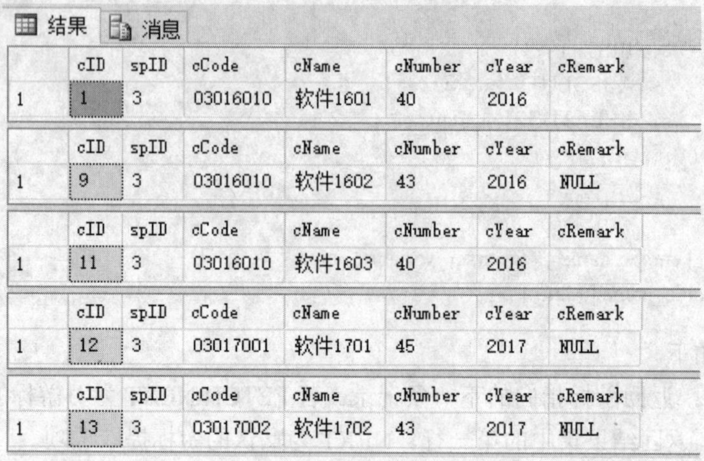
结果 消息

	cID	spID	cCode	cName	cNumber	cYear	cRemark
1	1	3	03016010	软件1601	40	2016	

	cID	spID	cCode	cName	cNumber	cYear	cRemark
1	9	3	03016010	软件1602	43	2016	NULL

	cID	spID	cCode	cName	cNumber	cYear	cRemark
1	11	3	03016010	软件1603	40	2016	

	cID	spID	cCode	cName	cNumber	cYear	cRemark
1	12	3	03017001	软件1701	45	2017	NULL

	cID	spID	cCode	cName	cNumber	cYear	cRemark
1	13	3	03017002	软件1702	43	2017	NULL

图 6-27　使用游标提取数据

分析上述代码可以知道，该代码段定义了名为 cursor_class_3 的游标，该游标指向 spID 为 3 的 class 查询结果集，并使用 FETCH 语句依次提取了该集合中的每一行记录。

此外，@@FETCH_STATUS 是全局变量，用于标识游标提取状态。当值为 0 时，表示提取游标成功；值为-1 时表示提取失败或此行不在结果集中；值为-2 时表示被提取的行不存在。@@FETCH_STATUS 的值通过 FETCH NEXT FROM 来改变。

【例 6.39】使用游标提取 spID 值为 3 的班级的名称和人数。输出格式如“软件 1601，人数：40”。

```
DECLARE @name varchar(30),@number int
DECLARE cursor_class_3 CURSOR
FOR SELECT cName, cNumber FROM class WHERE spID=3
FOR READ ONLY
-- 打开游标
OPEN cursor_class_3
-- 提取游标数据
WHILE @@FETCH_STATUS = 0
BEGIN
    FETCH NEXT FROM cursor_class_3 INTO @name, @number
    PRINT CONCAT(@name ,',人数：', @number)
END
```

上述代码中将提取的数据赋给了局部变量@name和@number，并通过函数 CONCAT()将变量值进行连接。

执行上述语句，结果如图 6-28 所示。

📄 消息
　　软件1601,人数: 40
　　软件1602,人数: 43
　　软件1603,人数: 40
　　软件1701,人数: 45
　　软件1702,人数: 43
　　软件1702,人数: 43

图 6-28 使用游标提取数据到局部变量

从图 6-28 输出消息可以看出，使用游标提取数据后，按用户自定义进行输出。事实上，游标操作的核心是数据提取，即 FETCH 操作。

4. 关闭游标

由于游标创建时，数据库服务器会开辟内存空间用于存放游标返回的结果集，当游标使用完后，一定要关闭游标，以释放服务器的空间，防止内在泄漏。关闭游标的语法如下。

CLOSE [GLOBAL] cursor_name | cursor_variable_name

语法参数同 OPEN 语句相同。

【例 6.40】关闭名称为 cursor_class_3 的游标。

CLOSE cursor_class_3

执行上述语句完成游标的关闭操作。游标关闭后，可以再次打开。在一个批处理中，也可以进行多次打开或关闭操作。

5. 释放游标

当用户不再需要某个游标时，应及时使用 DEALLOCATE 命令将其占用的资源释放。释放游标的语法格式如下。

DEALLOCATE [GLOBAL] cursor_name

若游标被释放，将不能再打开。

【例 6.41】释放名称为 cursor_class_3 的游标。

DEALLOCATE cursor_class_3

执行上述语句，游标 cursor_class_3 占用的空间都将被释放。此外，游标可应用在存储过程、触发器等对象中，如果在声明游标与释放游标间使用了事务，当事务结束时，游标会自动关闭。

对于多表间相关数据一致性的维护，使用游标是一个不错的选择。

【例 6.42】在 Student 中，按班级统计各班学生人数，并将统计的结果值更新 Class 表中对应班级的 cNumber 值。

DECLARE @cID INT,@cNumber INT

```
-- 声明游标
DECLARE cursor_updateClass CURSOR
FOR SELECT cID FROM class
-- 打开游标
OPEN cursor_updateClass

WHILE @@FETCH_STATUS=0
BEGIN
-- 提取游标数据
    FETCH NEXT FROM cursor_updateClass INTO @cID
-- 统计 Student 表中指定班级的实际人数
    SET @cNumber = (SELECT COUNT(*)
                            FROM Student
                            WHERE cID = @cID)
-- 更新指定班级的 cNumber 值
    UPDATE Class
    SET cNumber = @cNumber
    WHERE cID = @cID
END
--关闭和释放游标
CLOSE cursor_updateClass
DEALLOCATE cursor_updateClass
```

上述代码中,使用游标变量 cursor_updateClass 逐行提取班级信息表 Class 中的 cID 值,并通过该值在学生信息表 Student 中统计出该班的实际人数保存在局部变量@cNumber 中,然后将该值更新 Class 表中对应的班级总人数 cNumber 值。

思 考 题

1. SQL 语句与 C 语言或 Java 语言有什么异同?
2. 什么是 JSON? SQL Server 如何与 JSON 数据进行转换?
3. 什么是游标? 实现游标需要哪几个步骤? 使用游标的优缺点分别是什么?

项 目 实 训

实训任务: •

流程控制、函数、JSON 和游标的使用。

实训目的:

1. 能正确使用 T-SQL 语言中的流程控制语句。
2. 能正确使用 SQL Server 2016 提供的系统函数。

3．能使用 T-SQL 命令创建用户自定义函数和调用函数。

4．能正确实现表中的记录与 JSON 数据格式的转换。

5．能正确使用游标进行数据处理。

实训内容：

1．输出 1～100 中能够同时被 3 和 5 整除的整数。

2．统计各学生的平均总成绩，设置成绩等级，成绩在 90 分以上的评定为"优秀"，成绩在 80 分以上为"良好"，成绩在 60 分以上为"合格"，否则为"不及格"。

3．创建名为 fnStatistics 的函数，统计指定学生所选课程的总分（即总成绩列之和）。

4．创建名为 fnStudentByTC 的函数，查询选修了指定教师任教的某门课程的学生的学号、姓名、性别、班级和联系电话。

5．创建名为 fnStudentScore 的函数，评定指定学生所选修课程的等级。期末成绩达到 85 分为优秀，达到 60 分为合格，低于 60 分为不及格。显示结果含有课程名称、总成绩和等级 3 列数据。

6．删除名为 fnStatistics 的函数。

7．查询院系信息表中的所有信息，并输出为 JSON 格式。

8．将以下指定班级的 JSON 格式数据追加到学生信息表中（设软件 1801 班级已添加到班级信息表中）。

```
'[{"ccode":"03018001","cname":"软件 1801",
        "student":[{"scode":"03011800101", "sname":"孙大力"},
            {"scode":"03011800102", "sname":"李一林"},
            {"scode":"03011800103", "sname":"刘文立"}]}]'
```

9．重新统计学生信息表中各班级的实际人数，并将人数更新到班级信息表中班级人数列（提示：使用游标实现）。

项目 7　数据库模块化程序设计

数据库模块化程序设计就是将具有特定功能的一组 SQL 数据指令集合封装成数据库对象，以实现代码的复用，提高数据库程序的开发效率。用户自定义函数、存储过程和触发器是 SQL Server 2016 数据库中提供的实现模块化设计的主要对象，它们均可以封装复杂的数据处理逻辑，在满足应用需求的同时，提高了程序的执行效率。

本项目以 T-SQL 中的用户自定义函数、存储过程和触发器为对象，阐述这 3 种对象的创建和执行方法。

【任务 1】使用自定义函数实现数据访问

任务描述： 为满足用户数据处理的需要，数据库提供了用户自定义函数以实现特定的处理逻辑。本任务详细介绍了 SQL Server 2016 中用户自定义函数的 3 种类别，通过实例类比了 3 种类别函数的应用场景及创建和使用方法。

7.1.1　用户自定义函数分类

与高级编程语言相似，SQL Server 2016 中用户自定义函数是以完成某个具体功能为目的的语句块。它的使用可以实现数据库代码的模块化设计，实现代码重用。SQL Server 中用户自定义函数通过缓存计划来实现，以降低函数重复调用时代码的编译开销，以提高 T-SQL 代码的执行效率。

用户自定义函数可以接受 0 个或多个输入参数，并返回标量值或表。根据用户定义函数返回值的类型，可将用户定义函数分为如下 3 种类型。

1. 标量值函数

用户定义函数返回单个数据值，不支持输出参数，并且其类型是在 RETURNS 子句中定义的。标量函数不能修改全局数据库状态，在语法上与 COUNT 或 MAX 等内置系统函数类似。

2. 内联表值函数

内联表值函数也称为单语句表值函数，是指用户定义函数包含单个 SELECT 语句且该语句可更新，函数返回一个表，返回的表也可更新。它类似于视图，但比视图提供了更多的灵活性。

3. 多语句表值函数

多语句表值函数是指用户定义函数包含一系列的 T-SQL 语句，这些语句可以生成行并将其插入将返回的表中，但函数返回的表不可更新，它与存储过程类似。

SQL Server 2016 提供了 T-SQL 命令和 SSMS 可视化工具创建用户自定义函数。由于使用 SSMS 可视化工具方式也需要使用 T-SQL 命令的相关知识，这里仅介绍 T-SQL 语句管理用户自定义函数。

用户自定义函数由 T-SQL 的 CREATE FUNCTION 命令创建。根据函数返回的类型不同其语法格式也略有区别。以下分别介绍创建标量值函数、内联表值函数和多语句表值函数的具体方法。

7.1.2　用户自定义标量值函数

1. 创建标量值函数

标量值函数和系统内置标量函数相似，函数的执行结果返回单个值。语法格式如下。

```
CREATE FUNCTION [ schema_name. ] function_name
( [ { @parameter_name [ AS ][ type_schema_name. ] parameter_data_type
    [ = default ] [ READONLY ] }
    [ ,...n ] ]
)
RETURNS return_data_type
    [ AS ]
    BEGIN
        function_body
        RETURN scalar_expression
    END
```

语法说明如下。
- schema_name：用户自定义函数所属架构的名称。
- function_name：用户自定义函数的名称，必须符合标识符的规则。
- @parameter_name：用户自定义函数中的参数。可声明一个或多个参数，参数必须符合变量的定义规则。
- parameter_data_type：参数的数据类型，不支持用户自定义数据类型。
- [= default]：参数的默认值。如果定义了 default 值，则无须指定此参数的值即可执行函数。
- READONLY：指示不能在函数定义中更新或修改参数。若参数类型为用户定义的表类型，则应指定 READONLY。
- return_data_type：用户自定义函数的返回值类型。

- function_body：指定一系列 T-SQL 语句定义函数的值。
- scalar_expression：指定标量函数返回的标量值。

【例 7.1】创建标量值函数 fnTitleSum，统计指定院系的教师人数。

```
USE StudentMIS
GO
CREATE FUNCTION fnTitleSum
(@dName varchar(20)) RETURNS INT
AS
BEGIN
    DECLARE @num INT
    SELECT @num=COUNT(*)
    FROM Teacher
    WHERE dID=( SELECT dID
                    FROM Department
                    WHERE dName=@dName)
    RETURN @num
END
GO
```

2. 调用标量值函数

在 T-SQL 语句中允许使用标量表达式的任何位置都可以调用标量值函数（与标量表达式的数据类型相同），常用的调用方式如下。

- 在 SELECT 或 SET 语句中调用。

调用格式为：所有者名.函数名(实参 1, 实参 2,…, 实参 n)

这里的实参可以是已赋值的局部变量或表达式。

【例 7.2】调用标量值函数 fnTitleSum，分别以"计算机工程学院"和"信息工程学院"为实际参数。

```
DECLARE @s1 VARCHAR(50)='计算机工程学院'
        ,@s2 VARCHAR (50)='信息工程学院'
SELECT dbo.fnTitleSum(@s1) as 计算机工程学院教师人数,
       dbo.fnTitleSum(@s2) as 信息工程学院教师人数
```

执行上述代码，结果如图 7-1 所示。

- 使用 EXEC 语句执行。

调用格式为：[所有者名.]函数名 [< 形参 1>]=实参 1,…, [< 形参 n>]=实参 n

学习提示：当指定形参时，实参的顺序可以与函数定义的形参顺序不一致。

【例 7.3】使用 EXEC 语句调用标量值函数 fnTitleSum，以"机械工程学院"为实际参数。

```
DECLARE @s1 VARCHAR(50)='机械工程学院'
DECLARE @cnt INT
EXEC @cnt=dbo.fnTitleSum @dName=@s1
SELECT @cnt AS 机械工程学院教师人数
```

执行上述代码，结果如图 7-2 所示。

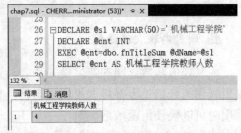

图 7-1 使用 SELECT 语句调用标题函数   图 7-2 使用 EXEC 语句调用标量函数

7.1.3 用户自定义内联表值函数

视图的局限性是不支持在 WHERE 子句中指定搜索条件的参数，内联表值函数主要用于实现参数化视图的功能。

1. 创建内联表值函数

内联表值函数的返回结果是表，语法格式如下。

```
CREATE FUNCTION [ schema_name. ] function_name
( [ { @parameter_name [ AS ] [ type_schema_name. ] parameter_data_type
    [ = default ] [ READONLY ] }
    [ ,...n ]   ]
)
RETURNS TABLE
    [ AS ]
    RETURN [ ( ) select_stmt [ ] ]
```

语法说明如下。

● RETURNS TABLE：指明函数返回值为表。

● select_stmt：定义内联表值函数返回值的单个 SELECT 语句。

● 其他参数项同标量值函数的说明。

【例 7.4】创建内联表值函数 fnFindTeacher，用来查询指定院系的教师信息。

```
USE StudentMIS
GO
CREATE FUNCTION fnFindTeacher
(@dpName VARCHAR(20))
RETURNS TABLE
AS RETURN
    SELECT tCode, tName, tDegree, tTitle
    FROM Teacher
    WHERE did=(SELECT did
                FROM dbo.Department
                WHERE dName=@dpName
```

```
            )
GO
```

2. 调用内联表值函数

内联表值函数返回的结果是关系表，且实现的是带条件的视图，因而在 T-SQL 语句中使用视图的任何地方都可调用内联表值函数。一般通过 SELECT 语句来调用内联表值函数，调用时可以仅使用函数名。

【例 7.5】调用内联表值函数 fnFindTeacher，查询"计算机工程学院"的教师信息。

```
DECLARE @s1 VARCHAR(50)='计算机工程学院'
SELECT * FROM fnFindTeacher(@s1)
```

执行上述代码，结果如图 7-3 所示。

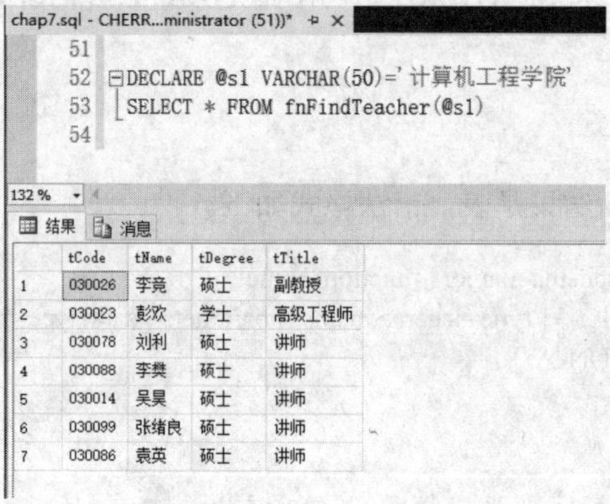

图 7-3　调用 fnFindTeacher 函数

7.1.4　用户自定义多语句表值函数

多语句表值函数是视图和存储过程的结合，它和内联表值函数都返回表，不同的是内联表值函数没有函数体，返回的表是单个 SELECT 语句的结果集，而多语句表值函数的函数体由多条 T-SQL 语句生成相应的行插入要返回的表中。

1. 创建多语句表值函数

语法格式如下。

```
CREATE FUNCTION [ schema_name. ] function_name
( [ { @parameter_name [ AS ] [ type_schema_name. ] parameter_data_type
    [ = default ] [READONLY] }
    [ ,...n ]   ]
)
RETURNS @return_variable TABLE <table_type_definition>
    [ AS ]
```

```
BEGIN
    function_body
    RETURN
END
```

语法说明如下。

- @return_variable：表变量，用于存储作为函数值返回的记录集。
- table_type_definition：定义 T-SQL 函数的表数据类型。表声明包含列定义和列约束（或表约束）。该表始终放在主文件组中。
- function_body：是一系列 T-SQL 语句，这些语句将填充表返回变量。
- 其他参数项同标量函数的定义。

【例 7.6】创建多语句表值函数 fnFindCourse，用来查询指定教师任教的课程名称、实践课时、理论课时和总课时。

```
USE StudentMIS
GO
CREATE FUNCTION fnFindCourse
(@tName VARCHAR(50))
RETURNS @teachCourse TABLE
(    courseName varchar(80),
     courseTheory numeric(9,0),
     coursePractice numeric(9,0),
     courseTotal numeric(9,0)
)
AS
BEGIN
    INSERT @teachCourse
    SELECT coName, coTheory, coPratice, coTheory+coPratice
    FROM Teacher a JOIN TeachCourse b JOIN Course c
         ON b.coID=c.coID
         ON a.tID=b.tID
    WHERE tName=@tName
  RETURN
END
```

2. 调用多语句表值函数

多语句表值函数的调用与内联表值函数的调用方法相同。

【例 7.7】调用多语句表值函数 fnFindCourse，用来查询教师"李竞"任教的课程名称、实践课时、理论课时和总课时。

```
DECLARE @tname VARCHAR(50)='李竞'
SELECT * FROM fnFindCourse(@tname)
```

执行上述代码，结果如图 7-4 所示。

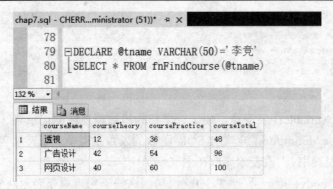

图 7-4   调用 fnFindCourse 函数

从执行结果可以看出，多语句表值函数输出的表字段是该函数定义时 RETURNS TABLE 中指定的列名，函数体主要完成的是向该定义的表结构中插入数据。

用户自定义函数的修改同创建的语法和操作方式基本一致，只是使用的 T-SQL 命令为 ALTER FUNCTION，删除用户自定义函数的命令为 DROP FUNCTION，这里不再叙述，读者可以尝试使用这两个命令去修改或删除用户自定义函数。

【任务 2】使用存储过程实现数据访问

任务描述： 存储过程也是数据库的重要对象，它封装了具有一定功能的语句块，并将其预编译后保存在数据库中，供用户重复调用，提高 T-SQL 代码的执行效率，降低应用程序和数据库之间的耦合。本任务在阐述使用存储过程的优点基础上分别介绍带有输入、输出参数和返回值的存储过程的使用方法和技巧，有效实现数据库中模块化程序设计。

7.2.1   存储过程概述

存储过程和函数类似，都是 SQL 面向过程的一种数据对象。存储过程是存放在数据库中的一组预编译的 T-SQL 语句，用来执行数据库管理任务或实现复杂的业务逻辑，它可以提供输入参数、输出参数和返回值，以供用户调用。存储过程是数据库中的一个重要对象，它的使用可以有效地提高数据访问的执行效率，任何一个设计良好的数据库应用程序都应该使用存储过程。

1. 使用存储过程的优点

存储过程是指封装了可重用代码的模块或例程，以满足用户反复执行数据访问的需要。存储过程可以接受输入参数，并以输出参数或返回结果的形式向调用存储过程的对象返回相应数据。使用存储过程的优点如下。

（1）存储过程可以有效提高程序的执行速度。存储过程在首次执行时由系统进行语法检查与编译处理，执行完成后，其执行计划就驻留在调整缓存中，在以后的调用中就不需要再被重新编译，因此存储过程的执行效率高。

（2）存储过程可以减少网络通信流量。无论要执行的数据访问代码有多长，当把它们写入一个存储过程后，应用程序只需一条调用语句来执行这些操作，就可以得到感兴趣的结果，从而有效地减少网络传输的数据，提高网络传输性能。

（3）存储过程可以有效实现代码重用。存储过程是为实现某种特定功能的 T-SQL 语句序列，供用户共享及重复调用。存储过程与调用它的应用程序分离，减少了应用程序和数据库之间的耦合。

（4）存储过程可以增强系统的安全性。使用参数化存储过程可以有效保护应用程序，降低 SQL 注入攻击的可能。

2．存储过程的分类

根据创建对象和使用范围不同，存储过程可以分为系统存储过程、用户自定义存储过程和扩展存储过程等多种类别。

1）系统存储过程

系统存储过程是由 SQL Server 系统提供的标准存储过程，主要用来收集系统信息和维护数据库实例，系统存储过程以 sp_为前缀，被定义在系统数据库 master 中，可以在任何一个数据库中执行，常用的系统存储过程如表 7-1 所示。

表 7-1　常用系统存储过程

存储过程名	功　　能	存储过程名	功　　能
sp_help	显示指定数据库对象的详细信息	sp_pkeys	显示指定表的主键信息
sp_helpdb	显示指定数据库或全部数据库信息	sp_fkeys	显示指定表的外键信息
sp_tables	显示当前数据库中表和视图的信息	sp_helpindex	显示指定表或视图的索引信息
sp_helplogins	显示指定登录名的信息	sp_helprole	返回当前数据库中的角色信息

【例 7.8】系统存储过程使用示例。查看院系信息表（Department）的详细信息。

```
EXEC sp_help Department
```

其中 EXEC 命令用来执行存储过程，有关该命令的详细语法在用户自定义存储过程中再叙述。执行上述代码，结果如图 7-5 所示。

从图 7-5 的结果可以看出，该存储过程列出了指定 Department 表的基本信息、列信息、标识列、主键、索引和约束等信息。

2）用户自定义存储过程

用户自定义存储过程是指在用户数据库中创建的存储过程，来完成用户所需的特定数据库操作任务，类似高级语言中的函数。

3）扩展存储过程

扩展存储过程是允许在 SQL Server 环境之外，使用其他编程语言（例如 C）创建自己的外部例程。这种外部例程以动态链接库（DLL）的形式，被 SQL Server 的实例动态加载和运行。扩展存储过程通常以 xp_为前缀。

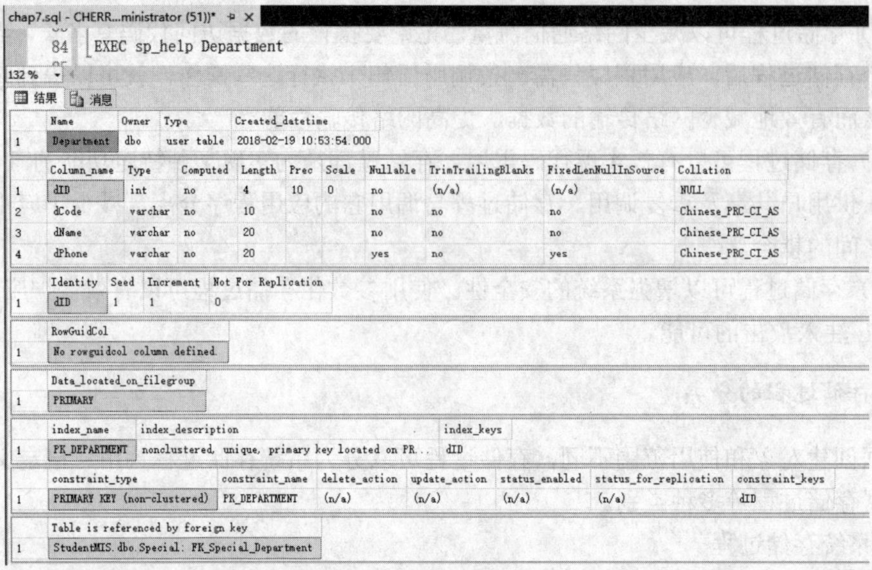

	Name	Owner	Type	Created_datetime
1	Department	dbo	user table	2018-02-19 10:53:54.000

	Column_name	Type	Computed	Length	Prec	Scale	Nullable	TrimTrailingBlanks	FixedLenNullInSource	Collation
1	dID	int	no	4	10	0	no	(n/a)	(n/a)	NULL
2	dCode	varchar	no	10			no	no	no	Chinese_PRC_CI_AS
3	dName	varchar	no	20			no	no	no	Chinese_PRC_CI_AS
4	dPhone	varchar	no	20			yes	no	yes	Chinese_PRC_CI_AS

	Identity	Seed	Increment	Not For Replication
1	dID	1	1	0

	RowGuidCol
1	No rowguidcol column defined.

	Data_located_on_filegroup
1	PRIMARY

	index_name	index_description	index_keys
1	PK_DEPARTMENT	nonclustered, unique, primary key located on PR...	dID

	constraint_type	constraint_name	delete_action	update_action	status_enabled	status_for_replication	constraint_keys
1	PRIMARY KEY (non-clustered)	PK_DEPARTMENT	(n/a)	(n/a)	(n/a)	(n/a)	dID

	Table is referenced by foreign key
1	StudentMIS.dbo.Special: FK_Special_Department

图 7-5 系统存储过程执行结果

7.2.2 创建用户自定义存储过程

用户自定义存储过程只能创建在当前数据库中，可以使用 T-SQL 命令和 SSMS 可视化方式创建存储过程。默认情况下，用户自定义存储过程归数据库所有者拥有。本节主要介绍 T-SQL 命令操纵用户自定义存储过程的相关知识。

SQL Server 2016 中使用 CREATE PROCEDURE 命令创建用户自定义存储过程。创建存储过程首先编写并测试要包含在存储过程中的 T-SQL 语句，若得到期望的结果，则执行存储过程的定义。

1. 创建用户自定义存储过程

创建存储过程的 T-SQL 命令是 CREATE PROCEDURE，其语法格式如下。

```
CREATE { PROC | PROCEDURE } procedure_name [ ; number ]
    [ { @parameter [ type_schema_name. ] data_type }
        [ VARYING ] [ = default ] [ OUT | OUTPUT ] [READONLY]
    ] [ ,...n ]
[ WITH <procedure_option> [ ,...n ] ]
[ FOR REPLICATION ]
AS { <sql_statement> [;][ ...n ] }
<procedure_option> ::=
    [ ENCRYPTION ] [ RECOMPILE ]   [ EXECUTE AS Clause ]
```

语法说明如下。

- procedure_name：存储过程名称。名称必须遵循标识符的规则，建议过程名称中不使用前缀 sp_ 或 xp_。

- number：可选参数，用于对同名的过程分组。
- @ parameter：存储过程中的参数。可以声明一个或多个参数。
- data_type：参数的数据类型。
- VARYING：指定作为输出参数支持的结果集。
- default：参数的默认值。
- OUTPUT：表示参数是输出参数。
- READONLY：表示该参数为只读参数。如果参数类型为用户定义的表类型，则必须指定 READONLY。
- FOR REPLICATION：指定不能在订阅服务器上执行为复制创建的存储过程。
- <sql_statement>：包含在过程中的一个或多个 T-SQL 语句。
- ENCRYPTION：表示 SQL Server 加密 syscomments 表中包含 CREATE PROCEDURE 语句文本的条目。
- RECOMPILE：表示数据库引擎不缓存该过程的执行计划，每次运行时将重新编译。
- EXECUTE AS：指定在其中执行存储过程的安全上下文。

【例 7.9】创建名为 upTeachCourse 的存储过程，用于查询所有教师的姓名、性别、职称和所授课程的名称。

```
CREATE PROCEDURE upTeachCourse
AS
BEGIN
    SELECT tName, tSex, tTitle, coName
    FROM Teacher a JOIN TeachCourse b JOIN Course c
        ON c.coID=b.coID
        ON b.tID=a.tID
END
GO
```

2. 查看存储过程的定义

当存储过程定义好后，除了可以在 SSMS 中查看存储过程的定义外，还可以使用系统函数或系统存储过程来查看对象的定义。

1）使用系统存储过程 sp_helptext 查看存储过程的定义

使用 sp_helptext 查看存储过程的定义语法格式如下。

```
EXEC sp_helptext objectName
```

其中，objectName 表示待查看的对象名。

【例 7.10】使用 sp_helptext 查看存储过程 upTeachCourse 的定义。

```
EXEC sp_helptext upTeachCourse
```

执行上述代码，结果如图 7-6 所示。

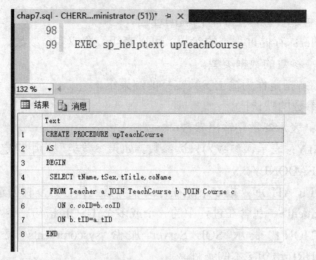

图 7-6   查看存储过程对象的定义文本

2）使用系统函数查看存储过程的定义

SQL SERVER 2016 提供的系统函数 OBJECT_DEFINITION 用于查看指定对象的定义文本，参数为对象的 ID 值。

【例 7.11】使用 OBJECT_DEFINITION 函数查看存储过程 upTeachCourse 的定义。

```
SELECT OBJECT_DEFINITION(OBJECT_ID('upTeachCourse'))
```

由于 OBJECT_DEFINITION 函数需要的参数是对象 ID，因此可以先使用 OBJECT_ID 函数获取对象的 ID 值。

执行上述代码，结果同图 7-6。

学习提示： 使用 sp_helptext 或 OBJECT_DEFINITION 函数还可以查看 SQL Server 中的函数、视图、表等其他对象，使用方法与操作存储过程相同。

3. 存储过程的执行

SQL Server 中使用 EXEC 语句执行存储过程。语法格式如下。

```
[ { EXEC | EXECUTE } ]
    { [ @return_status = ]
      { procedure_name [ ;number ] | @procedure_name_var }
      [ [ @parameter = ] { value | @variable [ OUTPUT ] | [ DEFAULT ] }]
      [ ,...n ]
      [ WITH RECOMPILE ] }
```

语法说明如下。

● @return_status：可选的整型变量，保存存储过程的返回状态。该变量用在 EXECUTE 语句中，必须在之前的批处理、存储过程或函数中声明过。

● @procedure_name_var：存储过程的变量命名。

● 其他参数与存储过程定义中的参数相同。

【例 7.12】执行名为 upTeachCourse 的存储过程。

执行存储过程的方式可以有如下 3 种。

```
EXECUTE upTeachCourse
```

或

```
EXEC upTeachCourse
```

或

```
upTeachCourse
```

其中第 3 种方式中的存储过程语句必须放在批处理中的第一条,这时可以省略 EXEC。执行名为 upTeachCourse 的存储过程, 结果如图 7-7 所示。

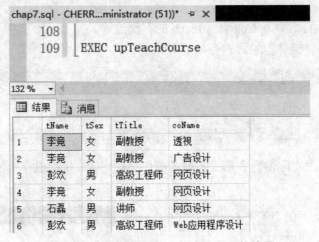

图 7-7　执行存储过程 upTeachCourse 的结果

7.2.3　参数化存储过程

实际应用中,为了满足不同查询的需要,通常需要为存储过程指定参数,以实现通用的数据访问模块。

存储过程可以指定一个或多个参数,参数的声明由参数名、参数类型、默认值和参数方向 4 部分构成,一般至少提供参数名和参数类型。其中,参数名必须以@符号开始,其命名规则符合变量的命名规则;方向是指数据传输的方向,在没有指定的情况下默认为输入参数,如果声明成 OUTPUT,则表示该参数为输出参数。

1. 带输入参数的存储过程

存储过程最多支持 2100 个参数,通过由这些参数组成的列表与调用该过程的程序进行通信。输入参数允许信息传入存储过程,这些值在存储过程中被看作是局部变量。

【例 7.13】定义名为 upCoursebyTeach 的存储过程,用于查询指定教师所授课程的课程名称、理论学时和实践学时。

```
USE StudentMIS
GO
CREATE PROCEDURE upCoursebyTeach
(@tName varchar(50))
AS
    SELECT coName,coTheory,coPratice
    FROM Teacher    a JOIN TeachCourse b JOIN Course c
        ON c.coID=b.coID
        ON b.tID=a.tID
    WHERE tName=@tName
GO
```

在该存储过程的定义中，定义了一个输入参数@tName，存储过程的返回结果会根据 @tName 的值进行相应筛选。

【例 7.14】执行名为 upCoursebyTeach 的存储过程。

执行带参数的存储过程的方式有如下两种。

```
EXEC upCoursebyTeach '李竞'
```

或

```
EXEC upCoursebyTeach @ tName ='李竞'
```

第 1 种方式要求实际参数和形式参数的顺序必须一致。执行该存储过程，结果如图 7-8 所示。

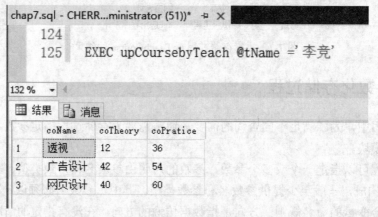

图 7-8　执行存储过程 upCoursebyTeach 的结果

使用输入参数时，可根据情况相应地为参数提供默认值。如果定义了默认值，则用户无须为该参数指定值即可执行存储过程。

【例 7.15】定义存储过程 upTeachbyTitle，用于查询指定职称的教师的姓名、职称和所授课程名称。当职称未指定时，查询所有职称为讲师的教师信息。

```
USE StudentMIS
GO
```

```
CREATE PROCEDURE upTeachbyTitle
(@tTitle varchar(30)='讲师')
AS
    SELECT tName, tTitle,coName
    FROM Teacher a JOIN TeachCourse b JOIN Course c
        ON c.coID=b.coID
        ON b.tID=a.tID
    WHERE tTitle=@tTitle
GO
```

【例 7.16】执行名为 upTeachbyTitle 的存储过程。

● 参数使用默认值调用 upTeachbyTitle 存储过程。

```
EXEC upTeachbyTitle
```

执行存储过程，结果如图 7-9 所示。

● 指定 tTitle 参数值为"副教授"调用 upTeachbyTitle 存储过程。

```
EXEC upTeachbyTitle '副教授'
```

执行存储过程，结果如图 7-10 所示。

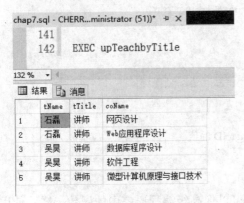

图 7-9　执行使用默认值的存储过程

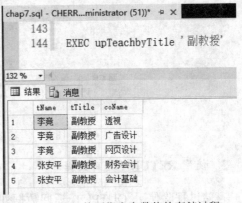

图 7-10　执行使用指定参数值的存储过程

2. 带输出参数的存储过程

存储过程除了可以被其他存储过程调用外，更多的情况是作为数据库与应用程序的接口被外部应用程序调用。除使用 SELECT 命令返回表集外，存储过程通过使用 OUTPUT 参数，将过程执行结果返回给应用程序。

【例 7.17】定义名为 upAddTeachCourse 的存储过程，为教授授课表添加记录，返回该新增记录的 tcID 值。

```
USE StudentMIS
GO
CREATE PROCEDURE upAddTeachCourse
 (@tID INT, @coID INT, @tcID INT OUTPUT )
AS
```

```
BEGIN
    INSERT INTO TeachCourse(tID,coID) VALUES( @tID,@coID)
    --设置输出参数，使用全局变量@@IDENTITY 获取新记录的标识值
    SET @tcID = @@IDENTITY
END
GO
```

本例中定义的存储过程共有 3 个参数，分别为@tID、@coID 及@tcID，其中@tcID 用关键字 OUTPUT 修饰，说明该参数为输出参数。存储过程的程序体中，使用全局变量@@IDENTITY 获取最新的标识值，并赋值给输出参数@tcID。

【例 7.18】执行带输出参数的存储过程 upAddTeachCourse，向 TeacherCourse 表中添加新记录，其中教师 ID 为 16（教师姓名为李樊），课程 ID 为 26（课程名为 C 语言）。

```
DECLARE @tcID INT
EXEC upAddTeachCourse 16,26,@tcID OUTPUT
SELECT @tcID
```

执行上述代码，结果如图 7-11 所示。

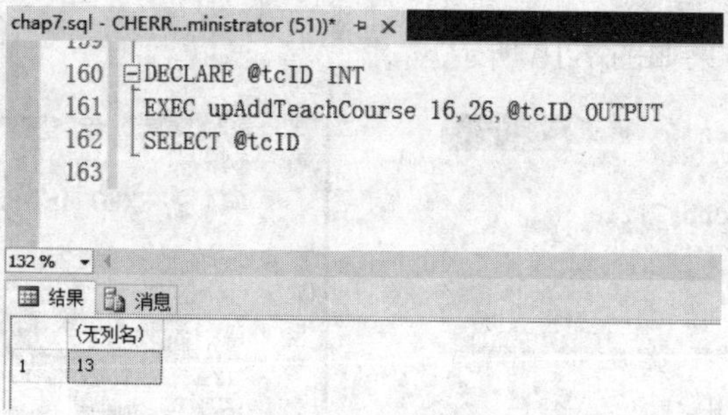

图 7-11　输出参数@tcID 的值

3. 使用 RETURN 返回数据

存储过程除使用 OUTPUT 返回数据外，还可以像高级编程语言中的函数一样，使用 RETURN 语句返回值，使用 RETURN 语句时，返回的值的类型只能是整型。

【例 7.19】定义名为 upAdminLogin 的存储过程，实现管理员登录验证，如果登录成功，返回 1，更新用户最近登录时间；如果登录不成功，则返回 0。

```
USE StudentMIS
GO
CREATE PROCEDURE upAdminLogin
( @name VARCHAR(50),   @pwd VARCHAR(128))
AS
BEGIN
    DECLARE @flag INT=0                        --设置返回标志的默认值为 0

    SELECT @flag=COUNT(*)
    FROM AdminUser
```

```
        WHERE aName=@name AND aPwd=CONVERT(VARBINARY,@pwd)

        IF @flag>0                                  --判断@flag 的值是否大于 0
            UPDATE AdminUser                        --更新指定用户的登录时间
            SET aLoginTime=GETDATE()
            WHERE aName=@name
        RETURN @flag                                --返回标志值
END
GO
```

执行查看表 dbo.AdminUser 的记录语句。

```
SELECT * FROM AdminUser
```

查询结果如图 7-12 所示。

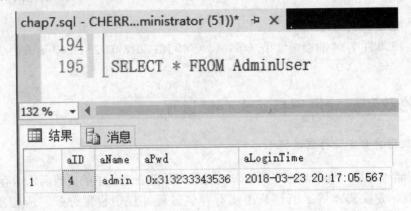

图 7-12　查看 AdminUser 表的记录

【例 7.20】执行使用 RETURN 语句返回数据的存储过程 upAdminLogin。

```
DECLARE @result INT
DECLARE @name VARCHAR(50)= 'admin',@pwd VARCHAR(128)= '123456'
EXEC @result=upAdminLogin @name,@pwd
SELECT @result AS flag
```

执行这段代码，查询结果如图 7-13 所示。

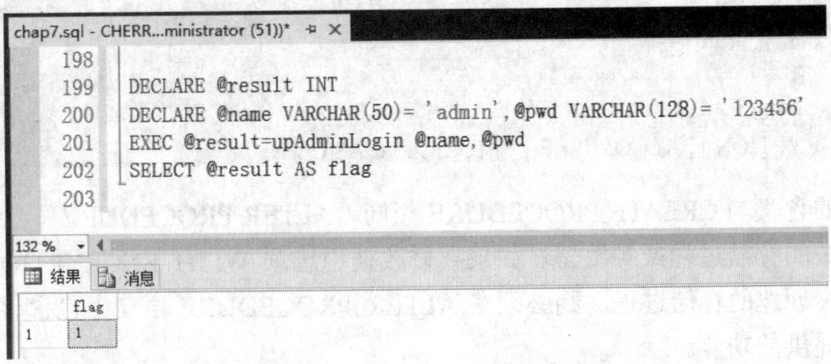

图 7-13　执行 upAdminLogin 存储过程

从图 7-13 中可以看到，返回的 flag 值为 1，表示管理员的用户名和密码正确。再次查看表 dbo.AdminUser 的记录内容，如图 7-14 所示。

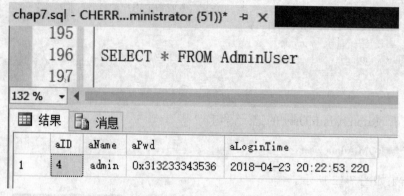

图 7-14　再次查看表 AdminUser 的记录

从图 7-12 和图 7-14 的查询结果来看，登录时间由 2018-03-23 20:17 更改为 2018-04-23 20:22。

7.2.4　修改和删除用户自定义存储过程

1. 修改用户自定义存储过程

创建存储过程后，为了响应客户请求或者适应基础表定义中的更改而修改存储过程所使用的参数、定义脚本等。若要修改现有存储过程并保留权限分配，应使用 ALTER PROCEDURE 语句。使用 ALTER PROCEDURE 修改存储过程时，SQL Server 将替换该存储过程以前的定义。

语法格式如下。

```
ALTER { PROC | PROCEDURE } procedure_name [ ; number ]
    [ { @parameter [ type_schema_name. ] data_type }
        [ VARYING ] [ = default ] [ OUT | OUTPUT ] [READONLY]
    ] [ ,...n ]
[ WITH <procedure_option> [ ,...n ] ]
[ FOR REPLICATION ]
AS { <sql_statement> [;][ ...n ] }
[;]
<procedure_option> ::=
    [ ENCRYPTION ] [ RECOMPILE ]   [ EXECUTE AS Clause ]
```

各参数的含义与 CREATE PROCEDURE 相同。ALTER PROCEDURE 不会更改权限，也不影响相关的存储过程或触发器。如果要修改使用选项 WITH ENCRYPTION 或 WITH RECOMPILE 创建的存储过程，则必须在 ALTER PROCEDURE 语句中包含该选项，以保留该选项所提供的功能。

【例 7.21】修改存储过程 upTeachCourse，用于查询指定院系的教师开课情况，包括教师姓名、性别、职称和课程名称。

```
USE StudentMIS
GO
ALTER PROCEDURE upTeachCourse
( @dName VARCHAR(50) )
AS
BEGIN
    SELECT tName, tSex, tTitle, coName
    FROM Teacher a JOIN TeachCourse b JOIN Course c
        ON c.coID=b.coID
        ON b.tID=a.tID
    WHERE dID = (SELECT dID FROM Department WHERE dName=@dName)
END
GO
```

【例 7.22】执行修改后的存储过程 upTeachCourse，代码如下。

```
EXEC upTeachCourse '计算机工程学院'
```

执行上述代码，结果如图 7-15 所示。

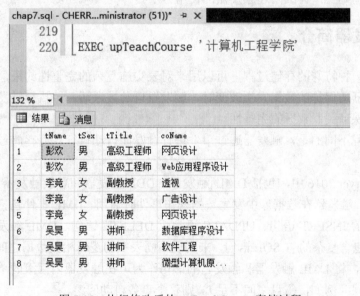

图 7-15　执行修改后的 upTeachCourse 存储过程

2. 删除用户自定义存储过程

当不再使用一个存储过程时，就要把它从当前数据库中删除，使用 DROP PROCEDURE 语句可以永久地删除存储过程。需要注意的是，删除存储过程之前，应先执行 sp_depends 存储过程以确定该存储过程没有任何依赖关系。

语法格式如下。

```
DROP { PROC | PROCEDURE } {procedure } [ ,...n ]
```

语法说明如下。

● procedure：要删除的存储过程或存储过程组的名称。

● ,...n：表示可以指定多个存储过程同时删除。

【例 7.23】 删除 StudentMIS 数据库中的存储过程 upTeachCourse。

```
USE StudentMIS
GO
DROP PROCEDURE upTeachCourse
```

【任务 3】使用触发器实现自动任务

任务描述： 触发器（Trigger）是数据库中可以执行自动任务的对象，主要作用是实现约束所不能实现的复杂的数据完整性。例如，在学生选课系统中，班级信息表中的班级总人数应同学生信息表按班级分组计数后的结果一致，随着学生人数的增加或减少，数据库约束不能保证这些数据之间的一致性，使用触发器可以有效解决这类问题。本任务在介绍触发器的原理基础上，详细阐述触发器的使用方法。

7.3.1 触发器简介

触发器是一种特殊的存储过程，可以用来对表实施复杂的完整性约束，保持数据的一致性。当触发器所保护的数据发生改变时，触发器自动被激活，并执行触发器中所定义的相关操作，以保证关联数据的完整性。

与存储过程不同的是，触发器通过事件进行触发而自动执行，而存储过程需要进行显式调用。

在 SQL Server 2016 中，包括 DML 触发器、DDL 触发器和登录触发器 3 种类型。

（1）DML 触发器在数据库中发生数据操作事件时启用。DML 事件包括在指定表或视图中修改数据的 INSERT 语句、UPDATE 语句或 DELETE 语句。DML 触发器可以查询其他表，还可以包含复杂的 T-SQL 语句，来实现不同表中的逻辑相关数据之间的完整性。在 SQL Server 中，将 DML 触发器和触发它的语句作为可在触发器内回滚的单个事务对待，如果检测到错误（例如，磁盘空间不足），则整个事务自动回滚。

（2）DDL 触发器是 SQL Server 2005 版本后的新增功能。当服务器或数据库中发生数据定义语言（DDL）事件时将调用这些触发器。

（3）登录触发器是当用户登录 SQL Server 实例建立会话时触发。

7.3.2 DML 触发器

DML 触发器在数据库中发生数据操作语言（DML) 事件时启用。根据触发方式不同常分为两种类型的服务器。

1）AFTER 触发器

AFTER 触发器在执行 INSERT、UPDATE 和 DELETE 语句操作之后执行，主要用于记录变更后的处理或检查，一旦发生错误，可以用 ROLLBACK TRANSACTION 语句回滚本次操作。不能对视图定义 AFTER 触发器。

2）INSTEAD OF 触发器

INSTEAD OF 触发器用来取代原本的操作，其优先级高于触发语句的操作。它在记录变更之前发生，并不去执行原来 T-SQL 语句的操作（INSERT、UPDATE、DELETE），而去执行触发器本身所定义的操作。INSTEAD OF 触发器可以定义在视图上。

在 SQL Server 2016 中，DML 触发器的实现使用两个逻辑表 deleted 和 inserted。这两个表建立在数据库服务器的内存中，是由系统管理的逻辑表，用户对于这两个表仅有读取的权限，而无修改权限。

deleted 和 inserted 的表结构与触发器所在数据表的结构完全一致，当触发器的执行完成之后，这两个表也会被自动删除。

deleted 表用来存放更新前的记录。对于更新记录操作来说，deleted 表里存放的是更新前的记录（更新完后即被删除）；对于删除记录操作来说，该表中存入的是被删除的旧记录。

inserted 表里存放的是更新后的记录。对于插入记录操作来说，inserted 里存放的是要插入的数据；对于更新记录操作来说，inserted 里存放的是要更新的记录。

1.　创建触发器

使用 CREATE TRIGGER 命令可以创建触发器，定义格式如下。

```
CREATE TRIGGER trigger_name
ON { table | view }
[WITH ENCRYPTION]
{ FOR | AFTER | INSTEAD OF }
{[DELETE] [ , INSERT] [ , UPDATE ] }
[NOT FOR REPLICATION]
AS {sql_statement [;][,...n]}
```

语法说明如下。

- trigger_name：用来指定要创建触发器的名称。触发器的名称必须遵循 SQL 的命名规则，不能以#, ##开头。
- { table | view }：用来指定创建触发器所涉及的表或者视图。视图只能被 INSTEAD OF 触发器引用。
- [WITH ENCRYPTION]：说明触发器是否采用加密方式。
- { FOR | AFTER | INSTEAD OF } {[DELETE] [, INSERT] [, UPDATE] }：用于指定创建的触发器的类型，执行 AFTER 与执行 FOR 相同。
- [NOT FOR REPLICATION]：指明该触发器不能用于复制。

- sql_statemen：指定触发条件和满足触发条件后将执行的操作。定义触发器时可以包含多条 T-SQL 语句。

学习提示： 触发器不能单独存在于数据库中，必须建立在相应的表上。

【例 7.24】创建名为 tgMessage 的触发器，当向学生信息表 Student 中添加或更改数据时，系统向客户端显示"触发器正确触发"的提示信息。

```
USE StudentMIS
GO
CREATE TRIGGER tgMessage
ON Student
AFTER INSERT,UPDATE
AS RAISERROR ('触发器正确触发', 16, 1)          --返回用户定义的错误信息
```

触发器创建成功后，可以在"对象资源管理器"中展开 StudentMIS 数据库下表节点中的 Student，然后展开表下的"触发器"节点，便可以看到在 Student 表上创建的触发器了，如图 7-16 所示。

图 7-16　在 SSMS 中查看触发器

【例 7.25】创建名为 tgAddTeacher 的 INSERT 触发器，当向教师信息表 Teacher 中插

入记录时, 检查该记录的院系编号在院系信息表 Department 中是否存在, 如果不存在, 则不允许插入。

```
USE StudentMIS
GO
CREATE TRIGGER tgAddTeacher
ON Teacher AFTER INSERT
AS
BEGIN TRANSACTION                       --事务开始
IF EXISTS(SELECT * FROM inserted a
            WHERE a.dID NOT IN ( SELECT dID FROM Department ))
BEGIN
    RAISERROR ('数据一致性验证', 16, 1)
    ROLLBACK TRANSACTION                --回滚事务
END
ELSE
    COMMIT TRANSACTION                  --提交事务
```

【例 7.26】创建名为 tgUpdateCID 的 UPDATE 触发器, 当修改班级信息表 Class 中的 cID 时, 自动完成学生信息表 Student 相应 cID 的值修改, 以保证表间的引用完整性。

```
USE StudentMIS
GO
CREATE TRIGGER tgUpdateCID
ON Class
AFTER UPDATE
AS
BEGIN
  IF UPDATE(cID)                        --指示是否对表中指定列进行了 UPDATE 操作
    BEGIN
        UPDATE Student
        SET cID=(SELECT cID FROM inserted)
        WHERE cID=(SELECT cID FROM deleted)
    END
END
GO
```

【例 7.27】创建名为 tgDelStudent 的 DELETE 触发器, 当删除学生信息表 Student 中已退学的学生资料时, 自动删除学生选课表 StudentCourse 中该学生相应的选课信息。

```
USE StudentMIS
GO
CREATE TRIGGER tgDelStudent
ON Student
AFTER DELETE
AS
BEGIN
    SET NOCOUNT ON                      --不返回受影响的行计数
    DECLARE @sID INT
    Set @sID =(SELECT sID FROM deleted)
    DELETE FROM StudentCourse WHERE sID = @sID
END
```

例 7.25～例 7.27 中定义的触发器，实质上实现了外键约束的级联更新和删除功能。然而在实际应用中，只要能使用约束可满足的需求，优先考虑使用约束，尽可能最低级别上实施数据完整性。只有当约束所支持的功能无法满足应用程序的功能性要求时，触发器才可以发挥其优势。

【例 7.28】创建触发器，当在学生信息表中插入或删除记录时，班级信息表 ClassInfo 中的班级总人数进行实时更新。

由于当学生信息更改时，不会影响班级的人数，因此该触发器只需要对 INSERT 和 DELETE 操作激活，脚本如下所示。

```
USE StudentMIS
GO
CREATE TRIGGER tgUpdateNumber
ON Student
AFTER INSERT, DELETE
AS
BEGIN
  IF (EXISTS (SELECT * FROM inserted))        --执行插入操作
    BEGIN
     UPDATE Class
     SET cNumber= cNumber +1                  --插入学生则对应班级人数+1
     WHERE ClassInfoID=(SELECT ClassInfoID FROM inserted)
  END
  IF (EXISTS (SELECT * FROM deleted))         --执行删除操作
  BEGIN
     UPDATE Class
     SET cNumber = cNumber -1                 --删除学生则对应班级人数-1
     WHERE cID=(SELECT cID FROM deleted)
  END
END
```

学习提示： AFTER 触发器只有在成功执行 T-SQL 语句之后才能被触发。在执行 DML 语句时，必须保证所有与已更新或删除对象相关联的引用级联操作和约束检查已完成。只有在级联操作和约束检查完成后，AFTER 触发器才会被触发。

【例 7.29】创建名为 trNoDelDep 的 INSTEAD OF 触发器，限制不允许删除院系信息表 Department 中已存在的院系记录。

```
USE StudentMIS
GO
CREATE TRIGGER trNoDelDep
ON Department INSTEAD OF DELETE
NOT FOR REPLICATION                          --指定该触发器不能用于复制
AS
BEGIN
    SET NOCOUNT ON                           --不返回计数
    DECLARE @DelCount INT
    SELECT @DelCount=COUNT(*) FROM deleted
```

```
        IF @DelCount>0
        BEGIN
            BEGIN TRANSACTION
            IF (@@TRANCOUNT>0)              --@@TRANCOUNT 返回当前连接的活动事务数
            BEGIN
                RAISERROR('不能删除院系记录',10,1)
                ROLLBACK TRANSACTION
            END
            ELSE
                COMMIT TRANSACTION
        END
    END
```

除此之外，也可以通过 SSMS 来创建触发器，像存储过程和函数一样，SSMS 也提供了用于创建触发器的 T-SQL 模板，这里不再举例说明。

2. 修改触发器

修改触发器同创建触发器的方法基本相同，只要把 CREATE TRIGGER 改成 ALTER TRRIGER 即可。从创建触发器的介绍中可以看出，在一张表上可以定义多个 DML 触发器来响应表的操作，这就需要考虑多个触发器的执行顺序问题。

系统存储过程 sp_settriggerorder 指定第一个或最后一个激发的 AFTER 触发器。在第一个和最后一个触发器之间触发的 AFTER 触发器将按未定义的顺序执行。语法格式如下。

```
sp_settriggerorder [ @triggername = ] '[ triggerschema. ] triggername'
  , [ @order = ] 'value' , [ @stmttype = ] 'statement_type'
```

参数说明如下。

- @triggername：要设置或更改其顺序的触发器的名称。
- @order：指明触发器的顺序设置。取值为 First、Last 和 None，分别对应触发器被第一个触发、触发器被最后一个触发和触发器以未定义的顺序触发。
- @stmttype：指定激发触发器的 SQL 命令，可以取 UPDATE、INSERT 和 DELETE。

【例 7.30】在学生信息表中进行 DELETE 操作时，设置触发器 tgDelStudent 为第一个被触发。

```
EXEC sp_settriggerorder 'tgDelStudent ','First',DELETE
```

如果使用 ALTER TRIGGER 语句更改了设置的第一个触发器 tgDelStudent，将删除触发器所设置的位置。如需设置该触发器第一个被触发，则需重新设置顺序。

3. 删除触发器

当触发器不需要时，可以将它从数据库中删除，使用 DROP TRIGGER 语句将永久地删除触发器。语法格式如下。

```
DROP TRIGGER trigger_name [ ,...n ]
```

其中 trigger_name 表示要删除触发器的名称，通过该语句可以一次性删除数据库中的多个触发器。

【例 7.31】删除名为 tgMessage 的触发器。

```
DROP TRIGGER tgMessage
```

7.3.3　DDL 触发器

与 DML 触发器不同的是，DDL 触发器不会为响应表或视图的 UPDATE、INSERT 或 DELETE 语句而激发。相反，它们将为了响应各种数据定义语言（DDL）事件而激发。这些事件主要以关键字 CREATE、ALTER 和 DROP 开头的 T-SQL 语句。

例如，每当数据库中发生 CREATE TABLE 事件时，都会触发为响应 CREATE TABLE 事件创建的数据库范围 DDL 触发器；每当服务器上发生 CREATE INDEX 事件时，都会触发为响应 CREATE INDEX 事件创建的服务器范围 DDL 触发器。

DDL 与 DML 触发器的不同之处主要有：

* DML 触发器在 INSERT、UPDATE 和 DELETE 语句上操作。
* DDL 触发器在 CREATE、ALTER、DROP 和其他 DDL 语句上操作。
* 只有在完成 T-SQL 语句后才运行 DDL 触发器。DDL 触发器无法作为 INSTEAD OF 触发器使用。
* DDL 触发器不会创建 inserted 和 deleted 表，但是可以使用 EVENTDATA()函数捕获有关信息。

1.　创建 DDL 触发器

创建 DDL 触发器同创建 DML 触发器一样，也采用 CREATE TRIGGER，定义格式如下。

```
CREATE TRIGGER trigger_name
ON {ALL SERVER|DATABASE}
[WITH <ddl_trigger_option> [ ,...n ]]
    {FOR|AFTER} {event_type|event_group}[,...n]
AS sql_statement;
```

语法说明如下。

* trigger_name：指定创建触发器的名称。
* {ALL SERVER|DATABASE}：触发器涉及的数据库和服务器。
* WITH <ddl_trigger_option>：说明触发器是否采用加密。
* {FOR|AFTER} {event_type|event_group} 触发器的类型。
* sql_statement：一条或者多条 SQL 语句。

【例 7.32】创建名为 tgDDLSafety 的 DDL 触发器来防止数据库 StudentMIS 中的任意表被修改或删除。

```
USE StudentMIS
GO
CREATE TRIGGER tgDDLSafety
ON DATABASE
FOR DROP_TABLE, ALTER_TABLE
AS
PRINT 'You must disable Trigger "tgDDLSafety" to drop or alter tables!'
ROLLBACK TRANSACTION
GO
```

运行删除 StudentMIS 数据库中的班级信息表的 T-SQL 语句，结果如图 7-17 所示。

```
DROP TABLE Class
GO
```

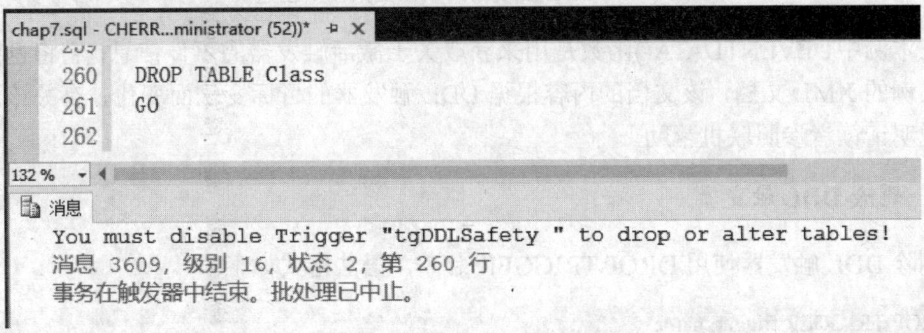

图 7-17　DDL 触发器运行结果

【例 7.33】创建名为 tgNoCreate 的 DDL 触发器，防止在数据库 StudentMIS 中创建表。

```
USE StudentMIS
GO
CREATE TRIGGER tgNoCreate
ON DATABASE
FOR CREATE_TABLE
AS
BEGIN
    PRINT 'CREATE TABLE Issued.'
    SELECT EVENTDATA().value('(/EVENT_INSTANCE/TSQLCommand/
                                      CommandText)[1]','nvarchar(max)')
    RAISERROR ('不能创建新表', 16, 1)
    ROLLBACK
END
GO
```

在 StudentMIS 数据库中执行创建新表的 T-SQL 语句如下，结果如图 7-18 所示。

```
CREATE TABLE NewTable (Column1 INT)
GO
```

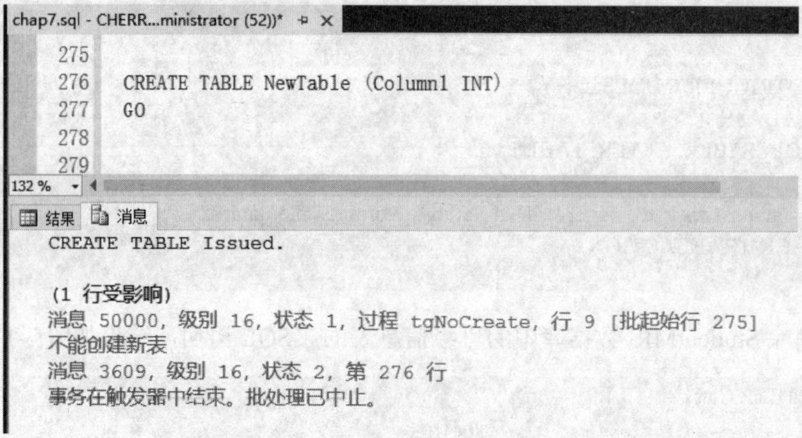

```
chap7.sql - CHERR...ministrator (52))*  ⊕ ×
   275
   276       CREATE TABLE NewTable (Column1 INT)
   277       GO
   278
   279
132 %  ▾   ◂
📊 结果  📄 消息
CREATE TABLE Issued.

(1 行受影响)
消息 50000, 级别 16, 状态 1, 过程 tgNoCreate, 行 9 [批起始行 275]
不能创建新表
消息 3609, 级别 16, 状态 2, 第 276 行
事务在触发器中结束。批处理已中止。
```

图 7-18　DDL 触发器禁止在数据库中创建表

在本例中，EVENTDATA()函数是用来获取关于激活触发器的事件信息，它将返回一个事件实例的 XML 文档，该文档的内容根据 DDL 触发器的目标变化而变化，有关该函数的详细说明请读者参照联机帮助。

2. 删除 DDL 触发器

删除 DDL 触发器使用 DROP TRIGGER 命令，语法格式如下。

```
DROP TRIGGER trigger_name
ON { DATABASE | ALL SERVER}
```

参数说明如下。

- trigger_name：指明要删除的触发器名称。
- {DATABASE|ALL SERVER}：触发器涉及的数据库和服务。

【例 7.34】删除名为 tgDDLSafety 的 DDL 触发器。

```
USE StudentMIS
GO
DROP TRIGGER tgDDLSafety
ON DATABASE
```

7.3.4　启用和禁用触发器

默认情况下，触发器创建后就会自动启用。如果由于某种原因不希望某个触发器工作，也可以禁用该触发器。禁用触发器跟删除不同，禁用的触发器对象仍存在于数据库中，当需要再用时，只需启用该项触发器即可。

禁用触发器语法格式如下。

```
DISABLE TRIGGER { trigger_name [ ,...n ] | ALL }
ON { object_name | DATABASE | ALL SERVER } [ ; ]
```

参数说明如下。

- trigger_name：指明所要禁用触发器的名称。
- ALL：指示禁用在 ON 子句作用域中定义的所有触发器。
- object_name：对其创建要执行的 DML 触发器 trigger_name 的表或视图名称。
- DATABASE：指示所创建或修改的 trigger_name 将在数据库范围内执行。
- ALL SERVER：指示所创建或修改的 trigger_name 将在服务器范围内执行。

【例 7.35】禁用例 7.33 创建的触发器 tgNoCreate。

```
DISABLE TRIGGER tgNoCreate ON DATABASE
GO
```

当触发器影响的业务处理完成后，就可以启用触发器。启用语法格式如下。

```
ENABLE TRIGGER { trigger_name [ ,...n ] | ALL }
ON { object_name | DATABASE | ALL SERVER } [ ; ]
```

【例 7.36】启用触发器 tgNoCreate。

```
ENABLE TRIGGER tgNoCreate ON DATABASE
GO
```

在 SSMS 中禁用和启用触发器的操作更为简单，只要在"对象资源管理器"中右击需禁用或启用的触发器，在弹出的快捷菜单中选择"禁用"或"启用"命令即可。

思 考 题

1. 什么是存储过程？在程序设计中运用存储过程有什么意义？
2. 触发器的作用是什么？与 Check 约束相比，触发器有什么优点？
3. DML 触发器与 DCL 触发器有什么区别？
4. 什么是 SQL 注入式攻击？如何防范 SQL 注入式攻击？

项 目 实 训

实训任务：

存储过程和触发器的使用。

实训目的：

1. 能使用 SQL Server 2016 提供的存储过程查看相关信息。
2. 能使用 T-SQL 命令创建用户自定义存储过程和执行存储过程。
3. 能使用 T-SQL 命令创建 DML 触发器。

4．能使用 T-SQL 命令创建 DDL 触发器。

实训内容：

1．创建名为 upLoginUser 的存储过程，用于验证输入的用户名和密码是否存在，若存在，返回"登录成功"，否则返回"登录失败"。

2．创建名为 upFindStudByNations 的存储过程，根据民族查询学生信息表中的学生信息。

3．创建名为 upFindTeachByDegree 的存储过程，根据学历和职称查询教师信息。

4．创建名为 upFindStudBySName 的存储过程，根据学生姓名查询学生的选课情况，列出所选课程名称和授课教师姓名、课程的理论学时、实践学时和学分。

5．创建名为 upTCourseByTName 的存储过程，根据教师姓名查询教师开设的课程名称。

6．创建名为 upStudentByTeachCourse 的存储过程，根据教师姓名和课程名称查询选修了该课程的学生信息。

7．修改名为 upLoginUser 的存储过程，使之返回的结果分别为 1 或 0。

8．删除名为 upLoginUser 的存储过程。

9．创建名为 trModifyByCId 的触发器，当修改某个班级的班级 ID 时，对应学生信息表中的班级 ID 进行更新。

10．当向学生信息表添加一名学生时，对应班级的人数自动加 1，当删除一名学生记录时，对应班级的人数自动减 1。

项目 8 维护数据的安全性

随着信息化、网络化水平的不断提升，重要数据信息的安全越来越受到威胁，而大量的重要数据往往都存放在数据库系统中，如何保护数据库，有效防范信息泄漏和篡改成为一个重要的安全保障目标。

SQL Server 2016 提供了身份验证、权限、角色、安全级别等来实现和维护数据的安全，以避免用户恶意攻击或者越权访问数据库中的对象，并能根据不同用户或应用程序的工作需要，合理地分配其在数据库中的权限，同时为数据库中的敏感数据进行加密等。

【任务 1】系统数据库账号管理

任务描述：数据库的安全性是指保护数据库以防止不合法的使用所造成的数据泄露、更改或破坏，只有合法的登录用户才能访问 SQL Server 服务器。本任务通过 SQL Server 身份验证和数据库账号管理实现对学生选课系统数据库的合法访问。

8.1.1 SQL Server 2016 的安全机制和安全主体

1. SQL Server 2016 安全机制

SQL Server 2016 的安全体系结构可以分为认证和授权两个部分，共提供 5 个层级的安全机制，分别是操作系统安全机制、网络传输安全机制、数据库实例安全机制、数据库级别安全机制及对象级别的安全机制。

这 5 个层级的安全机制由高到低，所有层级之间相互关联，用户只有通过高一层次的安全认证后，才能访问低一层级的内容。

1）操作系统安全机制

任何数据库系统总是运行在某一特定的操作系统下，因此操作系统的安全会直接影响 SQL Server 2016 的安全。在用户访问 SQL Server 2016 服务器时，先要获得服务器计算机操作系统的使用权限。SQL Server 2016 集成了 Windows NT 网络安全机制，通过建立用户组，设置账号并注册，以决定不同的用户对系统资源的访问级别。只有有效的 Windows 登录账号才能访问 SQL Server 2016 的资源。

2）网络传输安全机制

在用户使用 Windows 账号进行网络请求时，SQL Server 2016 会为关键数据进行加密，当攻击者通过防火墙和服务器到达数据库时，还需要对数据进行解密才能访问。为保证这种机制的有效性，数据库管理人员需要在写入数据时进行加密，在读取数据时进行解密。数据加密执行所有的数据库级别的加密操作，而非由开发人员在应用程序中完成。

3）数据库实例安全机制

SQL Server 2016 采用了集成 Windows 登录和标准 SQL Server 登录两种方式，管理和设计登录方式也是数据库管理员的重要任务，是 SQL Server 安全体系中的重要组成部分。SQL Server 2016 服务器预设了众多固定服务器角色，具有特定角色的用户可以对服务器享有相应的管理权限。

4）数据库级别安全机制

在建立用户的登录账号信息时，SQL Server 会提示用户选择默认的数据库，并分配相应的权限。同时，SQL Server 中的特定数据库可以有自己的用户和角色，该数据库只能由它的用户或角色访问，其他用户无权访问其数据。数据库系统可以通过创建和管理特定数据库的用户和角色来保证数据库不被非法用户访问。

5）对象级别的安全机制

对象级别的安全是数据库安全体系中的最后一道防线。当创建数据库时，SQL Server 2016 会自动将该用户的权限赋予对象的所有者，对象所有者可以实现对该对象的权限控制。数据库对象的权限定义了用户对数据库中数据库对象的引用、数据操作语句的许可等权限。

2. SQL Server 2016 的安全主体

对于数据库而言，安全性主要体现在对数据的保护之上，也就是说未经允许的用户不能够获取或更改数据库中的数据；即使是合法用户，也需要在其有效的权限范围内操作数据。在 SQL Server 中，实现数据安全的 3 个要素分别为安全主体、安全对象和安全权限。

1）安全主体

在 SQL Server 2016 系统中，主体是可以请求 SQL Server 资源的实体，包括用户、组或进程。每个主体都有自己的安全标识号（SID），每一个主体都有作用域。在 SQL Server 2016 的安全体系中可以分为 Windows 级别的主体、SQL Server 级别的主体及数据库级别的主体。

（1）Windows 级别的主体，包括 Windows 组、Windows 域登录名和 Windows 本地登录名，主体的作用范围是整个 Windows 操作系统，SQL Server 数据库管理系统只是 Windows 操作系统中的一个部分。

（2）SQL Server 级别的主体，包括 SQL Server 登录名和固定服务器角色。主体的作用范围是整个 SQL Server 系统，该层次上的主体可以作用于服务器上所有的数据库。

（3）数据库级别的主体，包括数据库用户、固定数据库角色和应用程序角色。主体的作用范围是数据库，它们可以请求数据库内的各种资源。

2）安全对象

安全对象是 SQL Server 2016 系统控制对其进行访问的资源。SQL Server 2016 中也存在 3 种安全对象范围，即服务器安全对象、数据库安全对象和架构安全对象。

（1）服务器安全对象，包括端点、SQL Server 登录名和数据库。可以在 SQL Server 级别主体上设置这些安全对象的权限，这些权限将对整个服务器范围产生影响。例如，如果为主体授予了创建数据库的权限，那么该主体创建数据库之后就可以作为数据库所有者在数据库中执行各种操作。

（2）数据库安全对象，包括用户、应用程序角色、角色、程序集、消息类型、路由、服务、远程服务绑定、全文目录、证书、非对称密钥、对称密钥、约定和架构等。

（3）架构安全对象，包括类型、XML 架构集合、聚合、约束、函数、过程、队列、统计信息、同义词、表和视图等。

3）安全权限

安全权限是指数据库中安全主体能够对安全对象执行操作的规则集合，包括对象的引用、数据操作语句的许可。在 SQL Server 2016 中包括 3 种安全权限，即对象权限、语句权限和隐含权限。

（1）对象权限，包括 SELECT、INSERT、DELETE、UPDATE 和 EXECUTE 权限。

（2）语句权限，是指创建数据库对象所需要的权限类型，由 CREATE、ALTER、DROP 语句进行对象的创建、修改和删除等操作。

（3）隐含权限，是指安全主体未被授权就拥有的权限，主要包括固定服务器角色和固定数据库角色本身所具有的权限。

8.1.2 SQL Server 身份验证

要保证 SQL Server 的数据安全性，首先就要保护 SQL Server 服务器的安全。通常用户可以在本地计算机或通过网络连接至 SQL Server 服务器。SQL Server 采用分级账号管理的方式来防止非法用户对数据库的访问。账号管理分为登录验证、权限、角色和架构等。通过对账号的管理可以有效地提高数据库系统的安全性，降低维护成本。

1. SQL Server 2016 安全验证

SQL Server 2016 提供 Windows 身份验证模式和混合验证模式两种身份验证模式。其中 Windows 身份验证模式会启用 Windows 身份验证并禁用 SQL Server 身份验证。混合验证模式则同时启用 Windows 身份验证和 SQL Server 身份验证。Windows 身份验证始终可用，并且无法禁用。

当用户通过 Windows 用户账户访问 SQL Server 时，SQL Server 使用操作系统中的 Windows 主体标记验证账户名和密码，其用户身份由 Windows 操作系统进行确认，SQL Server 不再要求提供密码，也不执行身份验证。Windows 身份验证是默认身份验证模式，并且比 SQL Server 身份验证更为安全。通过 Windows 身份验证完成的连接有时也称为可信连接，这是因为 SQL Server 信任由 Windows 提供凭据。

当使用 SQL Server 身份验证时，在 SQL Server 中创建的登录名并不基于 Windows 用户账户。用户名和密码均通过使用 SQL Server 创建并存储在 SQL Server 中。通过 SQL Server

身份验证进行连接的用户每次连接时必须提供其凭据（登录名和密码）。

【例 8.1】在 SQL Server 实例中启动混合验证模式。

操作步骤如下。

（1）打开 SSMS，在"对象资源管理器"中右击服务器实例名（本例为 CHERRY）。

（2）选择"属性"命令，打开"服务器属性"对话框。

（3）在"选择页"列表中单击"安全性"，显示服务器身份验证相关设置内容。

（4）选中"SQL Server 和 Windows 身份验证模式"，如图 8-1 所示。

（5）单击"确定"按钮，完成设置。系统提示要使设置即刻生效，需要重启 SQL Server 服务，如图 8-2 所示。

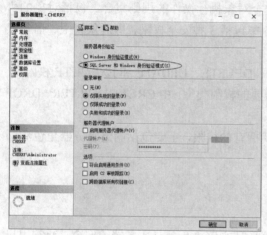

图 8-1　服务器安全性设置　　　　　图 8-2　重启服务提示信息

相比 Windows 身份验证，使用 SQL Server 身份验证的用户不一定是域用户，SQL Server 身份验证既支持远程访问系统，也可以使用应用程序控制用户信息，这比基于 Windows 认证的安全性更容易维护。但这种方式增加了 SQL Server 系统的表面区域，降低了系统抵抗攻击的能力。

2. 密码策略

SQL Server 2016 自身不设置密码策略，它通过 Windows 操作系统中的组策略为用户组或计算机组定义用户和计算机所需要的密码策略。密码策略用于确保所有密码足够复杂并定期更改以最大程度增强安全性，防止未经许可的身份验证的访问。

SQL Server 在验证期间按照 Windows 对于密码强度、期限和账户锁定的政策进行密码设置。通常要以设置密码复杂性策略来增强系统的抗入侵能力。实施密码复杂性策略时，新密码必须符合以下原则。

● 密码不得包含全部或部分用户账户名。部分账户名是指 3 个或 3 个以上两端用"空白"（空格、制表符、回车符等）或任何以下字符分隔的连续字母数字字符：逗号（,）、句点（.）、连字符（-）、下画线（_）或数字符号（#）。

- 密码长度至少为 8 个字符。
- 密码包含以下 4 类字符中的 3 类：拉丁文大写字母（A~Z）；拉丁文小写字母（a~z）；10 个基本数字（0~9）；非字母数字字符，如感叹号（!）、美元符号（$）、数字符号（#）或百分号（%）。
- 密码最长可为 128 个字符。使用的密码应尽可能长，尽可能复杂。

【例 8.2】设置 Windows 密码策略为"密码必须符合复杂性要求"。

操作步骤如下。

（1）打开 Windows 中"控制面板"，选择"系统与安全"分类下的"管理工具"。

（2）打开"管理工具"，双击"本地安全策略"，打开"本地安全策略"窗口，如图 8-3 所示。

（3）双击"密码必须符合复杂性要求"，打开其属性对话框，选中"已启用"单选按钮，如图 8-4 所示。

（4）单击"确定"按钮，完成设置。

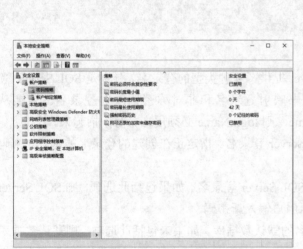

图 8-3 密码策略设置   图 8-4 启用"密码必须符合复杂性要求"策略

设置好 Windows 的密码策略后，在 SQL Server 中建立登录用户时可以选择强制实施密码策略。

8.1.3 数据库登录名管理

在 SQL Server 2016 中可以创建多个登录用户来访问数据库服务器。SQL Server 可以对创建的登录用户进行严格的设置来控制用户的访问权限、密码策略，同时还可以查看登录用户信息，修改和删除登录用户。

1. 使用 T-SQL 创建登录名

SQL Server 提供 CREATE LOGIN 命令创建登录名，语法格式如下。

```
CREATE LOGIN loginName { WITH <option_list1> | FROM <sources> }
<option_list1> ::=
    PASSWORD = { 'password' | hashed_password HASHED } [ MUST_CHANGE ]
    [ , <option_list2> [ ,... ] ]
<option_list2> ::=
    SID = sid
    | DEFAULT_DATABASE = database
    | DEFAULT_LANGUAGE = language
    | CHECK_EXPIRATION = { ON | OFF}
    | CHECK_POLICY = { ON | OFF}
    | CREDENTIAL = credential_name
<sources> ::=
    WINDOWS [ WITH <windows_options> [ ,... ] ]
    | CERTIFICATE certname
    | ASYMMETRIC KEY asym_key_name
<windows_options> ::=
    DEFAULT_DATABASE = database
| DEFAULT_LANGUAGE = language
```

语法说明如下。

- loginName：登录名。SQL Server 提供了 4 种类型的登录名，分别是 SQL Server 登录名、Windows 登录名、证书映射登录名和非对称密钥映射登录名。若要从 Windows 域账户映射 loginName，则 loginName 必须用方括号[ ]括起来。

- PASSWORD：仅适用于 SQL Server 登录名。指定正在创建的登录名的密码。密码区分大小写。

- MUST_CHANGE：仅适用于 SQL Server 登录名。如果包括此选项，则 SQL Server 将在首次使用新登录名时提示用户输入新密码。

- database：指定将指派给登录名的默认数据库。如果未包括此选项，则默认数据库将设置为 master。

- CHECK_EXPIRATION = { ON | OFF }：仅适用于 SQL Server 登录名。指定是否对此登录账户强制实施密码过期策略，默认值为 OFF。

- CHECK_POLICY = { ON | OFF }：仅适用于 SQL Server 登录名。指定应对此登录名强制实施运行 SQL Server 的计算机的 Windows 的密码策略，默认值为 ON。

- WINDOWS：指定将登录名映射到 Windows 登录名。

- CERTIFICATE certname：指定将与此登录名关联的证书名称。此证书必须已存在于 master 数据库中。

- ASYMMETRIC KEY asym_key_name：指定将与此登录名关联的非对称密钥的名称。此密钥必须已存在于 master 数据库中。

【例 8.3】将 Windows 账户中的用户 Teacher 添加到 SQL Server 登录中，默认数据库为 StudentMIS。

```
CREATE LOGIN [CHERRY\Teacher]
FROM WINDOWS
WITH DEFAULT_DATABASE=[ StudentMIS], DEFAULT_LANGUAGE=[简体中文]
```

【例 8.4】创建名为 sqlLogin 的 SQL 登录，密码为 Sqlserver，默认数据库为 StudentMIS。

```
CREATE LOGIN sqlLogin
WITH PASSWORD= 'Sqlserver ',
DEFAULT_DATABASE=[StudentMIS]
```

【例 8.5】创建名为 admin 的 SQL 登录，密码为 Sql@123%，默认数据库为 StudentMIS，强制实施密码策略。

```
CREATE LOGIN admin
WITH PASSWORD='Sql@123%',
DEFAULT_DATABASE=[StudentMIS],
CHECK_EXPIRATION=ON, CHECK_POLICY=ON
```

学习提示：只有在 Windows Server 2003 及更高版本中才能使用 CHECK_EXPIRATION 和 CHECK_POLICY。

除使用 T-SQL 语句创建登录名外，使用 SSMS 可视化工具也可以方便地实现登录名的创建和管理。

【例 8.6】使用 SSMS 工具创建登录名。将 Windows 账户中的用户 Teacher 添加到 SQL Server 登录中，默认数据库为 StudentMIS。

操作步骤如下。

（1）在"对象资源管理器"中展开"安全性"节点，右击"登录名"，如图 8-5 所示。

（2）选择"新建登录名"命令，打开"登录名-新建"窗口 ，如图 8-6 所示。

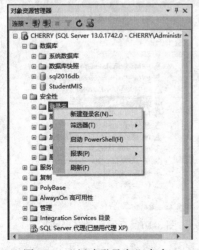

图 8-5　"新建登录名"命令

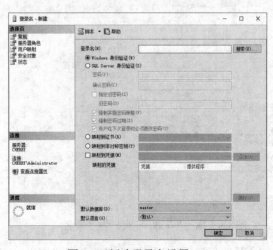

图 8-6　新建登录名设置

（3）单击"搜索"按钮，打开"选择用户或组"对话框，如图 8-7 所示。

（4）单击"高级"按钮，展开"选择用户或组"的高级设置部分，单击"立即查找"按钮，在搜索结果框内可以看到 Windows 账号 Teacher 在查询结果集中，如图 8-8 所示。

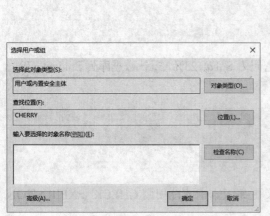

图 8-7 "选择用户或组"对话框   图 8-8 查找 Windows 用户 Teacher

（5）选中搜索结果集中的 Teacher 用户，连续两次单击"确定"按钮，Windows 用户 Teacher 添加到新建登录名设置界面的编辑框里，如图 8-9 所示。

（6）在如图 8-9 所示设置界面中选择默认数据库为 StudentMIS。

（7）单击"确定"按钮，完成 Windows 登录名的添加。展开"登录名"节点，此时在登录名列表中已存在名为 CHERRY\Teacher 的登录名，如图 8-10 所示。

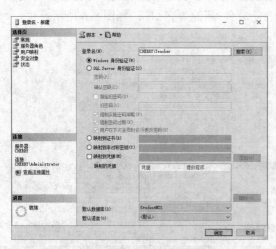

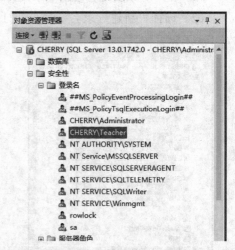

图 8-9 添加 Windows 账户为登录名   图 8-10 查看登录名节点

在图 8-9 中，用户可以选择服务器角色、用户映射或安全对象对登录用户赋予相应的角色或权限，有关这些内容将在后续两个任务中详细阐述。

此外，在图 8-10 中 SQL Server 对应的实例级的登录名中，除了自定义的登录名外，还包括系统自动添加的登录名。以##开头和结尾的用户是 SQL Server 内部使用的账户，一般由证书创建，不应该被删除；其次是 sa 账户，sa 登录名拥有一切特权，并且不能被删除，为了保障数据库的安全性，一般建议对登录名 sa 设置尽可能复杂的密码；NT AUTHORITY \SYSTEM 账户与启动 SQL Server 的 Windows 服务的账户相关，如果使用本地登录账户启动 SQL Server 服务，该账号不能被删除。

若要创建 SQL Server 登录，只需在第（2）步图 8-6 中选中"SQL Server 身份验证"，填写密码和确认密码，并可以选择是否执行强制实施密码策略等。

2. 使用 T-SQL 语句修改登录名

登录账户创建完成后，可以根据需要修改登录名、密码、密码策略、默认数据库及是否禁用该用户登录。语法格式如下。

```
ALTER LOGIN login_name
    { <status_option>
    | WITH <set_option> [ ,... ]
    | <cryptographic_credential_option>}
<status_option> ::= ENABLE | DISABLE
<set_option> ::= PASSWORD = 'password' | hashed_password HASHED
    [   OLD_PASSWORD = 'oldpassword'
      | <password_option> [<password_option> ] ]
    | DEFAULT_DATABASE = database
    | DEFAULT_LANGUAGE = language
    | NAME = login_name
    | CHECK_POLICY = { ON | OFF }
    | CHECK_EXPIRATION = { ON | OFF }
    | CREDENTIAL = credential_name
    | NO CREDENTIAL
<password_option> ::= MUST_CHANGE | UNLOCK
<cryptographic_credentials_option> ::= ADD CREDENTIAL credential_name
        | DROP CREDENTIAL credential_name
```

语法说明如下。

- login_name：指定要更改的 SQL Server 登录名。
- ENABLE | DISABLE：启用或禁用登录名。
- PASSWORD：仅适用于 SQL Server 登录账户。指定要更改的登录密码。密码区分大小写。
- oldpassword：仅适用于 SQL Server 登录账户。要指派新密码的登录的当前密码。密码区分大小写。
- UNLOCK：仅适用于 SQL Server 登录账户。指定应解锁或锁定的登录。

【例 8.7】修改名为 sqlLogin 的 SQL Server 登录，将其密码改为 Sq10o123。

```
ALTER LOGIN sqlLogin
WITH PASSWORD='Sq10o123'
```

上述代码的执行需要当前用户具有 ALTER ANY LOGIN 权限，否则就必须使用 OLD_PASSWORD 指定原密码，在原密码正确的情况下才能修改指定登录的密码。代码如下。

```
ALTER LOGIN sqlLogin
WITH PASSWORD='Sq10o123'
OLD_PASSWORD='Sqlserver'
```

【例 8.8】禁用名称为 admin 的登录。

```
ALTER LOGIN admin DISABLE
```

【例 8.9】启用名称为 admin 的登录。

```
ALTER LOGIN admin ENABLE
```

【例 8.10】为名为 sqlLogin 的 SQL Server 登录执行解锁操作。

```
ALTER LOGIN sqlLogin
WITH PASSWORD="Sq10o123" UNLOCK
```

3. 使用 T-SQL 语句删除登录名

要删除一个登录，只需使用 DROP LOGIN 语句。语法格式如下。

```
DROP LOGIN login_name
```

其中，login_name 为待删除的登录名。

【例 8.11】删除 admin 登录名。

```
DROP LOGIN admin
```

【任务 2】系统数据库用户权限管理

任务描述：SQL Server 2016 允许多用户对数据库进行访问。为了实现分权限管理，在实际应用中，应赋予不同的用户不同的访问权限。例如，在学生选课系统中，应分别为教务人员、教师和学生用户赋予学生选课系统数据库访问的不同权限，如学生用户不能查询教师的相关资料，教师用户不能修改学生的基本信息等。

8.2.1 用户管理

当创建登录名后，登录名就具有了访问 SQL Server 服务器的权限。若登录名的默认数据库不是系统数据库，则该登录名无法登录到 SQL Server。如例 8.4 创建的 sqlLogin 登录用户，默认数据库为 StudentMIS，使用该用户登录 SQL Server 时，显示"无法打开用户默认数据库。登录失败"，如图 8-11 所示。

图 8-11　登录名 sqlLogin 登录错误提示

要实现登录名具有指定数据库的访问权限，就需要将登录名映射成数据库的用户。在 SQL Server 服务器，登录名是服务器级别的主体，在 SQL Server 服务器中无论处于哪个层级的主体，当需要登录到 SQL Server 实例时，都需要一个与之对应的登录名。对于 Windows 用户会映射到登录名，对于数据库级别的主体来说，其用户必须映射到登录名中，而登录名可以不映射到数据库。

1. 创建用户

创建用户就是将 SQL Server 的登录名映射成指定数据库的用户。为数据库创建用户的 SQL 语句为 CREATE USER，语法格式如下。

```
CREATE USER user_name
    [ { { FOR | FROM }
      { LOGIN login_name
        | CERTIFICATE cert_name
        | ASYMMETRIC KEY asym_key_name
      }
      | WITHOUT LOGIN
]   [ WITH DEFAULT_SCHEMA = schema_name ]
```

语法说明如下。

- user_name：指定在此数据库中用于识别该用户的名称。user_name 是 sysname。长度最多 128 个字符。
- login_name：指定要创建数据库用户的 SQL Server 登录名。login_name 必须是服务器中有效的登录名。
- schema_name：指定服务器为此数据库用户解析对象名时将搜索的第一个架构。如果未指定，将使用 DBO 作为默认架构。
- WITHOUT LOGIN：指定不将用户映射到现有登录名。

学习提示： 如果忽略 FOR LOGIN，则新的数据库用户将被映射到同名的 SQL Server 登录。

【例 8.12】在 StudentMIS 数据库中，创建登录名 sqlLogin 的同名用户。

```
USE StudentMIS
GO
CREATE USER sqlLogin
```

当用户与登录名对应后，sqlLogin 登录名就可以正确登录到数据库 StudentMIS 了。若要创建的用户与登录名不相同，则必须要指定用户对应的登录名。

【例 8.13】创建名为 teachUser 的登录名，密码为 1234，在 StudentMIS 数据库中，创建用户 xiaoli 与 teachUser 登录名对应。

```
CREATE LOGIN teachUser
WITH PASSWORD='1234'
GO
USE StudentMIS
GO
CREATE USER xiaoli
FOR LOGIN teachUser
```

登录名和具体数据库中的用户是一对一的关系，也就是说，一个登录名在一个数据库中最多只能对应一个用户，而一个用户也只对应一个登录名。但对于 SQL Server 服务器来说，登录名与用户是一对多关系，一个登录名可以在每一个数据库中创建不同的用户。

除使用 T-SQL 语句创建用户外，在 SSMS 中也可以方便地创建用户。

【例 8.14】使用 SSMS 实现例 8.12 在 StudentMIS 数据库中创建用户 sqlLogin。

操作步骤如下。

（1）在"对象资源管理器"中展开 StudentMIS 数据库下"安全性"节点。

（2）右击"用户"节点，弹出快捷菜单，如图 8-12 所示。

（3）选择"新建用户"命令，打开"数据库用户-新建"窗口，如图 8-13 所示。

图 8-12　快捷菜单

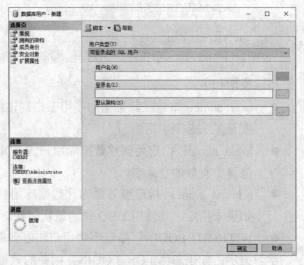

图 8-13　新建数据库用户设置界面

（4）在"用户名"文本框中输入 sqlLogin。

（5）单击"登录名"文本框右侧的按钮，打开"选择登录名"对话框，如图 8-14 所示。

（6）单击"浏览"按钮，打开"查找对象"对话框，选中匹配对象为 sqlLogin，如图 8-15 所示。

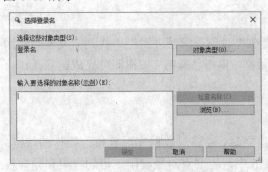

图 8-14 "选择登录名"对话框

图 8-15 "查找对象"对话框

（7）单击"确定"按钮，回到新建用户设置界面，单击"确定"按钮完成数据库用户的创建。

2. 修改用户

修改用户使用 ALTER USER 命令，语法格式如下。

```
ALTER USER userName
    WITH <set_item> [ ,...n ]
<set_item> ::=
    NAME = newUserName
    | DEFAULT_SCHEMA = schemaName
| LOGIN = loginName
```

语法说明如下。

- userName：指定在此数据库中用于识别该用户的名称。
- loginName：通过将用户的安全标识符（SID）更改为另一个登录名的 SID，使用户重新映射到该登录名。
- newUserName：指定此用户的新名称。newUserName 不能已存在于当前数据库中。
- schemaName：指定服务器在解析此用户的对象名时将搜索的第一个架构。

【例 8.15】修改 StudentMIS 数据库中名为 xiaoli 的用户，将其名称改为 xiaoxiao。

```
ALTER USER xiaoli
    WITH NAME= xiaoxiao
```

使用 SSMS 可视化界面也可以修改用户，若要修改用户 xiaoxiao，只需在"对象资源管理器"中右击该用户，在弹出的菜单中选择"属性"命令，打开"数据库用户-xiaoxiao"对话框，即可对该用户进行相关属性修改。

学习提示：在 SSMS 方式下不能修改用户名。

3. 删除用户

若要删除用户，只需使用 DROP USER 命令。

【例 8.16】删除 StudentMIS 数据库中用户 xiaoxiao。

DROP USER xiaoxiao

在 SSMS 可视化方式下删除用户，只需要在"对象资源管理器"中找到需要删除的用户，右击选择"删除"命令，系统弹出确认对话框，单击"确定"按钮即可完成删除操作。

8.2.2　用户权限管理

权限是指用户在连接到 SQL Server 服务器之后，能够对数据库对象执行操作的规则。不同的对象有不同的权限，在 SQL Server 2016 中，主要有对象权限、语句权限和隐含权限 3 种权限类型。

其中对象权限是指用户对数据库中的表、视图、存储过程等对象的操作权限，主要包括 SELECT、INSERT、UPDATE、DELETE、REFERENCES 和 EXECUTE，主要权限内容及所应用的安全对象如表 8-1 所示。

表 8-1　对象权限及安全对象

权 限 名 称	说　明	安 全 对 象
SELECT	是指对安全对象中数据的检索操作	表、函数、视图、列
INSERT	是指对安全对象进行数据插入操作	表、视图
UPDATE	是指对安全对象中数据的更新操作	表、视图、列
DELETE	是指对安全对象中数据的删除操作	表、视图、
REFERENCES	是指对安全对象的引用操作	表
EXECUTE	是指对安全对象的执行操作	存储过程、函数

语句权限表示对数据库的操作权限，也就是创建数据库及其对象所需要的权限类型。这些语句通常是一些具有管理性的操作，如 CREATE TABLE、CREATE DEFAULT、CREATE PROCEDURE、CREATE RULE、CREATE VIEW、BACKUP DATABASE 和 BACKUP LOG。

隐含权限是指系统安装以后有些用户和角色不必授权就有的权限，主要包括固定服务器角色和固定数据库角色，用户包括数据库对象所有者。只有固定角色或者数据库对象所有者的成员才可以执行相关操作。

对安全对象的权限许可分成 3 种类型，分别是授予权限、拒绝权限和撤销权限 3 种。

1. 授予权限

授予权限是给特定用户或角色授予对象的访问权限。SQL Server 中使用 GRANT 语句实现对象权限分配，语法格式如下。

```
GRANT { ALL [ PRIVILEGES ] }
      | permission [ ( column [ ,...n ] ) ] [ ,...n ]
      [ ON [ class :: ] securable ] TO principal [ ,...n ]
[ WITH GRANT OPTION ] [ AS principal ]
```

语法说明如下。

- ALL：给该类型用户授予所有可用的权限。不推荐使用此选项，保留此选项仅用于向后兼容。授予 ALL 参数相当于授予以下权限。
  - 如果安全对象为数据库，则 ALL 表示 BACKUP DATABASE、BACKUP LOG、CREATE DATABASE、CREATE DEFAULT、CREATE FUNCTION、CREATE PROCEDURE、CREATE RULE、CREATE TABLE 和 CREATE VIEW。
  - 如果安全对象为标量函数，则 ALL 表示 EXECUTE 和 REFERENCES。
  - 如果安全对象为表值函数，则 ALL 表示 DELETE、INSERT、REFERENCES、SELECT 和 UPDATE。
  - 如果安全对象是存储过程，则 ALL 表示 EXECUTE。
  - 如果安全对象为表，则 ALL 表示 DELETE、INSERT、REFERENCES、SELECT 和 UPDATE。
  - 如果安全对象为视图，则 ALL 表示 DELETE、INSERT、REFERENCES、SELECT 和 UPDATE。
- permission：指定权限的名称。
- column：指定表中将授予其权限的列的名称。需要使用括号"()"。
- class：指定将授予其权限的安全对象的类。需要范围限定符"::"。
- securable：指定将授予其权限的安全对象。
- TO principal：主体的名称。可为其授予安全对象权限的主体随安全对象而异。
- GRANT OPTION：指示被授权者在获得指定权限的同时，还可以将指定权限授予其他主体。

【例 8.17】为 StudentMIS 数据库中的 sqlLogin 用户授予更改任意用户的权限。

```
USE StudentMIS
GO
GRANT ALTER ANY USER TO sqlLogin
```

执行系统存储过程 sp_helprotect 可以查看当前数据库中对象的用户权限或语句权限的信息。如要查看用户 sqlLogin 的权限，语句如下。

```
USE StudentMIS
GO
EXEC sp_helprotect null,sqlLogin
```

执行上述代码，结果如图 8-16 所示。

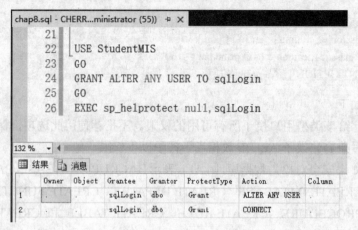

图 8-16　用户 sqlLogin 的权限

从图 8-16 可以看出，用户 sqlLogin 拥有了数据库 StudentMIS 中 ALTER ANY USER 的权限。

【例 8.18】在 StudentMIS 数据库中，创建用户 lifang，其对应登录名为[CHERRY\Teacher]，并将表 Teacher 的 SELECT 权限授予 lifang。

```
USE StudentMIS
GO
CREATE USER lifang
FOR LOGIN [CHERRY\Teacher]
GO
GRANT SELECT ON Teacher TO lifang
```

【例 8.19】在 StudentMIS 数据库中，将存储过程 upAddTeachCourse 的执行权限授予用户 lifang。

```
USE StudentMIS
GO
GRANT EXECUTE ON dbo. upAddTeachCourse TO lifang
```

除 T-SQL 语言外，SSMS 还提供了可视化方式管理用户权限。

【例 8.20】在 SSMS 中以图形方式将表 TeachInfo 的 SELECT 和存储过程 upAddTeachCourse 的执行权限授予用户 lifang。

操作步骤如下。

（1）在"对象资源管理器"中，展开数据库 StudentMIS 下的"安全性"→"用户"节点。

（2）右击用户 lifang，在弹出的快捷菜单中选择"属性"命令，单击"安全对象"按钮，切换至用户权限配置界面，如图 8-17 所示。

（3）单击"搜索"按钮，打开"添加对象"对话框，如图 8-18 所示。

（4）选中"特定对象"单选按钮，单击"确定"按钮，打开如图 8-19 所示的"选择对象"对话框。

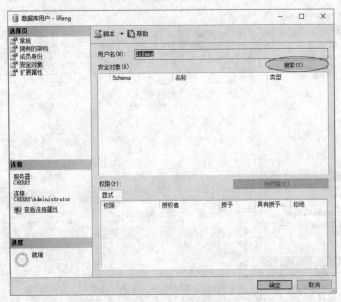

图 8-17　用户权限配置

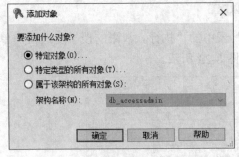

图 8-18　"添加对象"对话框

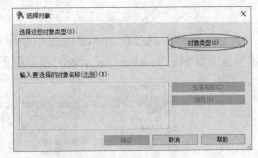

图 8-19　"选择对象"对话框

（5）单击"对象类型"按钮，打开"选择对象类型"对话框，如图 8-20 所示。选中"存储过程"和"表"复选框。

（6）单击"确定"按钮，打开"查找对象"对话框，如图 8-21 所示，在找到的匹配对象中选中表 Teacher 和存储过程 upAddTeachCourse。

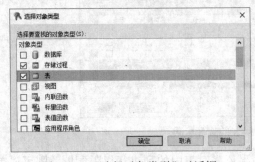

图 8-20　"选择对象类型"对话框

图 8-21　"查找对象"对话框

（7）单击"确定"按钮，返回到用户权限配置界面，如图 8-22 所示。

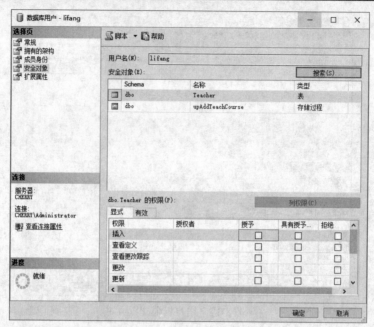

图 8-22　用户权限配置

（8）选中存储过程 **upAddTeachCourse** 显示列表中的"执行"权限的授予复选框。单击安全对象到表 **Teacher**，显示表的权限配置，如图 8-23 所示。

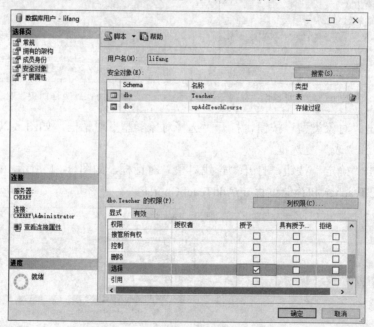

图 8-23　授予用户对表的选择权限

（9）单击"确定"按钮完成权限配置。如果还需对表中的列进行权限配置，则可以单击图 8-23 中"列权限"按钮，打开"列权限"对话框进行配置，如图 8-24 所示。

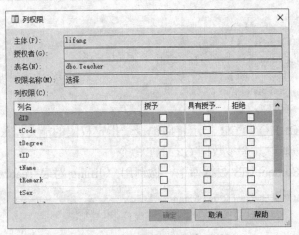

图 8-24　"列权限"对话框

2. 拒绝权限

在 SQL Server 2016 中采用"拒绝大于一切"的权限管理机制。如果一个用户属于某个角色或架构，且这些角色和架构中定义了对某对象的访问权限，但如果此用户同时被定义了拒绝访问该对象，则最终用户无法访问该对象。

DENY 命令用于显式地拒绝用户访问指定的目标对象，语法格式如下。

```
DENY { ALL [ PRIVILEGES ] }
     | permission [ ( column [ ,...n ] ) ] [ ,...n ]
     [ ON [ class :: ] securable ] TO principal [ ,...n ]
[ CASCADE ] [ AS principal ]
```

其中，CASCADE 表示拒绝该用户已经在 WITH GRANT OPTION 规则下授予访问权限的任何人，其余参数与 GRANT 命令中参数相同。

【例 8.21】在 StudentMIS 数据库中，拒绝用户 lifang 查看 AdminUser 表的权限。

```
DENY SELECT ON AdminUser TO lifang
GO
```

【例 8.22】在 StudentMIS 数据库中，拒绝用户 lifang 更改表 Teacher 中 dID 列的权限。

```
DENY UPDATE(dID) ON Teacher TO lifang
GO
```

读者可以使用登录名[CHERRY\Teacher]登录 SQL Server 服务器，并使用 SELECT 和 UPDATE 语句操作 Teacher 表的数据，验证用户 lifang 对 Teacher 表的访问权限。

在 SSMS 中以可视化方式实现显式拒绝的权限设置同授予权限相同，不同的是此时选中的是"拒绝"列。

3. 撤销权限

撤销权限是消除通过 GRANT 或 DENY 语句所授予或拒绝的权限。撤销权限使用 REVOKE 命令，语法格式如下。

```
REVOKE [GRANT OPTION FOR]
     {[ ALL [ PRIVILEGES ] ]
     | permission [ ( column [ ,...n ] ) ] [ ,...n ] }
     [ ON [ class :: ] securable ]
     {TO|FROM } principal [ ,...n ]
     [ CASCADE ] [ AS principal ]
```

其中，GRANT OPTION FOR 指示将撤销授予指定权限的能力。在使用 CASCADE 参数时，需要具备该功能。其余参数同 GRANT 命令。

【例 8.23】在 StudentMIS 数据库中，撤销用户 lifang 对表 Teacher 的 SELECT 权限。

```
REVOKE SELECT ON Teacher FROM lifang
GO
```

【例 8.24】在 StudentMIS 数据库中，撤销用户 lifang 对表 Teacher 中 dID 列的拒绝更新权限。

```
REVOKE UPDATE(dID) ON Teacher FROM lifang
GO
```

【任务 3】数据库角色管理

任务描述： 当数据库管理任务繁重时，数据库管理员通常无法独自承担管理任务，为了保证数据的正常有效，会为数据库配备多名数据库操作员。为了有效地管理用户权限，数据库管理员会对具有相同权限的数据库操作员分配相应的角色，以便数据库操作员根据各自拥有的权限执行相应的操作任务。

8.3.1 应用角色的好处

为便于管理服务器上的权限，SQL Server 2016 提供了若干"角色"，这些角色是用于分组其他主体的安全主体，类似于 Windows 操作系统中的工作组。角色将若干用户集中到一个单元中，然后对该单元应用权限。对角色授予、拒绝或废除的权限适用于角色中的任何成员。

例如，可以创建角色来代表系统中一类工作人员所执行的工作，然后给这个角色授予适当的权限。当工作人员开始工作时，只需将他们添加为该角色成员，当他们离开工作时，将他们从该角色中删除，而不必在每个人接受或离开工作时，反复授予、拒绝和废除其权限。权限在用户成为角色成员时自动生效。角色的使用极大地简化了权限的分配管理操作。

在 SQL Server 2016 中可以划分以下角色。

● 服务器角色：服务器角色也称为固定服务器角色，它不能被用户创建，其权限作用域为服务器范围。

● 数据库角色：又分为固定数据库角色和用户自定义角色。固定数据库角色是定义在数据库级上的，存在于每一个数据库中，不能更改。用户自定义角色是由用户根据权限的分配要求在数据库级上定义的。

● 应用程序角色：是数据库主体，它使应用程序能够使用类似用户的权限来运行。

8.3.2　固定服务器角色

固定服务器角色是服务器级别的主体，其权限作用域范围为服务器。当用户成功安装 SQL Server 2016 后，服务器角色就存在于数据库服务器中，且已具备了执行指定操作的权限。可以向固定服务器角色中添加登录名作为其成员，这时该登录名就继承了固定服务器角色的权限。固定服务器角色中的每个成员都可以向其所属角色添加其他登录。

服务器角色可以映射到 SQL Server 包含的权限。SQL Server 2016 提供了 9 个固定服务器角色，这些角色的功能和权限的对应关系如表 8-2 所示。

表 8-2　服务器角色的权限

服务器角色	服务器级权限	描　　述
bulkadmin	已授予：ADMINISTER BULK OPERATIONS	块数据操作管理员，拥有执行块操作的权限，即执行 BULK INSERT 语句
dbcreator	已授予：CREATE DATABASE	数据库创建者，拥有创建和修改数据库的权限
diskadmin	已授予：ALTER RESOURCES	磁盘管理员，拥有修复资源的权限
processadmin	已授予：ALTER ANY CONNECTION、ALTER SERVER STATE	进程管理员，拥有管理服务器连接和状态的权限
securityadmin	已授予：ALTER ANY LOGIN	安全管理员，拥有执行修改登录名的权限
serveradmin	已授予：ALTER ANY ENDPOINT、ALTER RESOURCES、ALTER SERVER STATE、ALTER SETTINGS、SHUTDOWN、VIEW SERVER STATE	服务器管理员，拥有修改端点、资源、服务器状态、配置服务器级的设置等权限
setupadmin	已授予：ALTER ANY LINKED SERVER	安装程序管理员，拥有修改链接服务器的权限
sysadmin	已授予：CONTROL SERVER	系统管理员，拥有操作 SQL Server 服务器的所有权限
public	已授予：VIEW ANY DATABASE	公共角色，拥有查看数据库的权限

在上述固定服务器角色中，SQL Server 中的所有登录名都是 public 角色的成员。

1.　添加固定服务器角色成员

要将登录账号添加到固定服务器角色中，使用系统存储过程 sp_addsrvrolemember，语法格式如下。

```
sp_addsrvrolemember [ @loginame= ] 'login' , [ @rolename = ] 'role'
```

语法说明如下。

● login：待添加的登录名。login 可以是 Windows 登录名或 SQL Server 登录名。

- role：固定服务器角色名称。取值必须是表 8-2 中服务器角色之一。
- 返回值为 INT，值为 0 表示成功，1 表示失败。

【例 8.25】将登录名 sqlLogin 添加到 sysadmin 固定服务器角色中，使其可以在数据库服务器上执行任何操作。

```
EXEC sp_addsrvrolemember ' sqlLogin ', 'sysadmin'
```

在将登录添加到指定服务器角色时，需要注意如下事项。
- 将登录名添加到固定服务器角色时，该登录名拥有此角色的所有权限。
- 不能更改 sa 角色的成员资格。
- 不能在用户定义的事务中执行 sp_addsrvrolemember 存储过程。
- 固定服务器角色 sysadmin 的成员可以将登录账号添加到任何固定服务器角色，其他固定服务器角色的成员只能将登录名添加到同一个固定服务器角色。

除使用 T-SQL 语句外，还可以使用 SSMS 将登录名添加到固定服务器角色中。

【例 8.26】使用 SSMS 实现将登录名 sqlLogin 添加到 sysadmin 固定服务器角色中。

操作步骤如下。

（1）在"对象资源管理器"中展开"安全性"节点下的"登录名"节点。

（2）右击 sqlLogin 登录名，在弹出的快捷菜单中选择"属性"命令，打开"登录属性"窗口。

（3）选择"服务器角色"选项页，系统切换至服务器角色窗口，选中 sysadmin 固定服务器角色，如图 8-25 所示。

（4）单击"确定"按钮，完成添加操作。

图 8-25 服务器角色配置

2．删除固定服务器角色成员

将登录名从固定服务器角色中删除，则使用系统存储过程 sp_dropsrvrolemember，语法格式如下。

sp_dropsrvrolemember [@loginame=] 'login' , [@rolename =] 'role'

参数同 sp_addsrvrolemember 存储过程的参数。

【例 8.27】将 SQL Server 登录名 sqlLogin 从 sysadmin 固定服务器角色中删除。

EXEC sp_dropsrvrolemember ' sqlLogin ', 'sysadmin'

在将登录名从指定服务器角色中删除时，需要注意如下事项。

● 不能删除 sa 角色的登录名。
● 不能在用户定义的事务中执行 sp_dropsrvrolemember 存储过程。
● 固定服务器角色 sysadmin 的成员可以删除任何固定服务器角色中的登录，其他固定服务器角色的成员只能删除相同固定服务器角色中的成员。

在 SSMS 中将登录名从固定服务器角色中删除，只需在图 8-25 中取消选中相应固定服务器角色即可。

8.3.3　数据库角色

数据库角色是数据库级别上的主体，也是数据库用户的集合。数据库用户可以作为数据库角色的成员，继承数据库角色的权限。数据库管理员可以通过管理数据库角色的权限来管理数据库用户的权限。SQL Server 2016 中提供了固定数据库角色、用户自定义数据库角色和应用程序角色。

1．固定数据库角色

固定数据库角色定义在数据库级别上，像固定服务器角色一样，固定数据库角色也具备预先定义好的权限。SQL Server 2016 提供了 9 个固定数据库角色，这些角色的功能和权限的对应关系如表 8-3 所示。

表 8-3　固定数据库角色的权限

固定数据库角色	数据库级权限	描　述
db_owner	已使用 GRANT 选项授予：CONTROL	数据库所有者，拥有在数据库中执行任何操作的权限
db_accessadmin	已授予：ALTER ANY USER、CREATE SCHEMA 并已使用 GRANT 选项授予：CONNECT	访问权限管理员，拥有添加和删除数据库的用户、组和角色的权限
db_backupoperator	已授予：BACKUP DATABASE、BACKUP LOG、CHECKPOINT	数据库备份管理员，拥有执行数据库备份的权限
db_datareader	已授予：SELECT	数据查询操作员，拥有查询所有用户表的权限

续表

固定数据库角色	数据库级权限	描　述
db_datawriter	已授予：DELETE、INSERT、UPDATE	数据维护操作员，拥有对所有用户表进行添加、修改或删除数据的权限
db_ddladmin	已授予：数据库定义语言，包含 CREATE、ALTER 语句的操作权限	数据库对象管理员，拥有添加、删除和修改数据库对象的权限
db_denydatareader	已拒绝：SELECT	拒绝查询操作员，不能从任何表中读取数据
db_denydatawriter	已拒绝：DELETE、INSERT、UPDATE	拒绝维护管理员，不能更改任何表中的数据
db_securityadmin	已授予：ALTER ANY APPLICATION ROLE、ALTER ANY ROLE、CREATE SCHEMA、VIEW DEFINITION	安全管理员，拥有创建架构、更改数据库角色、更改应用程序角色的权限

　　除表 8-3 列出的固定数据库角色外，SQL Server 2016 中还有一个特殊的固定数据库角色 public，public 角色在初始状态下没有任何权限，且每个数据库用户都是 public 角色的成员，因此不能将用户、组指派为 public 角色的成员，也不能删除 public 角色成员。

　　同固定服务器角色类似，SQL Server 2016 提供的系统存储过程 sp_addrolemember，能够为数据库角色添加成员，语法格式如下。

```
sp_addrolemember [ @rolename = ] 'role', [ @membername = ] 'security_account'
```

语法说明如下。
- role：当前数据库中数据库角色的名称。
- security_account：是添加到该角色的安全账户。security_account 可以是数据库用户、数据库角色、Windows 登录或 Windows 组。

　　【例 8.28】将 StudentMIS 数据库中的用户 lifang，设置为 db_datareader 数据库角色的成员，使用户 lifang 对该数据库具有只读的权限。

```
EXEC sp_addrolemember 'db_datareader',' lifang '
```

将用户添加到指定固定数据库角色时，需要注意以下事项。
- 添加的用户将继承该角色所有的权限。
- 不能将固定服务器角色、固定数据库角色和 dbo 用户添加到其他角色中。
- 不能在用户定义的事务中执行 sp_addrolemember 存储过程。
- 只有固定服务器角色 sysadmin 和固定数据库角色 db_owner 中的成员才具有将用户添加到固定数据库角色中的权限。

若要删除数据库角色的成员，使用的存储过程为 sp_droprolemember，语法格式如下。

```
sp_droprolemember [ @rolename = ] 'role', [ @membername = ] 'security_account'
```

　　【例 8.29】将 StudentMIS 数据库中的用户 test 从 db_datareader 角色中删除。

```
EXEC sp_droprolemember 'db_datareader','test '
```

删除固定数据库角色成员时，需要注意如下事项。

● 不能在用户定义的事务中执行 sp_droprolemember 存储过程。

● 只有固定服务器角色 sysadmin 和固定数据库角色 db_owner、db_securityadmin 中的成员能执行该存储过程，且只有 db_owner 的成员才有权将用户从固定数据库角色中删除。

除使用 T-SQL 语句外，还可以使用 SSMS 实现向固定数据库角色中添加和删除用户。

【例 8.30】使用 SSMS 可视化操作实现将 StudentMIS 数据库中的用户 sqlLogin，设置为 db_owner 数据库角色的成员。

操作步骤如下。

（1）在"对象资源管理器"中展开 StudentMIS 数据库下的"安全性"→"用户"节点。

（2）右击 sqlLogin 用户，在弹出的快捷菜单中选择"属性"命令，系统将打开"数据库用户"窗口，在"选项页"中选择"拥有的架构"，窗口切换到"此用户拥有的架构"页。

（3）在"拥有的架构"列表中选中 db_owner 复选框，如图 8-26 所示。

图 8-26　数据库用户设置

（4）单击"确定"按钮，完成设置。

2. 用户自定义数据库角色

当没有满足需要的固定数据库角色时，数据库操作员可以创建自己的数据库角色，并且将需要相同数据库权限的多个用户组合起来。通过对角色的授权、拒绝和回收权限等权限配置，实现对角色中多个用户权限的统一管理。

使用 CREATE ROLE 语句可以自定义数据库角色，语法格式如下。

```
CREATE ROLE role_name [ AUTHORIZATION owner_name ]
```

语法说明如下。

- role_name：用户自定义角色的名称。
- AUTHORIZATION owner_name：将拥有新角色的数据库用户或角色，如果未指定用户，则执行 CREATE ROLE 的用户将拥有该角色。

【例 8.31】为 StudentMIS 数据库添加角色 Teacher，并将用户 lifang 和 zhangsan 添加到该角色中，赋予该角色在教师信息表 Teacher 上有插入、修改和删除的权限，拒绝该角色创建表的权限。

```
USE StudentMIS
GO
CREATE ROLE Teacher
GO
EXEC sp_addrolemember 'Teacher','lifang '
EXEC sp_addrolemember 'Teacher','zhangsan '
GO
GRANT INSERT,UPDATE,DELETE ON Teacher TO Teacher
WITH GRANT OPTION
GO
DENY CREATE TABLE TO Teacher
```

【例 8.32】在 StudentMIS 数据库中，创建角色 myRole，指定该角色的所有者为角色 Teacher。

```
CREATE ROLE myRole AUTHORIZATION Teacher
```

使用 SSMS 也可以方便地实现用户自定义数据库角色的创建。

【例 8.33】在 StudentMIS 数据库中，使用 SSMS 添加角色 Student，并添加用户 lisi 和 zhangsan 作为其角色成员，为角色 Student 授予查询和修改 Student 表的权限。

操作步骤如下。

（1）在"对象资源管理器"中展开 StudentMIS 数据库下的"安全性"→"角色"节点。

（2）右击，选择"新建数据库角色"命令，打开如图 8-27 所示的窗口。

图 8-27　新建数据库角色

（3）在"角色名称"文本框中输入 Student。

（4）单击"添加"按钮，打开"选择数据库用户或角色"对话框，单击"浏览"按钮，打开"查找对象"对话框，选中要添加的用户 lisi 和 zhangsan，如图 8-28 所示。

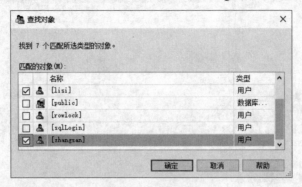

图 8-28　选择对象

（5）单击"确定"按钮，回到"数据库角色-新建"窗口，如图 8-29 所示。

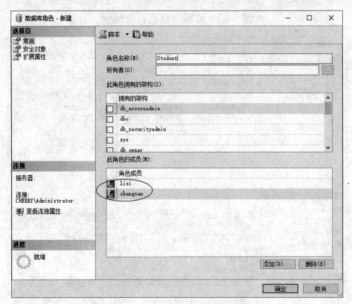

图 8-29　添加数据库角色成员

（6）从图 8-29 中可以看到，此角色的成员列表中有用户 lisi 和 zhangsan，选择"选项页"中"安全对象"选项，系统切换到角色的权限配置窗口，如图 8-30 所示。

（7）单击"搜索"按钮，搜索"特定对象"中的"表"，并选中 Student 表，配置该角色在表上的权限，选中"插入"和"更改"复选框，如图 8-31 所示。

（8）单击"确定"按钮，完成角色的创建和权限的配置。

学习提示：当列权限、用户权限、角色权限发生冲突时，列权限优先于用户权限，用户权限优先于角色权限。

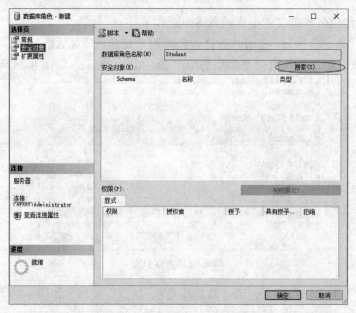

图 8-30　数据库角色权限配置

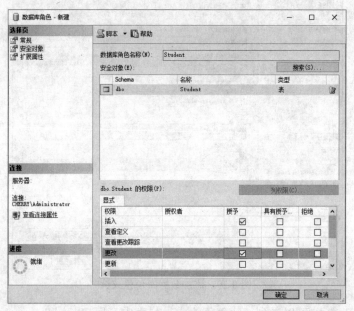

图 8-31　权限配置

删除角色的 T-SQL 语句使用 DROP ROLE 命令实现。

【例 8.34】删除 StudentMIS 数据库中名为 Student 的角色。

由于 Student 表中有 lisi 和 zhangsan 两个角色成员，在删除 Student 之前，要先将该角色的成员移除。

```
USE StudentMIS
GO
```

```
--将成员 lisi 从角色 Student 中移除
EXEC sp_droprolemember   'Student','lisi '
--将成员 zhangsan 从角色 Student 中移除
EXEC sp_droprolemember   'Student','zhangsan '
GO
DROP ROLE Student
```

从该例中可以看出，如果要删除一个角色，首先必须保证该角色中没有任何成员，也不是其他角色的拥有者，否则角色删除失败。

3. 应用程序角色

应用程序角色是数据库主体，它使应用程序能够使用类似用户的权限来运行。使用应用程序角色，只允许通过特定应用程序连接的用户访问特定数据。与数据库角色不同，应用程序角色默认情况下不包含任何成员，而且是非活动的。

一旦启动了应用程序角色，用户现有的权限将被关闭，应用程序角色的安全权限被相应打开，这时应用程序就可以使用应用程序角色来操作数据库。

使用 CREATE APPLICATION ROLE 语句创建应用程序角色，语法格式如下。

```
CREATE APPLICATION ROLE application_role_name
    WITH PASSWORD = 'password' [ , DEFAULT_SCHEMA = schema_name ]
```

语法说明如下。
- application_role_name：指定应用程序角色的名称。该名称不能被用于引用数据库中任何主体。
- password：指定数据库用户用于激活应用程序角色的密码。
- schema_name：指定服务器在解析该角色的对象名时将搜索的第一个架构。如果未定义默认架构，则应用程序角色将使用 dbo 作为其默认架构。schema_name 可以是数据库中不存在的架构。

学习提示：在创建应用程序角色时，需要用户或角色对数据库具有 ALTER ANY APPLICATION ROLE 权限。

【例 8.35】在数据库 StudentMIS 中，创建应用程序角色 AppRole，为其赋予 Student 的 SELECT 权限。

```
USE StudentMIS
GO
CREATE APPLICATION ROLE AppRole WITH PASSWORD = 'pass123'
GO
GRANT SELECT ON Student TO AppRole
```

4. 使用应用程序角色

使用应用程序角色的过程如下。
（1）用户执行客户端应用程序。

（2）客户端应用程序以用户身份连接到 SQL Server 服务器。

（3）应用程序通过指定密码和应用程序角色执行系统存储过程 sp_setapprole。

（4）若应用程序角色生效，此时连接会放弃用户的原有权限。

（5）使用应用程序角色操作数据库。

当用户执行客户端应用程序并连接到 SQL Server 服务器时，需要调用系统存储过程 sp_setapprole 来激活应用程序角色。语法格式如下。

```
sp_setapprole [ @rolename = ] 'role',[ @password = ] 'password'
```

语法说明如下。

● role：应用程序角色的名称，必须存在于当前数据库中。

● password：激活应用程序角色所需的密码，即应用程序角色创建时的密码。

【例 8.36】激活应用程序角色 AppRole。

```
EXEC sp_setapprole AppRole, 'pass123'
```

当应用程序角色激活后，接下来可以操作数据库了。

```
SELECT * FROM Student          --正常查询
GO
SELECT * FROM Class            --不能查询
GO
```

上述代码中第 2 个查询请求被拒绝，主要由于在创建应用程序角色时，没有将 Class 表的查询权限赋予应用程序角色 AppRole。从这里可以看出，应用程序角色是单向的，也就是说一旦应用程序角色被启用，将不能再切换回原来的角色中。若需要使用原来用户的角色，只有终止当前连接并重新登录。

若要删除应用程序角色，则需要使用 DROP APPLICATION ROLE 语句，格式如下。

```
DROP APPLICATION ROLE application_role_name
```

【例 8.37】删除应用程序角色 AppRole。

```
DROP APPLICATION ROLE AppRole
```

学习提示： 应用程序角色的权限与用户和数据库角色的权限是相互排斥的，只要应用程序请求使用应用程序角色，原用户或数据库角色的权限便会自动忽略。

【任务 4】实现数据加密

任务描述： 在学生选课系统中存在一些敏感数据，如系统管理员的登录密码、教师身份信息等，为了防止恶意用户进行非法访问和篡改，数据库管理员使用加密技术来保证数据的安全性。

8.4.1 数据的加密和解密

数据加密（Data Encryption）技术是指将信息（也称明文，Plain Text）经过密钥（Encryption Key）或加密函数转换成密文（Cipher Text）的过程，授权用户则将密文经过解密函数或解密钥匙（Decryption Key）还原成明文。加密并不能替代其他的安全设置，而是作为当数据库被非法入侵或是备份后被窃取后的最后一道防线。通过加密，使得未被授权的人在没有密钥或密码的情况下所窃取的数据变得毫无意义。

1. 数据加密概述

加密技术是信息安全技术的基石，其核心是密钥。密钥的复杂性取决于加密算法和密钥的长度。常用的加密类型分为对称（Symmetric）加密和非对称（Asymmetric）加密。在 SQL Server 中，加密是分层级的，根层级的加密保护子层级的加密，其分层架构如图 8-32 所示。

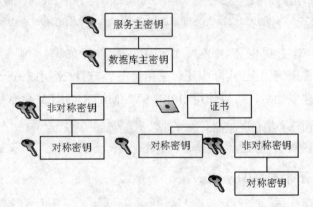

图 8-32　SQL Server 加密架构

每一个数据库实例都拥有一个服务主密钥，它是 SQL Server 加密架构的根，在 SQL Server 实例安装时动生成，其本身由 Windows 提供的数据保护 API 进行保护，服务主密钥除了为其子节点提供加密服务外，还用于加密一些实例级别的信息，如实例的登录名密码或链接服务器的信息。此外，数据库系统中的每一层都使用密钥和证书的组合对数据进行加密。

1）对称加密

对称加密是指使用相同的密钥进行数据的加密和解密。在 SQL Server 2016 中支持的对称加密算法主要有 RC2、RC4、DES 和 AES 等。相对于非对称加密，这些算法实现简单，加解密速度快。对称加密适合于大量数据的加密和解密，如图 8-33 所示。

图 8-33　对称加密

使用 CREATE SYMMETRIC KEY 命令创建对称密钥，定义格式如下。

```
CREATE SYMMETRIC KEY <key_name>
WITH <key_options> [ , ... n ]
ENCRYPTION BY <encrypting_mechanism> [ , ... n ]
```

语法说明如下。

- key_name：待创建的对称密钥名称。临时密钥的名称应当以数字符号（#）开头。
- key_options：指定加密的算法。
- encrypting_mechanism：指定密钥，也可以是证书、非对称密钥或其他对称密钥。

【例 8.38】为学生选课系统数据库创建一个对称密钥。

```
USE StudentMIS
GO
CREATE SYMMETRIC KEY SymKey
WITH ALGORITHM=AES_256                      --使用 AES_256 作为加密算法
ENCRYPTION BY PASSWORD='abc&w$kdf12'        --使用密码进行加密
```

学习提示：为对密钥保密，必须对密钥本身进行加密，例 8.39 中给出了密码 abc&w$kdf12 为对称密钥加密，实际中还可采用证书、非对称密钥或另一对称密钥来加密。

当对称密钥创建成功后，可以使用 OPEN SYMMETRIC KEY 命令打开它，格式如下。

```
OPEN SYMMETRIC KEY <key_name>
DECRYPTION BY <encrypting_mechanism> [ , ... n ]
```

【例 8.39】打开对称密钥 SymKey。

```
OPEN SYMMETRIC KEY SymKey
DECRYPTION BY PASSWORD='abc&w$kdf12'
```

学习提示：对称加密虽然实现简单，但在使用时不仅仅要传输数据本身，还要通过某种方式传输密钥，这有可能使得密钥在传输过程中被窃取，安全性相对较低。

2）非对称加密

非对称加密是指使用了两个相关的不同密钥进行数据的加密和解密，这两个密钥称为公钥（可以公开）和私钥（不公开）。加密的方法是先用公钥将明文加密成密文，然后通过私钥对密文进行解密，如图 8-34 所示。

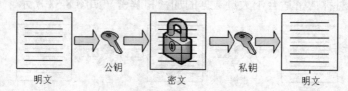

明文　　公钥　　密文　　私钥　　明文

图 8-34　非对称加密

SQL Server 2016 中支持非对称加密算法 RSA, RSA 加密算法可以实现 512 位、1024 位或 2048 位的加密强度。

实现非对称加密的命令是 CREATE ASYMMETRIC KEY, 定义格式与对称加密的定义格式相同。

【例 8.40】为学生选课系统数据库创建一个非对称密钥。

```
USE StudentMIS
GO
CREATE ASYMMETRIC KEY ASymKey
WITH ALGORITHM=RSA_2048                    --使用 RSA_2048 作为加密算法
ENCRYPTION BY PASSWORD='abc&w$kdf12'       --使用密码进行加密
```

学习提示: 非对称加密采用更为复杂的加密算法,并使用了两种密钥,其加密方式更为安全,但加密过程也相对更为复杂,因此会带来性能上的损失。一种折中的办法是使用对称密钥来加密数据,使用非对称密钥来加密对称密钥,这样既可以利用对称密钥的高性能,又可以利用非对称密钥的可靠性。

3)证书

证书是非对称加密的主要形式。它是数字签名的声明,它将公钥的值关联到持有对应私钥的个人或系统的标识。证书可由一个受信任的证书机构颁发,用于对大量用户进行身份验证,而无须保留各用户的密码。

可以使用证书加密数据和对称密钥,通常包括主题的公钥、主题的标识符信息、有效期、颁发者的标识信息和颁发者的数字签名等。SQL Server 2016 支持使用证书进行身份验证、加密及证书的导入和导出功能。证书定义格式如下。

```
CREATE CERTIFICATE certificate_name
    { FROM <existing_keys> | <generate_new_keys> }
<generate_new_keys> ::=
    [ ENCRYPTION BY PASSWORD = 'password' ]
    WITH SUBJECT = 'certificate_subject_name'
    [ , <date_options> [ ,...n ] ]
<date_options> ::=
START_DATE = 'datetime' | EXPIRY_DATE = 'datetime'
```

语法说明如下。

- certificate_name:证书名称。
- existing_keys:表示已存在的证书,可以将其导入到当前数据库中。
- ENCRYPTION BY PASSWORD:指定对从文件中检索的私钥进行解密所需的密码。如果私钥受空密码的保护,则该子句为可选项。建议不要将私钥保存到无密码保护的文件中。
- SUBJECT:是指证书的元数据中的字段。
- START_DATE:证书生效的日期。如果未指定,则将 START_DATE 设置为当前日期。START_DATE 采用 UTC 时间。

● EXPIRY_DATE：指定证书过期日期，如果不指定过期日期，证书默认从当前日期生效，1 年后失效。

【例 8.41】为学生选课系统数据库创建一个证书，证书过期日期为"2018/7/1"。

```
USE StudentMIS
GO
CREATE CERTIFICATE CertStudInfo
ENCRYPTION BY PASSWORD='kG87*uRXw#opR90'
WITH SUBJECT=' Student Certificate',
EXPIRY_DATE='2018/7/1'                          --指定证书过期日期
GO
```

当证书创建成功后，可以使用 BACKUP CERTIFICATE 语句将证书保存到文件中。下面的代码将证书 CertStudInfo 导出到 D 盘根目录中。

```
BACKUP CERTIFICATE CertStudInfo TO FILE='D:\Cert.cer'
```

若要将证书应用于其他数据库系统中，也可以将证书导入数据库中，代码如下。

```
CREATE CERTIFICATE CertStudInfo FROM D='D:\Cert.cer'
```

对称密钥、非对称密钥和证书创建成功后，数据库管理员可以在当前数据库 StudentMIS 的安全性目录中查看这些对象，如图 8-35 所示。

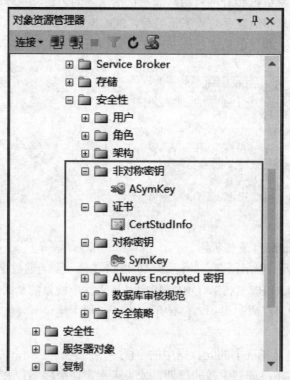

图 8-35　创建的对称密钥、非对称密钥和证书

2. 实现数据的加密和解密

在数据库系统开发过程中，总是会存储一些较为敏感的数据，如各类系统中管理员的密码、在线交易系统中用户银行卡信息、工资管理系统中员工工资等。这些数据如果不经加密，一旦数据库内容泄露，将造成不可估计的损失。因此，作为数据库管理员有责任对这些数据进行加密，即使数据库文件遗失或被盗，也不用担心这些敏感数据被他人恶意使用。

1）使用对称密钥实现数据的加密和解密

根据 SQL Server 2016 的分层架构可以知道，如果要实现对数据库中数据加密，首先必须创建服务主密钥，而服务主密钥在安装 SQL Server 实例时已自动产生，并由 Windows 的数据保护 API 进行保护。只有创建服务主密钥的 Windows 服务账户或有权访问服务账户的用户才能够打开服务主密钥。

SQL Server 2016 中的加密功能依赖于数据库主密钥，它必须由具有 sysadmin 的服务器角色创建，每个数据库只能有一个数据库主密钥，定义格式如下。

```
CREATE MASTER KEY
ENCRYPTION BY PASSWORD='<password>'
```

其中，PASSWORD 是为创建主密钥时对主密钥副本进行加密的密码。

最后在数据库中创建对称密钥，通过创建证书为对称密钥进行加密。

至此，数据加密的所有准备工作完成，接下来就是通过系统函数来实现数据的加解密。

（1）EncryptByKey()函数。EncryptByKey()函数利用对称密钥实现对数据进行加密。语法格式如下。

```
EncryptByKey (key_GUID , { 'cleartext' | @cleartext }
```

语法说明如下。

- key_GUID：用于加密 cleartext 的密钥的 GUID。该值可以通过系统函数 Key_GUID ('key_name ')来产生，其中的 key_name 是数据库中对称密钥的名称。
- cleartext：待加密的数据。
- @cleartext：类型为 nvarchar、char、varchar、binary、varbinary 或 nchar 的变量，其中包含将以该密钥加密的数据。

（2）DecryptByKey()函数。DecryptByKey()函数对数据进行解密，语法格式如下。

```
DecryptByKey ( { 'ciphertext' | @ciphertext })
```

其中，ciphertext 表示已使用密钥进行加密的数据。@ciphertext 的数据类型为 varbinary。@ciphertext 包含已使用密钥进行加密数据的 varbinary 类型变量，也就是说该函数只需提供密文就可以解密出明文。该函数返回 varbinary 类型的数据，因此在读取时还需要进行相应的类型转换。

学习提示：不管是加密函数还是解密函数，在使用时都必须保证数据库中使用的对称密钥处于打开状态，否则无效。

当操作完成后，执行 CLOSE SYMMETRIC KEY 来关闭指定的对称密钥。语法如下。

```
CLOSE SYMMETRIC KEY key_name | ALL SYMMETRIC KEY
```

下面通过完整实例来实现基于对称密钥的数据加密和解密过程。

【例 8.42】在学生选课系统数据库中，对管理员表 AdminUser 中的密码使用对称密钥进行加密，并通过解密函数显示原密码。

```
USE StudentMIS
GO
--创建主密钥
CREATE MASTER KEY
ENCRYPTION BY PASSWORD='sq1Server2o16'

--创建证书，使用该证书对密钥进行加密
CREATE CERTIFICATE CertAdminInfo
WITH SUBJECT='Encrypt Admin Pwd'
EXPIRY_DATE='2018/7/1'

--创建对称密钥
CREATE SYMMETRIC KEY SymPwdKey
WITH ALGORITHM=AES_256                      --使用 AES_256 作为加密算法
ENCRYPTION BY CERTIFICATE CertAdminInfo     --使用证书加密

--打开对称密钥
OPEN SYMMETRIC KEY SymPwdKey
DECRYPTION BY CERTIFICATE CertAdminInfo

--对 AdminUser 表中 aPwd 字段加密
UPDATE AdminUser
SET aPwd= EncryptByKey(Key_GUID(' SymPwdKey '), aPwd)

--查询加密后的数据表
SELECT aName,aPwd
FROM AdminUser
--查看解密后的数据
SELECT aName, CONVERT(varchar(20),DecryptByKey(aPwd))
FROM AdminUser

--关闭对称密钥
CLOSE SYMMETRIC KEY SymPwdKey
```

请读者自己对照两次加解密前后表中数据的结果。

2）使用证书实现数据的加密和解密

由于非对称加密比对称加密更安全，因此在实际应用中对于敏感信息更多采用证书加密数据的方式。其实现的方式同使用对称加密方式类似，主要的区别是将原有采用对称密钥加密数据改成使用证书的公钥对数据加密。证书加密和解密的系统函数如下。

（1）EncryptByCert()函数。EncryptByCert ()函数实现对数据进行加密。语法格式如下。

```
EncryptByCert (certificate_ID , { 'cleartext' | @cleartext }
```

语法说明如下。

- certificate_ID：加密数据的证书 ID。该值可以通过系统函数 Cert_ID('certificate_name')来产生，其中的 certificate_name 是数据库中证书的名称。
- cleartext：要使用密钥加密的数据。
- @cleartext：类型为 nvarchar、char、varchar、binary、varbinary 或 nchar 的变量，其中包含将以该密钥加密的数据。

（2）DecryptByCert()函数。DecryptByCert ()函数对数据进行解密。其简单的语法格式如下。

```
DecryptByCert (certificate_ID , { 'ciphertext' | @ciphertext })
```

【例 8.43】在学生选课系统数据库中，对学生信息表中的身份证号 sCard 进行加密，并通过解密函数显示原数据。

```
USE StudentMIS
GO

--创建主密钥
CREATE MASTER KEY
ENCRYPTION BY PASSWORD='sq1Server2o16'

--创建证书，使用该证书对密钥进行加密
CREATE CERTIFICATE CertStuentInfo
WITH SUBJECT=' Encrypt Student Card'
EXPIRY_DATE='2018/7/1'

--对 Student 表中 sCard 字段加密
UPDATE Student
SET sCard= EncryptByCert(Cert_ID ('CertStuentInfo"), sCard);

--查询加密后的数据表
SELECT sName, sSex, sCard
FROM Student
--查看解密后的数据
SELECT sName, sSex,
        CONVERT(text,DecryptByCert (Cert_ID ('CertStuentInfo'), sCard))
FROM Student
```

从上述代码看，使用证书对数据加密方式比对称密钥实现更为简单。然而这种方式采用的是非对称加密方式，将会消耗大量的系统资源，通常不建议在常用数据列上使用。

8.4.2　使用透明数据加密

透明数据加密（Transparent Data Encryption，TDE）技术是 SQL Server 2008 后推出的一种加密技术。透明数据加密是为整个数据库提供静态保护而不影响现有的应用程序，它可对数据文件和日志文件进行实时地加密和解密。这样即使遇到数据库被盗，恶意破坏方无从通过还原或附加数据库浏览数据，大大提高了数据的安全性。这种加密技术在使用数据库的程序或用户看来，就好像没有加密码一样，因而被称为透明数据加密。

透明数据加密是数据库级别的，数据的加解密以页为单位。已加密的数据库中的页在写入磁盘之前会进行加密，在读入内存时进行解密。透明数据加密不会增大已经加密文件的大小。对数据使用透明数据加密，需要执行如下几个步骤。

（1）创建主密钥。

（2）创建或获取由主密钥保护的证书。TDE 使用数据库加密密钥（DEK），该密钥存储在数据库引导记录中以供恢复时使用。DEK 是使用存储在服务器的 master 数据库中的证书保护的对称密钥，或者是由 EKM 模块保护的非对称密钥。

（3）创建数据库加密密钥。创建数据库加密密钥采用 CREATE DATABASE ENCRYPTION KEY 命令，其定义格式如下。

```
CREATE DATABASE ENCRYPTION KEY
    WITH ALGORITHM = { AES_128 | AES_192 | AES_256
                            | TRIPLE_DES_3KEY }
    ENCRYPTION BY SERVER
    {    CERTIFICATE Encryptor_Name |
        ASYMMETRIC KEY Encryptor_Name    }
```

语法说明如下。

● WITH ALGORITHM：指定用于加密密钥的加密算法。

● ENCRYPTION BY SERVER：指定用于加密数据库加密密钥，取值可以为证书 CERTIFICATE 或非对称密钥 ASYMMETRIC KEY。

（4）将数据库设置为使用加密。在数据库中创建加密密钥后，需要修改数据库来开启数据库加密功能，实现透明数据加密。语法格式如下。

```
ALTER DATABASE <database_naem>
SET ENCRYPTION ON                              --修改指定数据库，开启数据库加密
```

【例 8.44】对学生选课系统数据库 StudentMIS 实行透明数据加密。

```
USE master
GO

--创建主密钥
CREATE MASTER KEY
ENCRYPTION BY PASSWORD='sq1Server2o16Tde'

--创建证书，使用该证书对密钥进行加密
CREATE CERTIFICATE CertTDE
WITH SUBJECT='Encrypt Data by TDE'
EXPIRY_DATE='2018/7/1'

--创建 StudentMIS 数据库的加密密钥
```

```
USE StudentMIS
GO

CREATE DATABASE ENCRYPTION KEY
WITH ALGORITHM = AES_256
ENCRYPTION BY SERVER CERTIFICATE CertTDE          --使用证书进行加密

--启用透明数据加密功能
ALTER DATABASE StudentMIS
SET ENCRYPTION ON
```

开启 TDE 后，系统将开启进程，进行异步的加密扫描，直到将现有数据库中的所有数据加密完成。数据加密完成后，对于操作数据库的用户和应用程序不会有任何改变，用户对数据库的修改都会由系统将数据加密后再写入数据文件和日志文件。整个过程对于用户和应用程序来说是透明的，这也是这种加密方式称为透明加密的原因。

学习提示： 由于数据库加密后，对数据库所做的备份文件也是加密的，如要恢复则必须要使用加密证书。因此在对数据库启用了透明数据加密后一定要做好证书的备份与管理，否则一旦证书丢失将无法再找回数据库中的加密数据。

思 考 题

1. 数据库经常面临的安全威胁有哪些？
2. SQL Server 的安全体系有哪些级别？每级安全机制是如何实现安全防护的？
3. 试述数据库中安全主体、安全对象和安全权限三者的联系。
4. 试述登录名和数据库用户之间的关系。
5. 试述数据库中用户和角色之间的关系。
6. 试述回收权限和否认权限的区别。
7. 应用程序角色的特点和作用是什么？
8. 数据库中对数据加密的方式有哪些？

项 目 实 训

实训任务：

使用角色、账号、权限和加密等方法维护数据的安全性。

实训目的：

1. 会使用 SSMS 和 T-SQL 命令管理数据库角色。
2. 会使用 SSMS 和 T-SQL 命令管理数据库登录账号。

3. 会使用 SSMS 和 T-SQL 命令管理对象权限。

4. 会使用对称加密和证书等技术实现数据加密。

实训内容：

1. 创建登录 stuLogin1，密码为 stu10ginL1；创建登录 stuLogin2，密码为 stu10ginL2，均强制实施密码策略。

2. 登录 stuLogin2 负责学生选课信息的数据维护，该登录可以查看学生基本信息（不能修改），同时可以对学生选课信息表进行查询和更新操作。

3. 分别创建两个用户 stuUser1 和 stuUser2，分别对应 stuLogin1 和 stuLogin2 的登录。

4. 创建角色 Student，并将 stuUser1 和 stuUser2 添加到角色中。

5. 登录 stuLogin1 负责学生基本信息的维护，除可以查询和更新学生基本信息表的数据外，对其他数据不具有查看权限。

6. 使用证书实现对学生信息表的 sCard（身份证号）列进行加密。

项目 9　维持数据库的高可用性

随着信息技术的应用不断扩大，越来越多的数据都保存到了数据库中。数据的安全性和高可用性越来越受到人们的关注。用户操作错误、存储媒体损坏、黑客入侵和服务器故障等不可抗拒因素都将导致数据丢失，从而引起灾难性后果。保证数据安全的最重要的措施是确保对数据进行定期备份，若数据库中的数据丢失或者出现错误，可以使用备份的数据将数据还原到最新状态，尽可能地降低意外原因导致的损失。

SQL Server 提供了一系列功能强大的数据库备份和恢复工具。本项目主要探讨数据库备份和恢复机制、文件的转移、数据库快照恢复、维护计划等高可用性策略，以保证当意外发生时，能够有效维护数据库的可用性。

【任务 1】备份和恢复数据库

任务描述： 数据库的备份与恢复是数据库文件管理最常见的操作，也是最简单的数据恢复方式，它能够在数据库发生损坏的情况下及时恢复数据库。本任务主要介绍备份的类型、备份的设备及使用 SSMS 和 T-SQL 命令实现数据库备份和恢复的操作方法。

9.1.1　备份与恢复

1. SQL Server 的备份类型

SQL Server 2016 有 4 种备份类型，分别是完整数据库备份、差异数据库备份、事务日志备份和数据文件或文件组备份。

1）完整数据库备份

完整数据库备份简称完整备份，它对整个数据库进行备份，包括所有的数据文件和足够信息量的事务日志文件。完整备份代表了备份时刻的整个数据库，当数据库出现故障时可以利用它恢复到备份时刻的数据库状态。

完整备份的优点是操作简单（可一次操作完成），备份了数据库的所有信息，可以使用一个完整备份来恢复整个数据库；其缺点是操作耗时，可能需要很大的存储空间，同时也影响系统的性能。

2）差异数据库备份

差异数据库备份又称增量备份，是指对数据库中自上次完整备份以来发生过变化的数据进行备份。可以看出，对差异备份的恢复操作不能单独完成，在其前面必须有一次完整备份作为参考点（称为基础备份），因此差异备份必须与基础备份互相结合才能将数据库恢复到差异备份时刻的状态。此外，由于差异备份的内容与完整备份的内容一样，都是数据库中的数据，因此它所需要的备份时间和存储空间仍然比较大。当然，由于差异备份只记录自完整备份以来发生变化的数据（而不是所有数据），所以它在各方面的性能上都比完整备份有显著的提高。

3）事务日志备份

事务日志备份简称日志备份，它记录了自上次日志备份到本次日志备份之间的所有数据库操作（日志记录）。由于日志备份记录的内容是一个时间段内的数据库操作，而不是数据库中的数据，因此在备份时所处理的数据量要小得多，所需要的备份时间和存储空间也就相对小得多。同样，它也不能单独完成对一个数据库的恢复，而必须与一次完整备份相结合。实际上，"完整备份+日志备份"是常采用的一种数据库备份方法。

日志备份又分为纯日志备份、大量日志备份和尾日志备份。纯日志备份仅包含某一个时间段内的日志记录；大量日志备份主要用于记录大批量的批处理操作；尾日志备份主要包含数据库发生故障后到执行尾日志备份时的数据库操作，以防止故障后相关修改工作的丢失。在 SQL Server 2016 中，一般要求先进行尾日志备份，然后才能进行恢复当前数据库的操作。

4）数据文件或文件组备份

数据文件或文件组备份是指对指定的数据文件或文件组进行备份，一般与日志备份结合使用。利用文件或文件组备份，可以对受到损坏的数据文件或文件组进行恢复，而不必恢复数据库的其他部分，从而提高了恢复的效率。对于数据文件或文件组在物理上分散的数据库系统，多采用这种备份方式。

2. SQL Server 的恢复模式

恢复模式的设定，可以保证数据库发生故障时恢复相关的数据库。SQL Server 2016 包括 3 种恢复模式，分别是完整恢复模式、大容量日志恢复模式和简单恢复模式。不同的恢复模式在备份、恢复方式和性能方面都有差异。

1）完整恢复模式

完整恢复模式是 SQL Server 2016 数据库恢复模式中提供最全面保护的模式。当需要对损坏的媒体完整恢复数据有着最高优先级时，可以使用完整恢复模式。例如，银行系统、电信系统中的数据库等，对这些数据库的任何操作记录都不能缺少，因为任何的数据丢失都会引起严重的后果。该模式使用数据库的备份和所有日志信息来还原数据库。

在完整恢复中，所有的事务都被记录下来，所以可以将数据库还原到任意时间点。SQL Server 2016 支持命名标记插入事务日志中的功能，因此，还可以将数据库还原到某个特定的标记。显然，完整恢复模式是以牺牲数据库性能为代价来换取数据的安全性。因此，基于完整恢复模式的系统一般都要求有较高的硬件配置。

2）大容量日志恢复模式

与完整恢复模式相似，大容量日志恢复模式使用数据库和日志备份来恢复数据库。该模式在存在大规模或者大容量数据操作（如 INSERT INTO、CREATE INDEX、大批量输入数据、处理大批量数据）时能提供最佳性能和最少的日志使用空间。但它与完整恢复模式又有不同之处，即在进行大批量操作时不是将每一项都记录到日志中，而是对这些操作进行开始和结束等基础信息的记录。该模式下，日志只记录多个操作的最终结果，并不存储操作的过程细节，所以日志尺寸更小，大批量操作的速度也更快。

在大容量日志恢复模式下，SQL Server 所做的日志记录是"不完全"的。因此，在数据库出现故障时不能保证将数据库恢复到所需的状态。通常的做法是，在大容量日志恢复模式下操作完成后，根据具体情况切换到完整恢复模式。

3）简单恢复模式

简单恢复模式因为不备份事务日志，所以最大限度地减少事务日志的管理开销。如果数据库损坏，则简单恢复模式将面临极大的数据丢失风险，数据只能恢复到已丢失数据的最近备份。因此，在简单恢复模式下，备份间隔应尽可能地短，以防止大量丢失数据。当然，间隔的长度应该保证备份开销不会影响正常的生产工作。在备份策略中加入差异备份可有助于减少开销。

通常，对于用户数据库，简单恢复模式用于测试和开发数据库，或用于主要包含只读数据的数据库（如数据仓库）。

采用不同的恢复模式对于避免数据损失的程度不同，数据库管理员需根据实际需求设置相应的恢复模式。设置恢复模式只需在"对象资源管理器"中，右击需设置的数据库，打开数据库属性对话框，选择"选项"页，打开如图 9-1 所示的窗口，在"恢复模式"下拉列表框中选择相应的恢复模式即可。

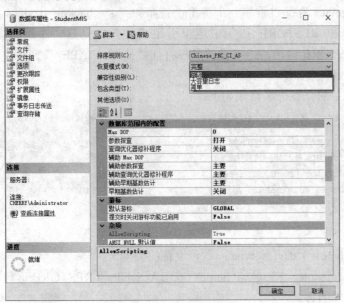

图 9-1　设置数据库恢复模式

9.1.2 备份设备

备份设备是用来存储数据库、事务日志或文件和文件组备份的存储介质，备份数据库之前，必须先指定或创建备份设备。

1. 备份设备的分类

SQL Server 2016 备份设备可以分为磁盘备份设备和逻辑备份设备两种类型。

磁盘备份设备就是存储在硬盘或者其他磁盘媒体上的文件，引用它的方式与引用任何其他操作系统文件一样。用户可以在服务器的本地磁盘上或者共享网络资源的远程磁盘上定义磁盘备份设备，如果磁盘备份设备定义在网络的远程设备上，则应该使用文件的完全限定名称，以"\\服务器名称\共享名称\路径\文件名"格式指定文件的位置。在网络上备份数据可能会受到网络错误的影响，因此，在完成备份后应验证备份操作的有效性。

逻辑备份设备是用户给物理设备的一个别名。逻辑设备的名称保存在 SQL Server 2016 数据库的系统表中。逻辑备份设备的优点是可以简单地使用逻辑设备名称（如 BACKUP）而不用给出复杂的物理设备路径。另外，使用逻辑备份设备也便于用户管理备份信息。用户在进行数据库备份之前，首先要保证保存数据库备份的逻辑备份设备必须存在；否则，用户需要先创建一个用来保存数据库备份的逻辑备份设备。

2. 创建备份设备

在 SQL Server 2016 中主要通过两种方法创建备份设备，即调用存储过程 sp_addumpdevice 创建备份设备和使用 SSMS 图形化管理工具创建备份设备。

1）使用存储过程 sp_addumpdevice 创建备份设备

sp_addumpdevice 存储过程将一个备份设备添加到 sys.backup_devices 目录视图中，然后在 BACKUP 和 RESTORE 语句中逻辑引用该设备。创建一个逻辑备份设备可简化 BACKUP 和 RESTORE 语句，指定设备名称将代替使用"TAPE="或者"DISK="子句指定设备路径。

创建备份设备的完整语法格式如下。

```
sp_addumpdevice [ @devtype = ] 'device_type'
    , [ @logicalname = ] 'logical_name'
    , [ @physicalname = ] 'physical_name'
    [ , { [ @cntrltype = ] controller_type |
    [ @devstatus = ] 'device_status' }
]
```

语法说明如下。
- [@devtype =] 'device_type'：备份设备的类型。
- [@logicalname =] 'logical_name'：在 BACKUP 和 RESTORE 语句中使用的备份设备的逻辑名称。
- [@physicalname =] 'physical_name'：备份设备的物理名称。

- [@cntrltype =] controller_type：已过时。如果指定该选项，则忽略此参数。
- [@devstatus =] 'device_status'：已过时。如果指定该选项，则忽略此参数。

【例 9.1】创建一个名称为 StudentBak 的备份设备。

```
USE master
GO
EXEC sp_addumpdevice 'disk','StudentBak ','E:\Backup\ StudentBak.bak'
GO
```

2）使用 SSMS 创建备份设备

【例 9.2】创建名为"学生选课系统"的备份设备。

操作步骤如下。

（1）在"对象资源管理器"窗口中展开服务器树，在"服务器对象"节点下找到"备份设备"节点，右击该节点，在弹出的快捷菜单中选择"新建备份设备"命令，打开"备份设备"窗口。

（2）在"设备名称"文本框中输入"学生选课系统"逻辑名称。在"文件"文本框中选择备份设备路径"E:\Backup\学生选课系统.bak"（这里必须保证 SQL Server 2016 所选择的硬盘驱动器上有足够的可用空间），如图 9-2 所示。

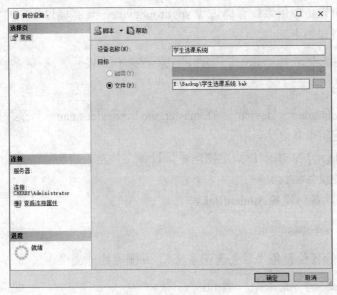

图 9-2　创建备份设备

（3）单击"确定"按钮，完成备份设备的创建。

3. 查看备份设备

备份设备创建好后，可以使用系统存储过程 sp_helpdevice 查看当前服务器上所有备份设备的状态信息。

【例 9.3】查看当前服务器上备份设备的状态信息。

sp_helpdevice

执行上述代码，结果如图 9-3 所示。

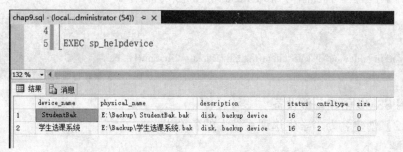

图 9-3　查看备份设备信息

从图 9-3 中可以看出，当前服务器上有两个备份设备，其物理位置均在 E:\Backup 目录下。

4. 删除备份设备

当不再需要使用备份设备时，可以将其删除，删除备份设备后，备份设备中的数据都将丢失。删除备份设备使用系统存储过程 sp_dropdevice，该存储过程同时能删除操作系统的文件。其语法格式如下。

EXEC sp_dropdevice [@logicalname =] 'device' [,[@delfile=] 'delfile']

语法说明如下。

- [@logicalname =] 'device'：在 master.dbo.sysdevices.name 目录视图中列出数据库设备或逻辑设备名称。
- [@delfile =] "delfile"：指定物理备份设备文件是否应删除，若指定为 delfile，则删除物理设备磁盘文件。

【例 9.4】删除备份设备 StudentBak。

EXEC sp_dropdevice StudentBak

【例 9.5】删除备份设备"学生选课系统"，并删除物理文件。

EXEC sp_dropdevice 学生选课系统 , delfile

删除备份设备的操作也可以在对象资源管理器中执行。其操作过程较简单，这里不再赘述。

9.1.3　数据库备份

创建好备份设备之后，就可以执行数据库备份操作。备份数据库时，SQL Server 2016必须处于运行状态，同时不能执行创建、删除或搜索文件等操作。

1. 使用 T-SQL 语句备份数据库

使用 T-SQL 语句可以实现完整数据库备份、差异数据库备份、事务日志备份和文件或文件组备份。其中差异备份、日志备份和文件组备份都需要依赖一个完整备份。

1）完整备份

使用 BACKUP DATABASE 语句可以实现完整数据库备份，语法格式如下。

```
BACKUP DATABASE database_name
TO <backup_device> [...n]
[WITH
[ [,] NAME=backup_set_name]
[ [,] DESCRIPTION='TEXT']
[ [,] {INIT | NOINIT}]
[ [,] {COMPRESSION | NO_COMPRESSION}]
]
```

语法说明如下。

- database_name：备份的数据库名称。
- backup_device：备份设备的名称。
- WITH 子句：指定备份选项。
- NAME=backup_set_name：备份的名称。
- DESCRIPTION='TEXT'：备份的描述。
- INIT | NOINIT：INIT 表示新备份的时间覆盖当前备份设备上的每一项内容，NOINIT 表示新备份的数据追加到备份设备上已有的内容后面。
- COMPRESSION | NO_COMPRESSION：COMPRESSION 表示启用备份压缩功能，NO_COMPRESSION 表示不启用备份压缩功能。

【例 9.6】使用 T-SQL 语句，为 StudentMis 数据库创建完整备份，备份设备为"学生选课系统"。

```
BACKUP DATABASE StudentMis
TO 学生选课系统
WITH INIT,
NAME='StudentMis 完整备份'
GO
```

执行上述代码，结果如图 9-4 所示。

本例中，将 StudentMis 数据库完整备份到"学生选课系统"备份设备中，并且使用 INIT 选项指明新备份的数据覆盖当前备份设备上的每一项内容。

2）差异备份

差异备份比完整备份的数据量要小，也使用 BACKUP DATABASE 语句实现，语法格式如下。

```
BACKUP DATABASE database_name
TO <backup_device> [...n]
```

```
WITH
DIFFERENTIAL
[ [,] NAME=backup_set_name]
[ [,] DESCRIPTION='TEXT']
[ [,] {INIT | NOINIT}]
[ [,] {COMPRESSION | NO_COMPRESSION}]
```

创建差异备份与创建完整备份的语法基本相同，只是多了一个 WITH DIFFERENTIAL 子句，该子句用于指明本次备份是差异备份。

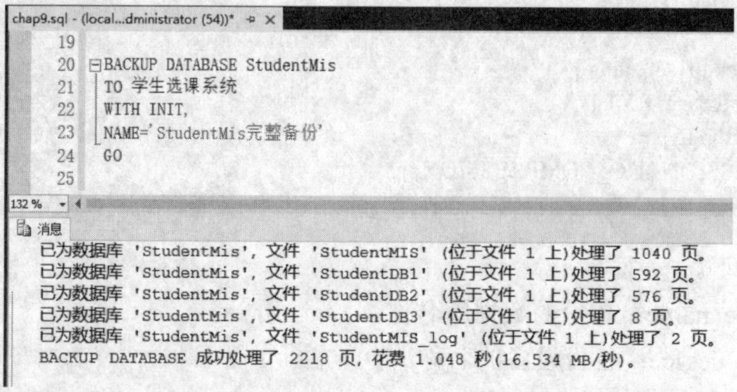

图 9-4　使用 T-SQL 语句创建完整备份

【例 9.7】为 StudentMis 数据库创建差异备份。

```
USE master
GO
BACKUP DATABASE StudentMis
TO 学生选课系统
WITH NOINIT,
DIFFERENTIAL,
NAME='StudentMis 差异备份'
GO
```

执行上述代码，结果如图 9-5 所示。

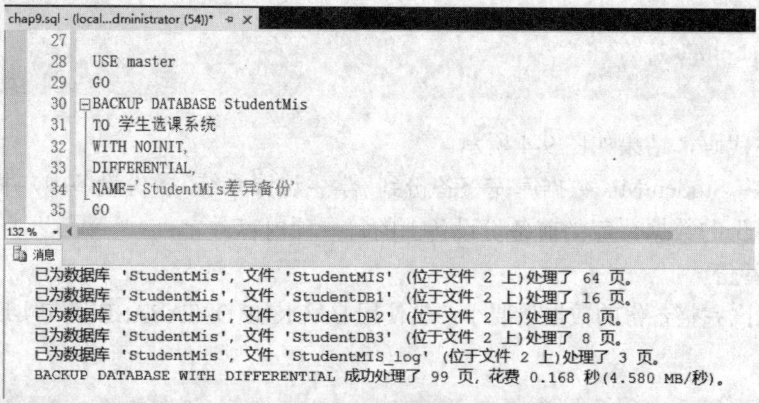

图 9-5　使用 T-SQL 语句创建差异备份

关键字 NOINIT 表示使新备份的数据追加到备份设备上已有的内容后面,关键字 DIFFERENTIAL 表示本次备份是差异备份。从图 9-5 与图 9-4 的执行消息可以看出,差异备份处理的数据比完整备份要少得多。

3) 事务日志备份

SQL Server 2016 使用 BACKUP LOG 语句创建事务日志备份,语法格式如下。

```
BACKUP LOG database_name
TO <backup_device> […n]
WITH
[ [,] NAME=backup_set_name]
[ [,] DESCRIPTION='TEXT']
[ [,] {INIT | NOINIT}]
[ [,] {COMPRESSION | NO_COMPRESSION}]
```

其中,LOG 指定仅备份事务日志。该日志是从上一次成功执行的日志备份到当前日志的末尾。创建日志备份前,必须先创建一个完整备份。

【例 9.8】使用 BACKUP LOG 语句创建 StudentMis 数据库的事务日志备份。

```
USE master
GO
BACKUP LOG StudentMis
TO 学生选课系统
WITH NOINIT,
NAME='StudentMis 日志备份'
GO
```

执行上述代码,结果如图 9-6 所示。

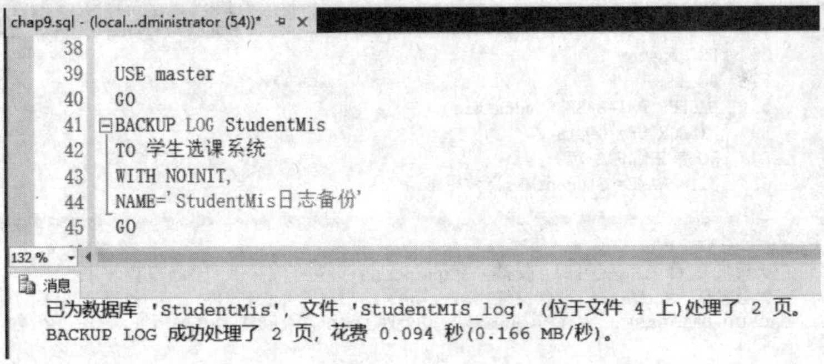

图 9-6　使用 T-SQL 语句创建日志备份

从图 9-6 执行消息可以看到,StudentMis 数据库的事务日志成功备份到"学生选课系统"备份设备中。

4) 文件或文件组备份

对超大型数据库执行完整数据库备份是不现实的,可以执行数据库文件或文件组备份。备份文件或文件组时,SQL Server 2016 将执行以下操作。

● 只备份文件或文件组选项中指定的数据库文件。

● 允许通过备份特定的数据库文件代替备份整个数据库。

在执行文件组备份之前，需要为数据库 StudentMis 添加一个新文件组（如 fgroup），再为文件组添加一个文件（如 f），然后才能执行文件组备份操作。

进行文件组备份也使用 BACKUP DATABASE 语句，语法格式如下。

```
BACKUP DATABASE database_name
<file_or_filegroup> [...n]
TO <backup_device> [...n]
WITH
[ [,] NAME=backup_set_name]
[ [,] DESCRIPTION='TEXT']
[ [,] {INIT | NOINIT}]
[ [,] {COMPRESSION | NO_COMPRESSION}]
```

其中，file_or_filegroup 指定要备份的文件或文件组，如果是文件，则写作"FILE=逻辑文件名"；如果是文件组，则写作"FILEGROUP=逻辑文件组名"。

【例 9.9】使用 BACKUP DATABASE 语句将名为 GData 的文件组备份到"学生选课系统"备份设备中。

```
USE master
GO
BACKUP DATABASE StudentMis
FILEGROUP='GData'
TO 学生选课系统
WITH NAME='StudentMis 文件组备份'
```

执行上述代码，结果如图 9-7 所示。

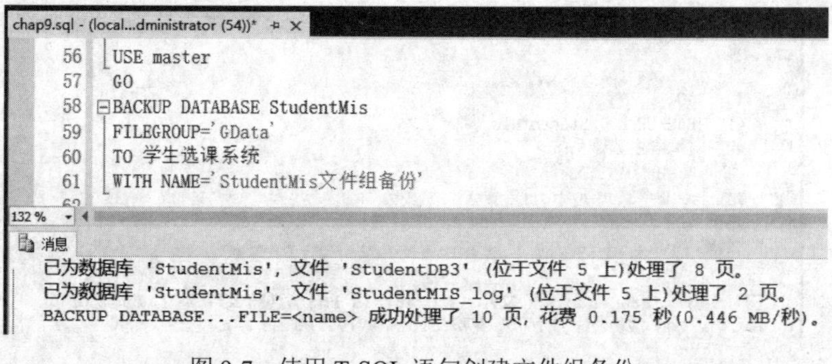

图 9-7　使用 T-SQL 语句创建文件组备份

2. 在 SSMS 中备份数据库

SQL Server 2016 除提供 T-SQL 脚本进行数据库备份外，还可以在 SSMS 中通过图形方式进行数据库备份，操作步骤如下。

（1）在"对象资源管理器"中展开树型目录，右击目标数据库（如要备份的数据库为 StudentMIS）节点，在弹出的菜单中选择"任务"→"备份"命令，打开"备份数据库"窗口，并默认打开选择页中"常规"选项对应的界面，如图 9-8 所示。

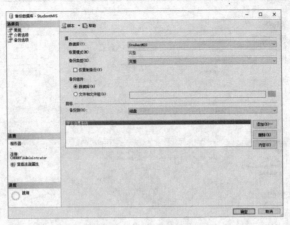

图 9-8　"备份数据库-StudentMIS"窗口

在如图 9-8 所示窗口中，数据库管理员需对如下选项进行设置。

● 数据库：指定要备份的数据库，即目标数据库，本例中目标数据库为 StudentMIS。

● 备份类型：SQL Server 2016 提供 3 种备份类型，即完整备份、差异备份和事务日志备份。3 种备份类型的区别和联系在前面已有介绍。此处选择的备份类型为"完整"。

● 备份到：通过"添加"按钮选择已经创建的备份设备并添加到"备份到："文本框中，如图 9-9 所示，表示准备将数据备份到指定的备份设备中。

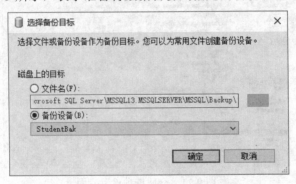

图 9-9　"选择备份目标"对话框

（2）在图 9-8 中选择"备份选项"选择页，切换界面到备份选项设置，如图 9-10 所示。

在如图 9-10 所示窗口中，数据库管理员可以设置备份集的名称、说明及过期时间等。其中各选项说明如下。

● 名称：即对本次备份集取的名称，一般是自动生成。一个备份设备上可能有多个备份集，对备份集的访问可以通过备份集的名称，也可以通过备份集 ID 来实现。

● 说明：即对本次备份进行简要描述，为选填项。

● 备份集过期时间：指定备份集何时过期以及何时可以覆盖备份集而不用显式跳过过期数据验证。

◆ 若要使备份集在特定天数后过期，选中"晚于"单选按钮（默认选项），并输入备份集从创建到过期所需的天数。此值范围为 0～99999 天，0 天表示备份集将永不过期。

◆ 若要使备份集在特定日期过期，选中"在"单选按钮，并输入备份集的过期日期。

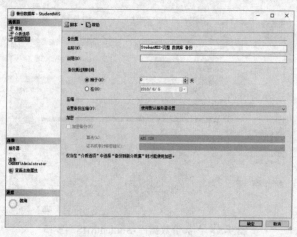

图 9-10　备份选项设置界面

（3）选择"介质选项"选择页，打开如图 9-11 所示的界面。在该界面中各项目的设置方法和含义已标示得比较清楚，故不再逐一介绍。

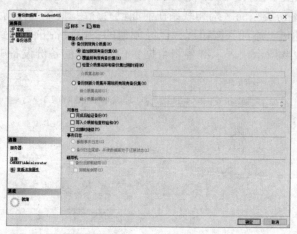

图 9-11　介质选项设置界面

（4）当上述各项正确设置以后，单击"确定"按钮，数据库开始进行备份。备份的时间跟数据库中保存的数据量有关，数据量越大的数据库需要的备份时间就越长。备份成功后，会弹出如图 9-12 所示的备份完成提示信息对话框。

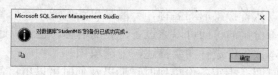

图 9-12　备份完成提示

（5）完成 StudentMis 数据库备份后，为验证是否备份完成，可以进行检查。步骤如下：在"对象资源管理器"窗口中，展开"服务器对象"节点下的"备份设备"节点，右击备份设备"学生选课系统"，在快捷菜单中选择"属性"命令，打开"备份设备-学生选课系统"窗口，选择"介质内容"选择页，打开"介质内容"界面，如图 9-13 所示。

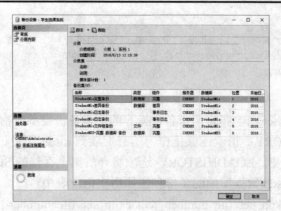

图 9-13　"介质内容"界面

从图 9-13 可以看到,"学生选课系统"备份设备中记录了在 9.1.3 节中所做的备份操作。

9.1.4　数据库恢复

恢复是与备份相对应的系统维护和管理操作。系统进行恢复操作时,会先执行系统安全性的检查,包括检查所要恢复的数据库是否存在、数据库是否变化以及数据库文件是否兼容等,然后根据所使用的备份类型进行相应的恢复。

1. 备份介质验证

与备份操作相比,恢复操作较为复杂,因为它是在系统异常的情况下执行的操作。通常数据库恢复前,需要完成系统安全性检查和备份介质验证,以保证数据库能够安全地被恢复。安全性检查是系统在执行恢复操作时自动进行的。而验证备份介质,主要是检查备份设备或文件,确认要还原的备份文件或设备是否存在,并检查备份集是否正确。

SQL Server 2016 可以使用 RESTORE VERIFYONLY 语句验证备份集中内容的有效性。语法格式如下。

```
RESTORE VERIFYONLY
FROM <backup_device> [ ,...n ]
[ WITH
 {  LOADHISTORY
 | MOVE 'logical_file_name_in_backup' TO 'operating_system_file_name'
           [ ,...n ]
 | FILE = { backup_set_file_number | @backup_set_file_number }
 | PASSWORD = { password | @password_variable }
 | MEDIANAME = { media_name | @media_name_variable }
 | MEDIAPASSWORD = { mediapassword | @mediapassword_variable }
 | { CHECKSUM | NO_CHECKSUM }
 | { STOP_ON_ERROR | CONTINUE_AFTER_ERROR }
 | STATS [ = percentage ]
 } [ ,...n ]
]
[;]
<backup_device> ::=
```

```
{
    {logical_backup_device_name | @logical_backup_device_name_var}
    | DISK = {'physical_backup_device_name' | @ physical _backup_device_name_var}
}
```

语法说明如下。

- <backup_device>::= 指定用于备份操作的逻辑备份设备或物理备份设备。
- LOADHISTORY：指示还原操作将信息加载到 msdb 历史记录表中。对于要验证的单个备份集，LOADHISTORY 选项将介质集上存储的 SQL Server 备份相关信息加载到 msdb 数据库中的备份和还原历史记录表中。
- FILE ={ backup_set_file_number | @backup_set_file_number }：标识要还原的备份集。 例如，backup_set_file_number 为 1 指示备份介质中的第 1 个备份集，backup_set_file_number 为 2 指示第 2 个备份集。用户可以通过使用 RESTORE HEADERONLY 语句来获取备份集的 backup_set_file_number 。
- PASSWORD = { password | @password_variable }：提供备份集的密码。 备份集密码是一个字符串。
- MEDIANAME = { media_name | @media_name_variable}：指定介质名称。 如果提供了介质名称，该名称必须与备份集上的介质名称相匹配，否则还原操作将终止。
- MEDIAPASSWORD = { mediapassword | @mediapassword_variable }：提供介质集的密码。介质集密码是一个字符串。
- CHECKSUM：用于指定必须验证备份校验和，在备份缺少备份校验和的情况下，该选项将导致还原操作失败，并会发出一条消息表明校验和不存在。
- NO_CHECKSUM：用于显式禁用还原操作的校验和验证功能。
- STOP_ON_ERROR：指定还原操作在遇到第一个错误时停止。这是 RESTORE 的默认行为，但对于 VERIFYONLY 例外，后者的默认值是 CONTINUE_AFTER_ERROR。
- CONTINUE_AFTER_ERROR：指定遇到错误后继续执行还原操作。
- STATS [= percentage]：每当另一个百分比完成时显示一条消息，并用于测量进度。 如果省略 percentage，则 SQL Server 每完成 10%（近似）就显示一条消息。

【例 9.10】验证名为"学生选课系统"的备份设备是否正确。

RESTORE VERIFYONLY FROM 学生选课系统

执行上述代码，运行结果如图 9-14 所示。

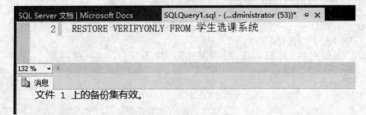

图 9-14　验证备份设备

　　从图 9-14 显示的消息结果可以看到，学生选课系统第一个备份集有效。

　　默认情况下，RESTORE VERIFYONLY 语句会检查备份设备中的第一个备份集。若要验证备份设备中其他备份集是否正确，可以使用 FILE 值来指定待检查的备份集。

　　【例 9.11】验证名为"学生选课系统"的备份设备中的第 3 个备份集。

```
RESTORE VERIFYONLY FROM 学生选课系统
WITH FILE = 3
```

　　执行上述代码，运行结果如图 9-15 所示。

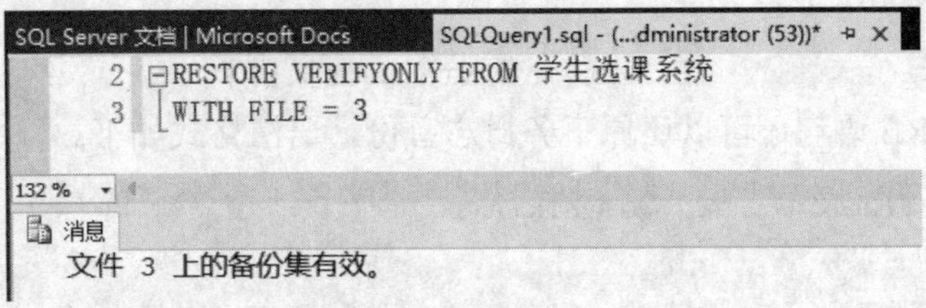

图 9-15　验证备份设备中指定备份集

2. 使用 T-SQL 语句恢复数据库

　　RESTORE DATABASE 语句用于执行还原操作，语法格式如下。

```
RESTORE DATABASE { database_name | @database_name_var }
[ FROM <backup_device> [ ,...n ] ]
[ WITH
  {
    [ RECOVERY | NORECOVERY | STANDBY =
    {standby_file_name | @standby_file_name_var }
    ] | , <general_WITH_options> [ ,...n ]
  | , <replication_WITH_option> | , <change_data_capture_WITH_option>
  | , <service_broker_WITH options>
  | , <point_in_time_WITH_options—RESTORE_DATABASE>
    } [ ,...n ]
]
[;]
```

　　语法说明如下。

- database_name：还原数据库的名称。
- backup_device：还原操作要使用的逻辑或物理备份设备。
- WITH 子句：指定备份选项。
- RECOVERY | NORECOVERY：当还有事务日志需要还原时，应指定 NORECOVERY；如果所有的备份都已还原，则需指定 RECOVERY。
- STANDBY：指定撤销文件名以便可以取消恢复效果。

　　【例 9.12】从"学生选课系统"备份设备中还原 StudentMis 数据库。

```
RESTORE DATABASE StudentMis
FROM 学生选课系统
WITH RECOVERY,REPLACE                          --REPLACE 表示覆盖原有的数据库
GO
```

执行上述代码，结果如图 9-16 所示。

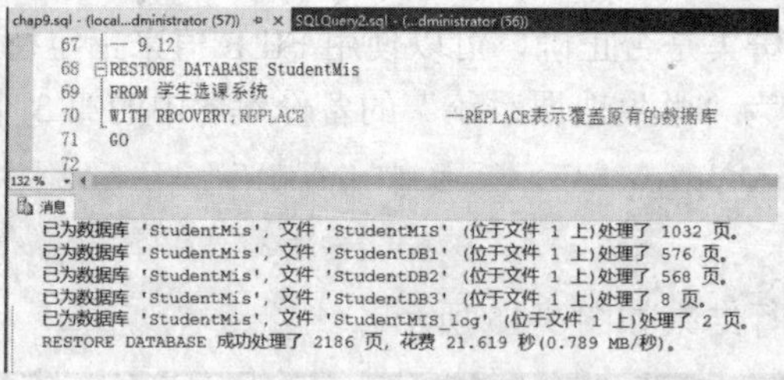

图 9-16 还原 StudentMis 数据库

使用 RESTORE 语句还可以还原事务日志备份，语法格式如下。

```
RESTORE LOG { database_name | @database_name_var }
[ FROM <backup_device> [ ,...n ] ]
[ WITH
   {
      [ RECOVERY | NORECOVERY | STANDBY =
      {standby_file_name | @standby_file_name_var }
      ] | ,  <general_WITH_options> [ ,...n ]
    | , <replication_WITH_option> | , <change_data_capture_WITH_option>
    | , <service_broker_WITH options>
  | , <point_in_time_WITH_options—RESTORE_DATABASE>
     } [ ,...n ]
 ]
[;]
```

RESTORE LOG 的语法与 RESTORE DATABASE 基本相同，这里不再说明。

【例 9.13】假设在"学生选课系统"备份设备上存在一个完整备份、一个差异备份和一个事务日志备份，则执行下面的 3 个独立还原操作可以确保数据库的一致性。

（1）还原完整数据库备份，但不恢复数据库。

```
RESTORE DATABASE StudentMis
FROM 学生选课系统
WITH FILE=1, NORECOVERY, REPLACE
GO
```

（2）还原差异数据库备份，但不恢复数据库。

```
RESTORE DATABASE StudentMis
FROM 学生选课系统
WITH FILE=2, NORECOVERY
GO
```

（3）还原事务日志，并且恢复数据库。

```
RESTORE LOG StudentMis
FROM 学生选课系统
WITH FILE=3, RECOVERY
GO
```

执行上述代码，结果如图 9-17 所示，该例成功还原了 StudentMis 数据库。

```
74  ⊟RESTORE DATABASE StudentMis
75    FROM 学生选课系统
76    WITH FILE=1, NORECOVERY , REPLACE
77    GO
78  ⊟RESTORE DATABASE StudentMis
79    FROM 学生选课系统
80    WITH FILE=2, NORECOVERY
81    GO
82  ⊟RESTORE LOG StudentMis
83    FROM 学生选课系统
84    WITH FILE=3, RECOVERY
85    GO
```

消息

已为数据库 'StudentMis'，文件 'StudentMIS' (位于文件 3 上)处理了 0 页。
已为数据库 'StudentMis'，文件 'StudentDB1' (位于文件 3 上)处理了 0 页。
已为数据库 'StudentMis'，文件 'StudentDB2' (位于文件 3 上)处理了 0 页。
已为数据库 'StudentMis'，文件 'StudentDB3' (位于文件 3 上)处理了 0 页。
已为数据库 'StudentMis'，文件 'StudentMIS_log' (位于文件 3 上)处理了 16708 页。
RESTORE LOG 成功处理了 16708 页，花费 3.346 秒(39.011 MB/秒)。

图 9-17　使用 RESTORE 还原数据库

由例 9.13 可知，还原数据库备份和一个或多个事务日志时，或者需要多个 RESTORE 语句（例如，还原一个完整数据库备份并随后还原一个差异数据库备份）时，RESTORE 需要对所有语句使用 WITH NORECOVERY 选项，但最后的 RESTORE 语句除外。最佳方法是按多步骤还原顺序对所有语句都使用 WITH NORECOVERY，直到达到所需的恢复点为止，然后仅使用单独的 RESTORE WITH RECOVERY 语句执行恢复操作。

3. 使用 SSMS 执行恢复数据库的操作

使用 SSMS 恢复数据库，包括标准恢复和时点恢复两种。

【例 9.14】恢复 StudentMis 数据库到数据库服务器中。

操作步骤如下。

（1）打开 SSMS 工具，连接服务器。

（2）在"对象资源管理器"中，展开"数据库"节点，右击 StudentMis 数据库，在快捷菜单中选择"任务"→"还原"→"数据库"命令，打开"还原数据库-StudentMis"窗口。

（3）选中"源设备"单选按钮，在打开的"选择备份设备"窗口中，在"备份介质类型"下拉列表中选择"备份设备"选项，单击"添加"按钮，将之前创建的"学生选课系统"备份设备添加到备份介质列表中。

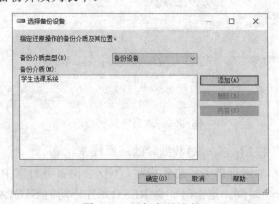

图 9-18　添加备份设备

（4）单击"确定"按钮返回。在"还原数据库-StudentMis"窗口，选择"要还原的备份集"列表框中的备份，可使数据库恢复到最后一次备份的正确状态，如图 9-19 所示。

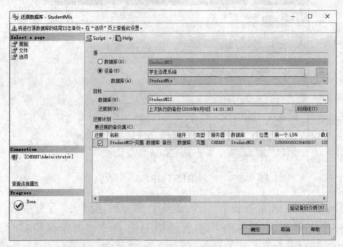

图 9-19　选择备份集

（5）选择"选项"页，由于是在原数据库上恢复 StudentMis 数据库，所以需要在"还原选项"中选中"覆盖现有数据库"复选框，在"恢复状态"下拉列表中选择 RESTORE WITH RECOVERY 选项，该项表示回滚未提交的事务，使数据库处于可以使用的状态，无法再还原其他备份文件，如图 9-20 所示。若还需要恢复别的备份文件，可在"恢复状态"下拉列表中选择 RESTORE WITH NORECOVERY 选项，该项将不会回滚未提交的事务，当恢复完成后，数据库会显示处于正在还原状态，无法进行操作，直到最后一个备份还原为止。

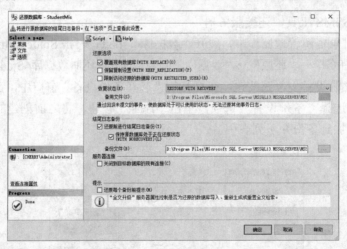

图 9-20　设置恢复状态

（6）单击"确定"按钮，完成对数据库的还原操作。

在 SQL Server 2016 中进行事务日志备份时，不仅会给事务日志中的每个事务标上日志号，还会给它们标上一个时间。这个时间与 RESTORE 语句的 STOPAT 从句结合起来，允许将数据返回到前一个时间点状态。在使用时间点恢复时需要记住以下两点。

- 该恢复不适用于完整备份与差异备份，只适用于事务日志备份。
- 该恢复将失去 STOPAT 时间之后整个数据库所发生的任何修改。

【例 9.15】假设 StudentMis 数据库每天有大量的数据，每天 18:00 都会做事务日志备份，某天 21:00 服务器出现故障，误清除了许多重要数据。通过对日志备份的时间点恢复，可以把时间点设置在 18:00，既可以保存 18:00 之前的数据修改，又可以忽略 18:00 之后的错误操作。

操作步骤如下。

（1）打开 SSMS 工具，连接服务器。

（2）在"对象资源管理器"中，展开"数据库"节点，右击 StudentMis 数据库，在弹出的快捷菜单中选择"任务"→"还原"→"数据库"命令，打开"还原数据库-StudentMis"窗口。

（3）单击"还原到"文本框后面的"时间线"按钮，打开"备份时间线"对话框，选中"特定日期和时间"单选按钮，输入具体时间 18:00:00，"时间线间隔"为"天"，如图 9-21 所示。

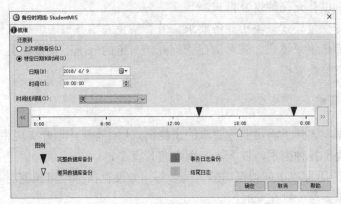

图 9-21　设置还原时间点

（4）单击"确定"按钮返回，然后还原备份，设置时间以后的操作将会被还原。

9.1.5　数据库备份的注意事项

创建 SQL Server 备份的目的是为了可以恢复已损坏的数据库。但是，备份和还原数据必须根据特定环境进行自定义，并且必须使用可用资源，即需要有一个备份和还原策略。一个设计良好的备份和还原策略，在考虑到特定业务要求的同时，可以尽量提高数据的可用性并尽量减少数据的丢失。注意，应将数据库和备份放置在不同的设备上，否则，如果包含数据库的设备失败，备份也将不可用。此外，将数据和备份放置在不同的设备上还可以提高写入备份和使用数据库时的 I/O 性能。

备份和还原策略包含备份部分和还原部分。策略的备份部分定义了备份的类型和频率、备份所需硬件的特性和速度、备份的测试方法以及备份媒体的存储位置和方法（包括安全注意事项）。策略的还原部分定义了负责执行还原的人员以及如何执行还原以满足数据库可用性和尽量减少数据丢失的目标。

设计有效的备份和还原策略需要周密计划、实现和测试。测试是必需环节。直到成功还原了还原策略中所有组合内的备份后，才会生成备份策略。所以必须考虑各种因素，其中包括：

- 组织对数据库的生产目标，尤其是对可用性和防止数据丢失的要求。
- 每个数据库的特性，包括大小、使用模式、内容特性以及数据要求等。
- 对资源的约束，如硬件、人员、备份媒体的存储空间以及所存储媒体的物理安全性等。

1. 恢复模式对备份和还原的影响

备份和还原操作发生在恢复模式的上下文中。恢复模式是一种数据库属性，用于控制事务日志的管理方式。此外，数据库的恢复模式还决定数据库支持的备份类型和还原方案。通常，数据库使用简单恢复模式或完整恢复模式。可以在执行大容量操作之前切换到大容量日志恢复模式，以补充完整恢复模式。

数据库的最佳恢复模式取决于业务要求。若希望免去事务日志管理工作并简化备份和还原，则应使用简单恢复模式。若希望在管理开销一定的情况下使数据丢失的可能性降到最低，则应使用完整恢复模式。

2. 设计备份策略

当为特定数据库选择了满足业务要求的恢复模式后，需要计划并实现相应的备份策略。最佳备份策略取决于各种因素，以下 4 个因素尤其重要。

（1）一天中应用程序访问数据库的时间长短。如果存在一个可预测的非高峰时段，则建议将完整数据库备份安排在此时段。

（2）数据更改和更新可能发生的频率。如果经常发生数据更改情况，需要考虑下列事项。

- 在简单恢复模式下，考虑将差异备份安排在完整数据库备份之间。差异备份只能捕获自上次完整数据库备份之后的更改。
- 在完整恢复模式下，应经常安排日志备份。在完整备份之间安排差异备份可减少数据还原后需要还原的日志备份数，从而缩短还原时间。

（3）更改数据库的内容大小。对于更改集中于部分文件或文件组的大型数据库，部分备份和文件/文件组备份非常有用。

（4）完整数据库备份需要的磁盘空间。

3. 计划备份

确定所需的备份类型和执行备份的频率后，将定期备份计划为数据库维护计划的一部分。

4. 测试备份

完成备份测试后，才会生成还原策略。必须将数据库副本还原到测试系统，针对每个数据库的备份策略进行全面测试。同时，必须对每种要使用的备份类型进行还原测试。

【任务 2】数据文件的转移

任务描述： 在进行系统维护或数据库需要从一台计算机转移到另一台计算机时，就需要将数据库进行转移，数据库转移最简单有效的方法就是分离和附加数据库。

9.2.1　分离数据库

分离数据库是指将数据库从 SQL Server 实例中删除，但数据库在其数据文件和事务日志文件中保持不变。在之后的应用中，可以使用这些文件将数据库附加到任何 SQL Server 实例中，包括分离该数据库的服务器。

如果存在下列情况，则不能分离数据库。

● 已复制并发布数据库。必须通过 sp_replicationdboption 禁用发布后，才能分离数据库。
● 数据库中存在数据库快照。
● 该数据库正在某个数据库镜像会话中进行镜像。
● 数据库处于可疑状态。在 SQL Server 2016 中，无法分离可疑数据库，必须将数据库设为紧急模式，才能对其进行分离。
● 该数据库是系统数据库。

分离数据库可以通过使用 T-SQL 语句和使用 SSMS 工具两种方法实现。

1. 使用 T-SQL 语句分离数据库

使用 sp_detach_db 存储过程可以实现数据库的分离。该存储过程的简单语法如下。

```
sp_detach_db [ @dbname= ] 'database_name'
```

其中，[@dbname=] 'database_name'表示要分离的数据库的名称。

【例 9.16】 使用 sp_detach_db 存储过程分离 StudentMis 数据库。

```
USE master;
ALTER DATABASE StudentMis
SET SINGLE_USER
--设置 SINGLE_USER 模式以获取独占访问权限，才能进行分离
GO
EXEC sp_detach_db StudentMis
GO
```

执行上述代码，结果如图 9-22 所示。

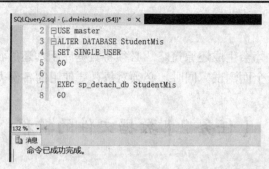

图 9-22　使用 sp_detach_db 分离数据库

2. 使用 SSMS 工具分离数据库

【例 9.17】使用 SSMS 工具分离 StudentMis 数据库。

（1）打开 SSMS 窗口，连接服务器。

（2）在"对象资源管理器"中，依次展开"服务器"→"数据库"节点，右击 StudentMis 数据库，从弹出的快捷菜单中选择"任务"→"分离"命令。

（3）在打开的"分离数据库"窗口中，显示要分离的 StudentMis 数据库信息，如图 9-23 所示。

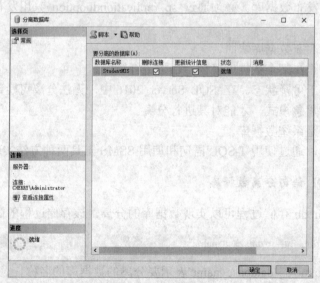

图 9-23　分离数据库

（4）选中"删除连接"复选框断开与所有活动连接的连接，单击"确定"按钮完成数据库分离操作。

9.2.2　附加数据库

附加数据库是指将分离的数据库重新定位到相同服务器或不同服务器的数据库中的操作。可以通过 T-SQL 语句和 SSMS 工具两种方式附加数据库。

1. 使用 T-SQL 语句附加数据库

SQL Server 2016 使用 FOR ATTACH 语句实现数据库的附加，该语句只要在创建数据库的脚本的末尾添加 FOR ATTACH 语句即可。

【例 9.18】使用 FOR ATTACH 语句附加 StudentMis 数据库。

```
CREATE DATABASE [StudentMIS] ON PRIMARY
( NAME = N'StudentMIS', FILENAME = N'E:\sqlserverSecond\model\StudentMIS.mdf' ,
  SIZE = 8256KB ,
  MAXSIZE = UNLIMITED,
  FILEGROWTH = 65536KB ),
  LOG ON
( NAME = N'StudentMIS_log', FILENAME = N'E:\sqlserverSecond\model\StudentMIS_log.ldf' ,
SIZE =2048KB ,
MAXSIZE = 100MB ,
FILEGROWTH = 10%)
FOR ATTACH
GO
```

执行上述代码，即可完成 StudentMis 数据库的附加。

2. 使用 SSMS 工具附加数据库

【例 9.19】使用 SSMS 工具附加 StudentMis 数据库。

（1）打开 SSMS 窗口，连接服务器。

（2）在"对象资源管理器"中，展开"服务器节点"，右击"数据库"节点，在弹出的快捷菜单中选择"附加"命令。

（3）在打开的"定位数据库文件"窗口中，如果要指定附加的数据库，可以单击"添加"按钮。

（4）在打开的"定位数据库文件"窗口中，选择要附加的 StudentMis.mdf 数据库文件，如图 9-24 所示。

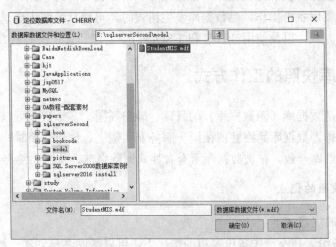

图 9-24　选择附加的数据库文件

（5）单击"确定"按钮，返回到"附加数据库"窗口。此时可以在"附加为"列中为附加的数据库指定不同的名称，也可以在"所有者"列中更改数据库的所有者，如图 9-25 所示。

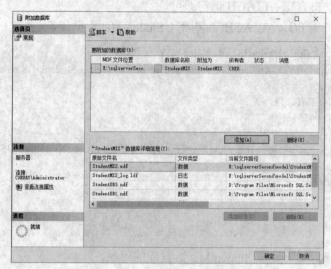

图 9-25　设置附加数据库文件

（6）设置完成后，单击"确定"按钮即可。

学习提示：附加数据库时，所有数据库文件（.mdf 和.ndf 文件）都必须可用。如果任何数据文件的路径与创建数据库或上次附加数据库时的路径不同，则必须指定文件的当前路径。在附加数据库的过程中，如果没有日志文件，系统将创建一个新的日志文件。

【任务3】从数据库快照恢复数据

任务描述：数据库快照是数据库（源数据库）的只读、静态视图。数据库快照提供了快速、简洁的数据库备份操作，当数据库发生错误时，可以从快照中迅速恢复。本任务阐述了快照的工作方式，以及使用 SSMS 和 T-SQL 命令创建和管理快照的方法。

9.3.1　数据库快照的工作方式

数据库快照是数据库（源数据库）的只读、静态视图。多个快照可以位于一个源数据库中，并且可以作为数据库始终驻留在同一服务器实例上。创建快照时，每个数据库快照在事务上与源数据库一致。在被数据库所有者显式删除之前，快照始终存在。

1．数据库快照的优点

数据库快照的优点如下：

（1）瞬时备份。在不产生备份窗口的情况下，可以帮助客户创建一致性的磁盘快照，每个磁盘快照都可以认为是一次对数据的全备份,从而实现常规备份软件无法实现的分钟级别的恢复。

(2)快速恢复。用户可以依据存储管理员的定制,定时自动创建快照,通过磁盘差异回退,快速回滚到指定的时间点上来。这种回滚可以在很短的时间内完成,大大地提高了业务系统的水平。

(3)应用测试。用户可以使用快照产生的虚拟硬盘数据对新的应用或者新的操作系统版本进行测试,这样可以避免对生产数据造成损害,也不会影响目前正在运行的应用。

(4)将报表打印等资源消耗较大的业务实现分离。用户可以将指定时间点的快照虚拟硬盘分配给一个新的服务器,从而将报表打印等对于服务器核心业务有较大影响的业务剥离出去,使核心业务服务器运行更加平稳有效。

(5)降低数据备份对于系统性能的影响。通常数据备份是在业务服务器上完成的。每次发起数据备份必然对当前业务系统运行性能造成影响。通过快照虚拟硬盘的提取后,备份工作可以转移到其他服务器上,从而实现了零备份窗口(针对应用主机)、零影响的理想数据备份。

2. 数据库快照的工作方式

数据库快照提供源数据库在创建快照时的只读、静态视图,不包含未提交的事务。由于数据库引擎在创建快照后运行恢复,因此未提交的事务在新近创建的数据库快照中回滚(数据库中的事务不受影响)。

1)写入时复制操作

数据库快照在数据页级运行。在第一次修改源数据库页之前,先将原始页从源数据库中复制到快照,此过程称为写入时复制操作。然后,快照将存储原始页,保留它们在创建快照时的数据记录。对已修改页中的记录进行的后续更新不会影响快照的内容。在每一次进行第一次修改时都重复此过程,这样,快照将保留自创建快照以来经修改的所有数据记录的原始页,如图 9-26 所示。

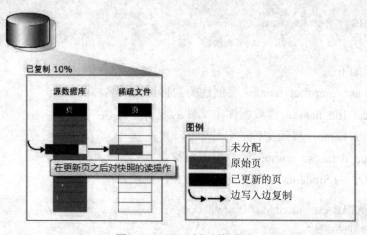

图 9-26 写入时复制操作

图 9-26 中的浅灰色方框表示稀疏文件中尚未分配的潜在空间。收到源数据库中页的第一次更新时，数据库引擎将写入文件，操作系统向快照的稀疏文件分配空间并将原始页复制到该处。然后，数据库引擎更新源数据库中的页。

为了存储复制的原始页，快照使用一个或多个稀疏文件。最初，稀疏文件是一个空文件，不包含用户数据并且未被分配存储用户数据的磁盘空间。随着源数据库中更新的页越来越多，稀疏文件的大小也不断增长。创建快照时，稀疏文件能占用的磁盘空间往往很小。然而，随着数据库的不断更新，稀疏文件会增长为一个很大的文件。

2）对数据库快照的读操作

对于用户而言，数据库快照始终保持不变，因为对数据库快照的读操作始终访问原始数据页，而与页驻留的位置无关。

如果没有更新源数据库中的页，则对快照的读操作将从源数据库中读取原始页。更新页之后，对快照的读操作仍访问原始页，但该原始页现在存储在稀疏文件中。

9.3.2 建立数据库快照

任何拥有创建数据库权限的用户都可以创建数据库快照，创建快照的唯一方式是使用 T-SQL 语句。创建时需要确保有足够的磁盘空间存放数据库快照。

可使用 CREATE DATABASE 语句的 AS SNAPSHOT OF 子句创建数据库快照。数据库快照的最大大小为创建快照时源数据库的大小。创建快照时需要指定源数据库中每个数据库文件的逻辑名称。

```
CREATE DATABASE database_snapshot_name
ON
(
NAME=logical_file_name,
FILENAME='os_file_name'
) [ ,...n ]
AS SNAPSHOT OF source_database_name
[;]
```

语法说明如下。

- database_snapshot_name：要创建的数据库快照名称。
- logical_file_name：源数据库主文件的逻辑名称。
- os_file_name：稀疏文件的名称。
- source_database_name：源数据库名称。

【例 9.20】为 StudentMis 数据库创建数据库快照。

```
CREATE DATABASE StudentMis_dbss1800 ON
(   NAME = StudentMis,
    FILENAME ='E:\sqlserverSecond\model\StudentMis_data_1800.ss'
),                              --稀疏文件名称中的“1800”指明了创建时间为 18:00
```

```
( NAME = StudentDB1,
    FILENAME ='E:\sqlserverSecond\model\StudentMis_datadb1_1800.ss'
),
( NAME = StudentDB2,
    FILENAME ='E:\sqlserverSecond\model\StudentMis_datadb2_1800.ss'
)
AS SNAPSHOT OF StudentMis
GO
```

执行上述代码，效果如图 9-27 所示。

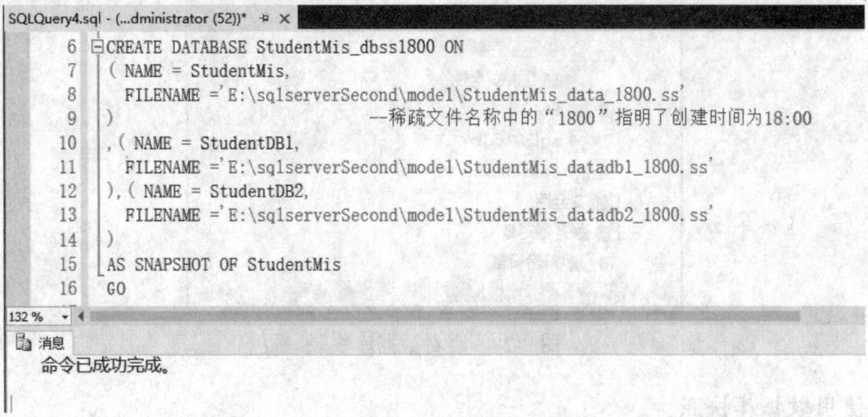

图 9-27　创建数据库快照

学习提示： 当数据库中创建了多个辅助文件时，在建立数据库快照时，应将所有辅助文件的逻辑名列出。

9.3.3　管理数据库快照

创建好数据库快照后，如果数据库发生意外，可能会发生删除表、修改某一行数据或者破坏和丢失数据文件等现象。管理数据库快照主要包括查看数据库快照、使用数据库快照和删除数据库快照。

1. 查看数据库快照

【例 9.21】在 SSMS 中查看 StudentMis 的数据库快照 StudentMis_dbss1800。

（1）在"对象资源管理器"中，连接到 Microsoft SQL Server 数据库引擎实例，然后展开该实例。

（2）展开"数据库"节点。

（3）展开"数据库快照"节点，然后选择"数据库快照"→StudentMis_dbss1800 节点。

（4）展开 StudentMis_dbss1800 节点，发现与展开的 StudentMis 节点结构一样，如图 9-28 所示。

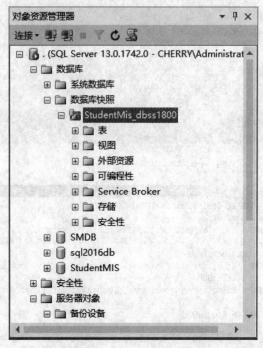

图 9-28　查看数据库快照

2. 使用数据库快照

数据库快照可以永久地记录数据库在某一时间点上的数据状态，因此，可以用它来恢复一部分数据库，特别是恢复一些由于用户的误操作而丢失的数据。

【**例 9.22**】使用数据库快照 StudentMis_dbss1800，恢复 StudentMis 数据库。

```
USE master
GO
RESTORE DATABASE StudentMis
FROM DATABASE_SNAPSHOT='StudentMis_dbss1800'
GO
```

3. 删除数据库快照

数据库中，任何具有 DROP DATABASE 权限的用户都可以使用 T-SQL 语句删除数据库快照。删除数据库快照会终止所有连接到此快照的用户连接并删除快照使用的所有 NTFS 文件系统的稀疏文件。

【**例 9.23**】删除数据库快照 StudentMis_dbss1800。

```
USE master
GO
DROP DATABASE StudentMis_dbss1800
GO
```

【任务 4】建立数据库备份的维护计划

任务描述： 数据库备份是一项非常重要的任务，特别是数据库的差异备份和日志备份非常频繁。为提高数据库管理员日常管理和备份数据库的效率，SQL Server 2016 提供了 SQL Server 代理服务，该服务可以建立自动的备份维护计划，减轻数据库管理员的工作负担，提高数据库日常管理效率。

9.4.1 SQL Server 代理

SQL Server 代理（SQL Server Agent）是独立于数据库引擎的 Windows 服务，负责自动执行 SQL Server 管理任务的 SQL Server 组件。默认情况下，该服务需要计算机管理员手动启用。当该服务启用后，就可以执行管理员预先安排的管理任务，即作业。

要创建自动维护计划，必须先启用 SQL Server 代理服务。默认情况下 SQL Server 代理服务是被禁用的。用户可以通过 SQL Server 配置管理器配置和管理 SQL Server 代理；由于 SQL Server 代理是独立于数据库引擎的 Windows 服务，因此可通过 Windows 自带的服务管理器进行管理。

【例 9.24】配置和管理 SQL Server 代理服务。

操作步骤如下。

（1）打开 SQL Server 配置管理器，在 SQL Server 服务管理器中可以查看当前服务器的 SQL Server 代理服务和运行状态，如果 SQL Server 代理默认实例的名称是 SQL Server 代理（MSSQLSERVER），当前状态为"已停止"，如图 9-29 所示。

图 9-29　SQL Server 配置管理器

（2）右击"SQL Server 代理（MSSQLSERVER）"节点，在弹出的菜单中选择"属性"命令，打开属性对话框，如图 9-30 所示。

（3）在图 9-30 中，可以查看和设置 SQL Server 代理服务的用户账户和服务状态，并且可以设置 SQL Server 代理服务的启动、暂停、停止和重新启动。

（4）选择"服务"选项卡，打开如图9-31所示对话框配置SQL Server代理服务，将"启动模式"设置为"自动"，如果需要自动重启服务，要求SQL Server代理服务的账户必须是本地管理员组的成员。

图9-30　SQL Server代理属性　　　　　　图9-31　SQL Server代理服务配置

在配置好SQL Server代理后，除了使用SQL Server配置管理器和Windows的服务管理器外，还可以通过SSMS来启动、停止和重启SQL Server代理服务。若需要使用SSMS来管理SQL Server代理服务，则必须使用具有服务管理权限的用户登录。

9.4.2　创建和配置维护计划

维护计划可创建所需的任务工作流，以确保优化数据库、定期进行备份并确保数据库一致。维护计划创建SQL Server代理作业运行的Integration Services包，按预订的时间间隔手动或自动运行维护任务，从而大量简化数据库维护的配置工作。

1.　维护计划向导

维护计划向导可以用来安排核心维护任务，确保定期备份数据库、数据库执行状态及执行数据库完整性检查。维护计划向导可以创建一个或多个SQL Server代理作业，并在规定的时间内自动执行这些维护任务。

【例9.25】创建数据库备份的维护计划，在每天凌晨1:00对StudentMIS数据库进行完整备份。

操作步骤如下。

（1）在SSMS的"对象资源管理器"中依次展开"服务器"和"管理"选项。

（2）右击"维护计划"文件夹，选择"维护计划向导"，打开"维护计划向导"窗口。单击"下一步"按钮，打开如图9-32所示界面。

（3）在图9-32的"名称"文本框中输入"学生选课系统日常备份"，单击"更改"按钮，打开"新建作业计划"窗口，如图9-33所示。

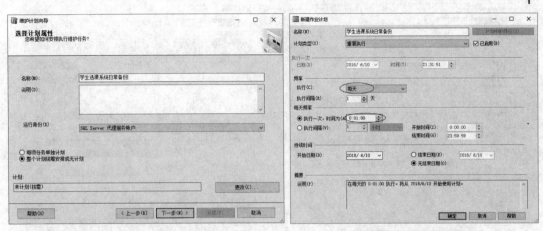

图 9-32 维护计划向导可执行的任务　　　　图 9-33 设置作业计划属性

（4）在图 9-33 中，设置作业执行频率为每天 1:00 点执行，单击"确定"按钮，返回图 9-32 所示对话框。单击"下一步"按钮，打开如图 9-34 所示的"选择维护任务"界面。

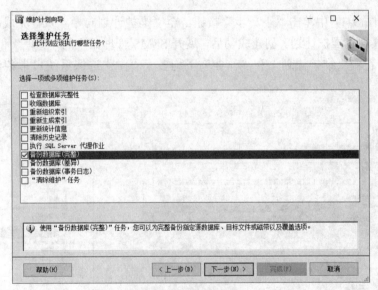

图 9-34 选择维护任务

（5）在"选择一项或多项维护任务"中选中"备份数据库（完整）"复选框，然后单击"下一步"按钮，在"选择维护任务顺序"界面中单击"下一步"按钮，打开"定义'备份数据库（完整）'任务"界面，单击"数据库"右侧的下拉列表，选中 StudentMis 复选框，单击"确定"按钮，这时"数据库"下拉列表显示内容为"特定数据库"，如图 9-35 所示。

（6）选择图 9-35 中"目标"选项卡，界面切换至"目标选项"，选中"为每个数据库创建备份文件"单选按钮，并选中"为每个数据库创建子目录"复选框。接受默认文件位置和扩展名，如图 9-36 所示。

图 9-35　设置备份数据库任务　　　　　　　图 9-36　设置任务目标选项

（7）在图 9-36 中单击"下一步"按钮，打开如图 9-37 所示界面，当备份数据库任务完成，报告可以以日志文件的形式保存在本地文件中，也可以以电子邮件的形式发送给操作员。

（8）在图 9-37 中单击"下一步"按钮，至"维护计划向导"执行完成，系统将根据向导中的配置创建维护计划。创建成功后，展开 SSMS 管理器中的"管理"和"SQL Server 代理"，可以看到"维护计划"和"作业"下均多了"学生选课系统日常备份"计划，如图 9-38 所示。

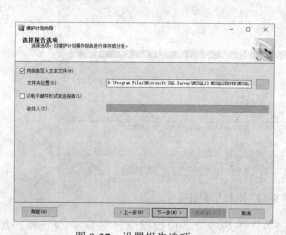

图 9-37　设置报告选项　　　　　　　　　图 9-38　添加维护计划后的对象管理器

2. 配置维护计划

除了通过维护计划向导来配置维护计划外，还可以通过在 SSMS 拖曳维护模块来配置维护计划，以满足维护计划的需要。

【例 9.26】配置维护计划示例。在学生选课管理系统中，数据库管理员日常需要对学生选课系统数据库进行一系列的维护任务，包括每周星期日 0:00 要对系统数据库进行数据库完整性检查、重建数据库索引、对系统数据库进行完全备份。在学生选课的阶段时间内每天 1:00 进行数据库差异备份。

操作步骤如下。

（1）在 SSMS 的"对象资源管理器"中依次展开"服务器"和"管理"选项。

（2）右击"维护计划"，选择"新建维护计划"命令，打开"新建维护计划"对话框，输入维护计划名称为"学生选课系统日常维护"，如图 9-39 所示。

图 9-39 新建维护计划

（3）在图 9-39 中单击"确定"按钮，打开"学生选课系统日常维护"界面，如图 9-40 所示。

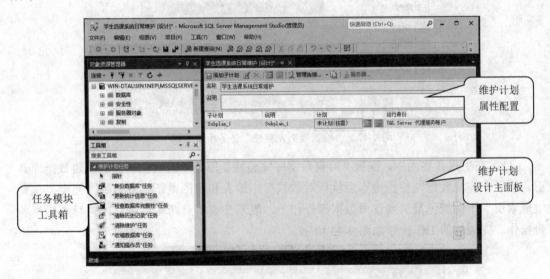

图 9-40 维护计划设计界面

（4）通过任务描述分析可知，整个维护任务可以分成两个子任务。

● 子任务一：每周星期日 0:00 执行学生选课系统数据库完整性检查、重建数据库索引、完全备份学生选课系统数据库。

● 子任务二：在学生选课的阶段时间内每天 1:00 进行数据库差异备份。

在图 9-40"维护计划属性配置"区域单击"添加子计划"超链接，为维护计划添加两个子计划。

（5）单击"子任务一"右侧的▦图标，打开"作业计划属性"对话框，设置计划执行时间为每周日 0:00，单击"确定"按钮，回到计划设计界面。

（6）从任务模块工具箱中将"子任务一"所需要的任务：数据库完整性检查、重建索引和数据库完全备份拖曳到设计主面板中，如图 9-41 所示。

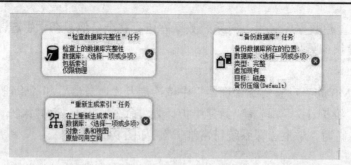

图 9-41   在主界面中添加维护计划任务模块

（7）右击图 9-41 中每个任务模块，在弹出的菜单中选择"编辑"命令，配置每个任务的数据库相关属性。图 9-42 显示了"检查数据库完整性"任务的属性配置。

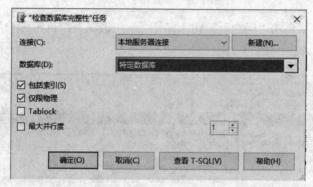

图 9-42   "检查数据完整性"任务模块编辑

（8）在主设计界面中，拖曳"检查数据库完整性"任务下的绿色箭头到重建数据库索引，表示在完成数据完整性检查后执行对数据库中的表和视图重新生成索引；拖曳"重新生成索引"下的绿色箭头到备份数据库操作上，表示在索引重新生成完后，执行数据库备份操作。完成后的工作计划如图 9-43 所示。

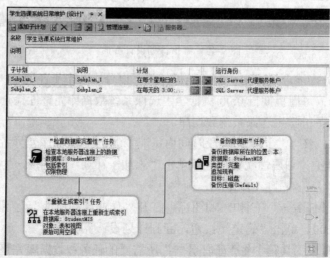

图 9-43   子任务一的计划工作流

（9）任务间的绿色箭头表示任务执行成功时进入下一个任务，如果要在任务失败时执行下一个操作，则可以再编辑箭头，并选择"失败"选项。

（10）单击"子任务二"右侧的▦图标，打开"作业计划属性"对话框，设置计划执行时间为每天，并设置执行的开始和结束时间。单击"确定"按钮，回到计划设计界面。依照步骤（6）～（9）完成第 2 个子任务的添加和配置。

（11）单击设计界面中菜单工具栏的"保存"按钮，将配置的维护计划保存到数据库中。

思 考 题

1. 数据库经常面临的灾难性损坏有哪些？
2. SQL Server 中转移数据的方法有哪些？
3. 数据库备份有哪些类型？它们间有什么差别？
4. 数据库恢复模式有哪些？它们间有什么差别？
5. 什么是数据库快照？它与数据库备份的区别是什么？

项 目 实 训

实训任务：

维护学生选课系统数据库的高可用性。

实训目的：

1. 学会使用 SSMS 和 T-SQL 命令实现数据库的备份与恢复。
2. 学会使用 SSMS 和 T-SQL 命令实现数据库的分离和附加。
3. 学会使用 SSMS 和 T-SQL 命令为数据库建立快照。
4. 学会创建维护计划维护数据库的日常工作。

实训内容：

1. 创建名为 myBak 的备份设备，其物理路径为 d:\backup\mydata.bak。
2. 创建 StudentMIS 数据库的完整备份到备份设备 myBak 上。
3. 为学生信息表添加字段密码列（password，varchar(30)），默认值为'888888'.完成操作后，为 StudentMIS 数据库创建差异备份和日志备份。
4. 为 StudentMIS 数据库创建一个数据库快照。
5. 创建一个维护计划，名称自拟，用于每周日 00.00:00 对学生选课数据库进行完整备份，以系统时间为备份文件名（如 2018 年 7 月 1 日零点，则命名为 20180701000000），在一周内每天晚上 1:00 对数据库进行增量备份。

参 考 文 献

[1] 曾毅. SQL Server 数据库技术大全[M]. 北京：清华大学出版社，2009.

[2] 微软公司. SQL Server 2005 数据库开发与实现[M]. 北京：高等教育出版社，2008.

[3] 李锡辉. SQL Server 2008 数据库案例教程[M]. 北京：清华大学出版社，2011.

[4] 邓立国，等. 数据库原理与应用 SQL Server 2016 版本[M]. 北京：清华大学出版社，2017.

[5] （美）拉赫登迈奇（Tapio Lahdenmaki）. 数据库索引设计与优化[M]. 北京：电子工业出版社，2015.

[6] 王珊，萨师煊. 数据库系统概论[M]. 5 版. 北京：高等教育出版社，2014.

[7] https://docs.microsoft.com/zh-cn/sql/sql-server，微软 SQL Server 2016 官方文档.

附录 A　学生选课系统数据表

表 1　Department（院系信息表）

序号	列名	数据类型	长度	标识	主键	外键	允许空	默认值	说明
1	dID	int	4	是	是		否		院系 ID
2	dCode	varchar	10				是		院系代号
3	dName	varchar	30				否		院系名称
4	dPhone	varchar	20				是		联系电话

表 2　Special（专业信息表）

序号	列名	数据类型	长度	标识	主键	外键	允许空	默认值	说明
1	spID	int	4	是	是		否		专业 ID
2	dID	int	4			是	否		院系 ID
3	spCode	char	6				否		专业代码
4	spName	char	30				否		专业名称
5	spAim	varchar	2000				是		培养目标
6	splen	int	4				是		学制

表 3　Class（班级信息表）

序号	列名	数据类型	长度	标识	主键	外键	允许空	默认值	说明
1	cID	int	4	是	是		否		班级 ID
2	spID	int	4			是	否		专业 ID
3	cCode	varchar	10				否		班级代号
4	cName	varchar	30				否		班级名称
5	cNumber	int	4				是	((0))	班级总人数
6	cYear	int	4				是		入学年份
7	cRemark	varchar(max)	16				是		备注

表 4　Student（学生信息表）

序号	列名	数据类型	长度	标识	主键	外键	允许空	默认值	说明
1	sID	int	4	是	是		否		学生 ID
2	cID	int	4			是	否		班级 ID
3	sCode	varchar	20				否		学生学号

续表

序号	列名	数据类型	长度	标识	主键	外键	允许空	默认值	说明
4	sName	varchar	30				否		学生姓名
5	sSex	varchar	2				是	男	性别
6	sBirth	datetime	8				是		出生日期
7	sNation	char	2				是		民族
8	sCard	char	18				是		身份证号
9	sPhone	varchar	20				是		联系电话

表 5　Teacher（教师信息表）

序号	列名	数据类型	长度	标识	主键	外键	允许空	默认值	说明
1	tID	int	4	是	是		否		教师 ID
2	dID	int	4			是	否		院系 ID
3	tCode	varchar	10				否		教师编号
4	tName	varchar	30				否		教师姓名
5	tSex	varchar	2				是		性别
6	tSpecial	varchar	30				是		所学专业
7	tTitle	varchar	10				是		职称
8	tDegree	varchar	10				是	学士	学位
9	tRemark	varchar(max)	16				是		备注

表 6　Course（课程信息表）

序号	列名	数据类型	长度	标识	主键	外键	允许空	默认值	说明
1	coID	int	4	是	是		否		课程 ID
2	coCode	varchar	10				是		课程代码
3	coName	varchar	60				是		课程名称
4	coType	varchar	8				是		课程类别
5	coProj	text	16				是		课程简介
6	coTheory	int	4				是		理论学时
7	coPratice	int	4				是		实践学时
8	coCredit	int	4				是		课程学分

表 7　TeachCourse（教师授课信息表）

序号	列名	数据类型	长度	标识	主键	外键	允许空	默认值	说明
1	tcID	int	4	是	是		否		授课 ID
2	tID	int	4			是	否		教师 ID
3	coID	int	4			是	否		课程 ID
4	tcTime	varchar	50				是		授课时间

表 8 StudentCourse（学生选课表）

序号	列名	数据类型	长度	标识	主键	外键	允许空	默认值	说明
1	scID	int	4	是	是		否		选课 ID
2	tcID	int	4			是	否		授课 ID
3	sID	int	4			是	否		学生 ID
4	scRegGrade	decimal	5				是	((0))	平时成绩
5	scTestGrade	decimal	5				是	((0))	考试成绩
6	scJudge	varchar(max)	16				是		教学评价
7	scFlag	int	4				是	((0))	成绩状态

表 9 AdminUser（管理员表）

序号	列名	数据类型	长度	标识	主键	外键	允许空	默认值	说明
1	aID	int	4	是	是		否		管理员 ID
2	aName	varchar	50				否		用户名
3	aPwd	varbinary	128				否		密码
4	aLoginTime	datetime	8				是	getdate()	最近登录时间

附录 B　数据库设计说明书格式

（GB8567—88）

〈项目名称〉

数据库设计说明书

文件状态：	文件标识：	
[ ] 草稿		
[ ] 正式发布	当前版本：	
[ ] 正在修改		
	作　者：	
	审　核：	
	完成日期：	

1　引言

1.1　编写目的

说明编写这份数据库设计说明书的目的，指出预期的读者。

1.2　背景

说明：

（1）说明待开发的数据库的名称和使用此数据库的软件系统的名称。

（2）列出该软件系统开发项目的任务提出者、用户以及将安装该软件和这个数据库的计算站（中心）。

1.3　定义

列出本文件中用到的专门术语的定义、外文首字母组词的原词组。

1.4　参考资料

列出有关的参考资料：

（1）本项目经核准的计划任务书或合同、上级机关批文。

（2）属于本项目的其他已发表的文件。

（3）本文件中各处引用到的文件资料，包括所要用到的软件开发标准。

列出这些文件的标题、文件编号、发表日期和出版单位，说明能够取得这些文件的来源。

2　外部设计

2.1　标识符和状态

联系用途，详细说明用于唯一地标识该数据库的代码、名称或标识符，附加的描述性信息亦要给出。如果该数据库属于尚在实验中、尚在测试中或是暂时使用的，则要说明这一特点及其有效时间范围。

2.2　使用数据库的程序

列出将要使用或访问此数据库的所有应用程序，对于每一个应用程序，给出其名称和版本号。

2.3　约定

陈述一个程序员或一个系统分析员为了能使用此数据库而需要了解的建立标号、标识的约定，如用于标识数据库的不同版本的约定和用于标识库内各个文卷、记录、数据项的命名约定等。

2.4 专门指导

向准备从事此数据库的生成、测试和维护的人员提供专门的指导。例如，将被送入数据库的数据的格式和标准、送入数据库的操作规程和步骤，用于产生、修改、更新或使用这些数据文卷的操作指导。如果这些指导的内容篇幅很长，列出可参阅的文件资料的名称和章条。

2.5 支持软件

简单介绍同此数据库直接有关的支持软件，如数据库管理系统、存储定位程序和用于装入、生成、修改、更新数据库的程序等。说明这些软件的名称、版本号和主要功能特性，如所用数据模型的类型、允许的数据容量等。列出这些支持软件的技术文件的标题、编号及来源。

3 结构设计

3.1 概念结构设计

说明本数据库将反映的现实世界中的实体、属性和它们之间的关系等的原始数据形式，包括各数据项、记录、系、文卷的标识符、定义、类型、度量单位和值域，建立本数据库的每一幅用户视图。

3.2 逻辑结构设计

说明把上述原始数据进行分解、合并后重新组织起来的数据库全局逻辑结构，包括所确定的关键字和属性、重新确定的记录结构和文卷结构、所建立的各个文卷之间的相互关系，形成本数据库的数据库管理员视图。

3.3 物理结构设计

建立系统程序员视图，包括：
（1）数据在内存中的安排，包括对索引区、缓冲区的设计。
（2）所使用的外存设备及外存空间的组织，包括索引区、数据块的组织与划分。
（3）访问数据的方式方法。

4 运用设计

4.1 数据字典设计

对数据库设计中涉及的各种项目，如数据项、记录、系、文卷、模式、子模式等一般要建立起数据字典，以说明它们的标识符、同义名及有关信息。在本节中要说明对此数据字典设计的基本考虑。

4.2　安全保密设计

说明在数据库的设计中，将如何通过区分不同的访问者、不同的访问类型和不同的数据对象，进行分别对待而获得的数据库安全保密的设计考虑。